工业和信息化"十三五"人才培养规划教材

黑马程序员 ● 编著

U0233743

# C++

# 程序设计教程

# 第 2 版

人民邮电出版社

北 京

**图书在版编目（ＣＩＰ）数据**

C++程序设计教程 / 黑马程序员编著. -- 2版. --
北京 : 人民邮电出版社, 2021.1
工业和信息化"十三五"人才培养规划教材
ISBN 978-7-115-54969-3

Ⅰ. ①C… Ⅱ. ①黑… Ⅲ. ①C语言－程序设计－高等
学校－教材 Ⅳ. ①TP312.8

中国版本图书馆CIP数据核字(2020)第186486号

## 内 容 提 要

　　本书是 C++程序设计的入门书籍，适合初学者使用。全书共 11 章，第 1 章主要介绍 C++对 C 语言的扩充；第 2～5 章主要介绍 C++的核心知识，包括类与对象、运算符重载、继承与派生、多态与虚函数；第 6～7 章主要介绍模板与 STL；第 8～9 章主要介绍 C++的 I/O 流和异常；第 10 章主要介绍 C++11 新特性；第 11 章带领读者开发一个综合项目——酒店管理系统，让读者将前面所学知识融会贯通，并了解实际项目的开发流程。

　　本书附有配套视频、源代码、题库、教学课件等资源，还提供在线答疑服务，希望帮助读者更好地学习书中的内容。

　　本书可作为高等教育本、专科院校计算机相关专业的教材，也可作为编程爱好者的参考读物。

◆ 编　　著　黑马程序员
　　责任编辑　范博涛
　　责任印制　马振武

◆ 人民邮电出版社出版发行　　北京市丰台区成寿寺路 11 号
　　邮编　100164　电子邮件　315@ptpress.com.cn
　　网址　https://www.ptpress.com.cn
　　天津千鹤文化传播有限公司印刷

◆ 开本：787×1092　1/16
　　印张：14.75　　　　　　　　2021 年 1 月第 2 版
　　字数：365 千字　　　　　　2024 年 12 月天津第 10 次印刷

定价：49.80 元

读者服务热线：(010)81055256　印装质量热线：(010)81055316
反盗版热线：(010)81055315
广告经营许可证：京东市监广登字 20170147 号

# FOREWORD

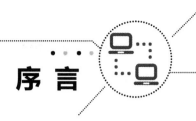

**序 言**

本书的创作公司——江苏传智播客教育科技股份有限公司（简称"传智教育"）作为我国第一个实现 A 股 IPO 上市的教育企业，是一家培养高精尖数字化专业人才的公司，主要培养人工智能、大数据、智能制造、软件开发、区块链、数据分析、网络营销、新媒体等领域的人才。传智教育自成立以来贯彻国家科技发展战略，讲授的内容涵盖了各种前沿技术，已向我国高科技企业输送数十万名技术人员，为企业数字化转型、升级提供了强有力的人才支撑。

传智教育的教师团队由一批来自互联网企业或研究机构，且拥有 10 年以上开发经验的 IT 从业人员组成，他们负责研究、开发教学模式和课程内容。传智教育具有完善的课程研发体系，一直走在整个行业的前列，在行业内树立了良好的口碑。传智教育在教育领域有 2 个子品牌：黑马程序员和院校邦。

## 一、黑马程序员——高端 IT 教育品牌

黑马程序员的学员多为大学毕业后想从事 IT 行业，但各方面的条件还达不到岗位要求的年轻人。黑马程序员的学员筛选制度非常严格，包括了严格的技术测试、自学能力测试、性格测试、压力测试、品德测试等。严格的筛选制度确保了学员质量，可在一定程度上降低企业的用人风险。

自黑马程序员成立以来，教学研发团队一直致力于打造精品课程资源，不断在产、学、研 3 个层面创新自己的执教理念与教学方针，并集中黑马程序员的优势力量，有针对性地出版了计算机系列教材百余种，制作教学视频数百套，发表各类技术文章数千篇。

## 二、院校邦——院校服务品牌

院校邦以"协万千院校育人、助天下英才圆梦"为核心理念，立足于中国职业教育改革，为高校提供健全的校企合作解决方案，通过原创教材、高校教辅平台、师资培训、院校公开课、实习实训、协同育人、专业共建、"传智杯"大赛等，形成了系统的高校合作模式。院校邦旨在帮助高校深化教学改革，实现高校人才培养与企业发展的合作共赢。

**（一）为学生提供的配套服务**

1. 请同学们登录"传智高校学习平台"，免费获取海量学习资源。该平台可以帮助同学们解决各类学习问题。

2. 针对学习过程中存在的压力过大等问题，院校邦为同学们量身打造了 IT 学习小助手——邦小苑，可为同学们提供教材配套学习资源。同学们快来关注"邦小苑"微信公众号。

**（二）为教师提供的配套服务**

1. 院校邦为其所有教材精心设计了"教案+授课资源+考试系统+题库+教学辅助案例"的系列教学资源。教师可登录"传智高校教辅平台"免费使用。

2. 针对教学过程中存在的授课压力过大等问题，教师可添加"码大牛"QQ（2770814393），或者添加"码大牛"微信（18910502673），获取最新的教学辅助资源。

# 前 言

## PREFACE

C++是在 C 语言基础上发展起来的，它既有面向过程的优点，也有面向对象的优势。C++既可以操作系统硬件，也可以开发上层软件。目前，C++被广泛应用在系统软件、嵌入式系统、服务端、网络软件、游戏软件等领域。此外，C++在图像处理、虚拟仿真等方面也有着深入应用。随着信息化、智能化和网络化的发展，以及嵌入式系统技术的发展，C++语言的应用会越来越广泛。

### ◆ 为什么要学习本书

本书在第 1 版《C++程序设计教程》的基础上进行内容升级，对 C++知识体系进行更为系统的讲述，对每个知识点进行更为深入的讲解，并精心设计了更多相关案例，真正做到由浅入深、由易到难。

本书具有以下特点。

1. 案例丰富。本书为每个知识点都配备了案例，突出对读者动手能力的培养。

2. 语言简洁精练，通俗易懂。本书对难以理解的编程问题用简单、清晰的语言进行描述，让读者更容易理解。

3. 使用新的开发工具。为了让读者接触最新的开发环境，本书紧跟技术前沿，选用了 Visual Studio 2019 作为开发工具。

4. 面向新技术。为了让读者接触更多的前沿技术，本书增加了对 C++11 标准中新特性的介绍。

### ◆ 如何使用本书

本书共分为 11 章，下面分别对每章进行简单的介绍，具体如下。

• 第 1 章主要介绍 C++对 C 语言的扩充，内容包括命名空间、函数重载、引用等。通过本章的学习，读者能掌握 C++在 C 语言基础上引入的新特性。

• 第 2~5 章主要介绍 C++的核心知识，内容包括类与对象、运算符重载、继承与派生、多态与虚函数。读者掌握了这些核心知识就理解了 C++的精髓，也为后面的学习打好了基础。

• 第 6~7 章主要介绍模板与 STL。模板与 STL 是 C++的高级知识，能够简化 C++编程，提高 C++程序的执行效率。掌握了模板与 STL 的应用，读者就能够站在一个更高的角度认识 C++。

• 第 8~9 章主要介绍 C++的 I/O 流和异常，I/O 流能够帮助读者完成数据的传输，异常处理机制能够帮助读者更好地处理 C++程序中的异常情况。

• 第 10 章主要介绍 C++11 的新特性，包括关键字、智能指针、右值引用、多线程等。C++11 增加的新特性旨在简化 C++编程，提高程序执行效率。掌握 C++11 的新特性，能够帮助读者更快、更简洁地实现 C++程序开发。

• 第 11 章带领读者开发一个综合项目——酒店管理系统，内容包括项目分析、项目实现、项目心得等。通过本章的学习，初学者可以了解 C++项目的开发流程。本章要求初学者按照书中的思路和步骤动手完成项目开发。

如果读者在理解知识点的过程中遇到困难，建议不要纠结，可以先往后学习，前面不懂的地方慢慢就理解了。如果读者在动手练习的过程中遇到问题，建议多思考，理清思路，认真分析问题发生的原因，并在问题解决后多总结。

## ◆ 致谢

本书的编写和整理工作由传智播客教育科技有限公司完成，主要参与人员有高美云、薛蒙蒙、李卓等，全体人员在这近一年的编写过程中付出了很多辛勤的汗水，在此一并表示衷心的感谢。

## ◆ 意见反馈

尽管我们付出了很大的努力，但书中难免会有不妥之处，欢迎读者朋友们来信给予宝贵意见，我们将不胜感激。

来信请发送至电子邮箱 itcast_book@vip.sina.com。

黑马程序员
2020 年 10 月于北京

# 目 录
## CONTENTS

第1章　初识 C++　　　　　　　　　　1

1.1　C++简介　　　　　　　　　　1
　　1.1.1　C++的发展史　　　　　　1
　　1.1.2　C++的特点　　　　　　　2
1.2　第一个 C++程序的编写　　　　2
1.3　C++对 C 语言的扩充　　　　　3
　　1.3.1　命名空间　　　　　　　3
　　1.3.2　控制台输入/输出　　　　4
　　1.3.3　类型增强　　　　　　　5
　　1.3.4　默认参数　　　　　　　6
　　1.3.5　函数重载　　　　　　　7
　　1.3.6　引用　　　　　　　　　8
　　1.3.7　字符串类　　　　　　　10
　　1.3.8　new/delete　　　　　　11
　　1.3.9　extern"C"　　　　　　　12
　　1.3.10　强制类型转换　　　　　13
1.4　本章小结　　　　　　　　　　14
1.5　本章习题　　　　　　　　　　15

第2章　类与对象　　　　　　　　　16

2.1　面向对象程序设计思想　　　　16
2.2　初识类和对象　　　　　　　　17
　　2.2.1　类的定义　　　　　　　17
　　2.2.2　对象的创建与使用　　　18
2.3　封装　　　　　　　　　　　　20
2.4　this 指针　　　　　　　　　　22
2.5　构造函数　　　　　　　　　　22
　　2.5.1　自定义构造函数　　　　23
　　2.5.2　重载构造函数　　　　　25
　　2.5.3　含有成员对象的类的构造函数　26
2.6　析构函数　　　　　　　　　　28

2.7　拷贝构造函数　　　　　　　　29
　　2.7.1　拷贝构造函数的定义　　30
　　2.7.2　浅拷贝　　　　　　　　31
　　2.7.3　深拷贝　　　　　　　　33
2.8　关键字修饰类的成员　　　　　33
　　2.8.1　const 修饰类的成员　　　33
　　2.8.2　static 修饰类的成员　　　36
2.9　友元　　　　　　　　　　　　38
　　2.9.1　友元函数　　　　　　　38
　　2.9.2　友元类　　　　　　　　40
2.10　本章小结　　　　　　　　　42
2.11　本章习题　　　　　　　　　42

第3章　运算符重载　　　　　　　　44

3.1　运算符重载概述　　　　　　　44
　　3.1.1　运算符重载的语法　　　44
　　3.1.2　运算符重载的规则　　　45
　　3.1.3　运算符重载的形式　　　46
3.2　常用的运算符重载　　　　　　48
　　3.2.1　输入/输出运算符重载　　48
　　3.2.2　关系运算符重载　　　　49
　　3.2.3　赋值运算符重载　　　　51
　　3.2.4　下标运算符重载　　　　52
3.3　类型转换　　　　　　　　　　54
　　3.3.1　类型转换函数　　　　　54
　　3.3.2　转换构造函数　　　　　55
3.4　仿函数——重载"()"运算符　　56
3.5　智能指针——重载"*"和"->"
　　　运算符　　　　　　　　　　57
3.6　本章小结　　　　　　　　　　60
3.7　本章习题　　　　　　　　　　60

## 第4章 继承与派生 62

### 4.1 继承 62
4.1.1 继承的概念 62
4.1.2 继承方式 64
4.1.3 类型兼容 68
### 4.2 派生类 70
4.2.1 派生类的构造函数与析构函数 70
4.2.2 在派生类中隐藏基类成员函数 73
### 4.3 多继承 74
4.3.1 多继承方式 74
4.3.2 多继承派生类的构造函数与析构函数 75
4.3.3 多继承二义性问题 76
### 4.4 虚继承 79
### 4.5 本章小结 81
### 4.6 本章习题 81

## 第5章 多态与虚函数 83

### 5.1 多态概述 83
### 5.2 虚函数实现多态 83
5.2.1 虚函数 84
5.2.2 虚函数实现多态的机制 86
5.2.3 虚析构函数 87
### 5.3 纯虚函数和抽象类 89
### 【阶段案例】停车场管理系统 91
一、案例描述 91
二、案例分析 91
三、案例实现 93
### 5.4 本章小结 93
### 5.5 本章习题 93

## 第6章 模板 95

### 6.1 模板的概念 95
### 6.2 函数模板 96
6.2.1 函数模板的定义 96
6.2.2 函数模板实例化 97
6.2.3 函数模板重载 99
### 6.3 类模板 101

6.3.1 类模板定义与实例化 101
6.3.2 类模板的派生 102
6.3.3 类模板与友元函数 104
### 6.4 模板的参数 108
### 6.5 模板特化 110
### 6.6 本章小结 112
### 6.7 本章习题 112

## 第7章 STL 114

### 7.1 STL 组成 114
### 7.2 序列容器 116
7.2.1 vector 116
7.2.2 array 121
7.2.3 list 122
7.2.4 forward_list 123
### 7.3 关联容器 124
7.3.1 set 和 multiset 125
7.3.2 map 和 multimap 128
### 7.4 容器适配器 131
7.4.1 stack 131
7.4.2 queue 132
7.4.3 priority_queue 133
### 7.5 迭代器 134
7.5.1 输入迭代器与输出迭代器 134
7.5.2 前向迭代器 135
7.5.3 双向迭代器与随机访问迭代器 135
### 7.6 算法 136
7.6.1 算法概述 136
7.6.2 常用的算法 136
### 【阶段案例】演讲比赛 138
一、案例描述 138
二、案例分析 139
三、案例实现 139
### 7.7 本章小结 140
### 7.8 本章习题 140

## 第8章 I/O 流 142

### 8.1 I/O 流类库 142
8.1.1 ios 类库 142

8.1.2 streambuf 类库 143
8.2 标准 I/O 流 143
8.2.1 预定义流对象 143
8.2.2 标准输出流 143
8.2.3 标准输入流 144
8.3 文件流 147
8.3.1 文件流对象的创建 147
8.3.2 文件的打开与关闭 148
8.3.3 文本文件的读写 149
8.3.4 二进制文件的读写 152
8.3.5 文件随机读写 154
8.4 字符串流 155
8.5 本章小结 158
8.6 本章习题 158

第 9 章 异常 160

9.1 异常处理方式 160
9.2 栈解旋 163
9.3 标准异常 164
9.4 静态断言 166
9.5 本章小结 167
9.6 本章习题 168

第 10 章 C++11 新特性 170

10.1 简洁的编程方式 170
10.1.1 关键字 170
10.1.2 基于范围的 for 循环 173
10.1.3 lambda 表达式 173
10.2 智能指针 174
10.2.1 unique_ptr 175
10.2.2 shared_ptr 175
10.2.3 weak_ptr 177
10.3 提高编程效率 178
10.3.1 右值引用 178
10.3.2 移动构造 179
10.3.3 move()函数 181
10.3.4 完美转发 181
10.3.5 委托构造 183

10.3.6 继承构造 184
10.3.7 函数包装 186
10.4 并行编程 188
10.4.1 多线程 189
10.4.2 互斥锁 190
10.4.3 lock_guard 和 unique_lock 191
10.4.4 条件变量 193
10.4.5 原子类型 195
10.5 支持更多扩展 197
10.5.1 原生字符串 197
10.5.2 Unicode 编码支持 198
10.5.3 新增的库 199
10.5.4 alignof 和 alignas 201
10.6 本章小结 202
10.7 本章习题 202

第 11 章 综合项目——酒店管理系统 205

11.1 项目分析 205
11.1.1 功能描述 205
11.1.2 项目设计 206
11.2 项目实现 207
11.2.1 客房模块的实现 207
11.2.2 客房管理模块的实现 211
11.2.3 界面模块的实现 213
11.2.4 main()函数实现 216
11.3 效果显示 216
11.4 程序调试 218
11.4.1 设置断点 219
11.4.2 单步调试 220
11.4.3 观察变量 221
11.4.4 项目调试 223
11.5 项目心得 224
11.6 本章小结 224

附录 I 格式控制标志位和操作符 225

附录 II 标准异常类所属的头文件及其含义 226

# 第 **1** 章

# 初识C++

**学习目标**

★ 了解 C++的发展史

★ 了解 C++的特点

★ 了解第一个 C++程序的编写

★ 掌握 C++对 C 语言的扩充

C++是在 C 语言基础上发展的一种面向对象的语言，在兼容 C 语言特性的同时增加了属于自己的特性，如引用、函数重载、命名空间等。本章将针对 C++的发展史、C++的特点、第一个 C++程序的编写以及 C++对 C 语言的扩充进行详细讲解。

## 1.1 C++简介

在计算机编程语言中，C++有着独特的优势，它既兼容 C 语言，保留了 C 语言所有优点，又增加了面向对象的机制，从而成为一种功能强大、高效、应用广泛的语言。下面将从 C++发展史开始，带大家认识 C++。

### 1.1.1 C++的发展史

C++是由 Bjarne Stroustrup（比雅尼·斯特劳斯特鲁普）博士在贝尔实验室工作期间开发的。最初 C++被称为 new C，后来为了体现它是一种带类的面向对象语言，将其改名为 C with class。直到 1982 年，Bjarne Stroustrup 博士将 C with class 命名为 C++。

C++从诞生至今，其发展历史大致可以分为三个阶段。

第一阶段：从 C++出现到 1995 年。这一阶段 C++基本上是传统类型上的面向对象语言，并且依靠接近 C 语言的效率，在计算机语言中占据着相当大的比重。在这期间 Bjarne Stroustrup 博士完成了经典巨著 *The C++ Programming Language* 第 1 版的编写。

第二阶段：从 1995 年到 2000 年。这一阶段由于 STL 库和后来的 Boost 库等程序库的出现，泛型编程设计在 C++中的比重越来越大。同时，由于 Java、C#等语言的出现，C++受到了一定的冲击。

第三阶段：从 2000 年至今。以 Loki、MPL 等程序库为代表的产生式编程和模板元编程的出现，使 C++迎来了发展史上的又一个高峰。这些新技术和原有技术的融合，使 C++成为当今主流程序设计语言中一门非常复杂的语言。

### 1.1.2　C++的特点

C++语言是在 C 语言的基础上发展而来的，它具有以下特点。

#### 1. 兼容 C 语言

C++既保留了 C 语言的所有优点，又克服了 C 语言的缺点。相比于 C 语言，C++的编译系统能检查出更多的语法错误，代码安全性更高。除此之外，C++环境可以运行绝大多数 C 程序，C++程序可以兼容众多 C 语言编写的库函数。

#### 2. 支持面向对象编程

C++引入了面向对象的概念，具有诸如 Java、PHP、Python 等面向对象编程语言的特性。如果使用 C++语言开发人机交互类型的应用程序，相比 C 语言来说，会变得更为简单、快捷。同时，C++利用类的层级关系进行编程，使得扩展接口功能变得更加简便。

#### 3. 拥有丰富的库

利用 C++中的标准模板库 STL，如 set、map、hash 等容器，可以快速编写代码。除了标准模板库，C++还有非常多的第三方库，如 Boost 库、图形库 QT、图像处理库 OpenCV、机器学习库 Tensorflow、线性代数库 Eigen、游戏库 OpenGL 等，这些优秀的库为企业的项目开发提供了非常大的支持。

#### 4. 支持嵌入式开发

在嵌入式开发领域，C++的地位举足轻重。例如，智能手表、机器人这些智能设备，无论是底层驱动还是上层应用开发，都离不开 C++语言的支持。

#### 5. 类型转换安全性更强

C++和 C 语言属于强类型语言，C 语言中可以进行强制类型转换，相对自由灵活。但 C 语言类型转换安全性比较低，为了兼容 C 语言 C++提供了更安全的类型转换方式，转换安全性更强。

#### 6. 支持垃圾回收机制

大多数面向对象编程语言具有垃圾回收机制。早期的 C++语言不具备垃圾回收机制，这意味着申请的内存资源在使用完成后，需要程序员自己释放。直到 C++11 标准诞生，提出了智能指针新特性，实现了内存资源的自动管理，使得指针的使用更加灵活，并避免了内存泄漏问题。

## 1.2　第一个 C++程序的编写

通过 1.1 节的学习，我们对 C++这种面向对象的编程语言有了一定的认识，接下来，我们编写第一个 C++程序。

本书使用 Visual Studio 2019 开发 C++程序，关于 Visual Studio 2019 的安装与使用，请参考黑马程序员出版的《C 语言程序设计立体化教程》。

下面使用 Visual Studio 2019 编写一个最简单的 C++程序，具体代码如例 1-1 所示。

例 1-1　hello.cpp

```
1   #include<iostream>
2   using namespace std;
3   int main()
4   {
5       cout<<"hello C++"<<endl;
6       return 0;
7   }
```

例 1-1 运行结果如图 1-1 所示。

例 1-1 所示的 C++程序，文件扩展名是".cpp"。第 1 行代码作用是包含标准输入/输出头文件 iostream。第 2 行代码作用是引用标准命名空间 std。第 5 行代码在屏幕输出"hello C++"。cout 是预定义的输出流对象，用于输出数据；endl 表示换行。由图 1-1 可知，程序成功在屏幕上输出了"hello C++"。

图1-1　例1-1运行结果

# 1.3　C++对 C 语言的扩充

C++在 C 语言的基础上增加了很多新特性，例如，命名空间、bool 类型等。本节将针对 C++对 C 语言的扩充特性进行详细讲解。

## 1.3.1　命名空间

命名空间是 C++语言的新特性，它能够解决命名冲突问题。例如，小明定义了一个函数 swap()，C++标准程序库中也存在一个 swap()函数。此时，为了区分调用的是哪个 swap()函数，可以通过命名空间进行标识。

C++中的命名空间包括两种，具体介绍如下。

### 1.　标准命名空间

std 是 C++标准命名空间，由于 C++标准库几乎都定义在 std 命名空间中，因此编写的所有 C++程序都需要引入下列语句。

```
using namespace std;
```

### 2.　自定义命名空间

使用 namespace 可以自定义命名空间，示例代码如下所示：

```
namespace lib
{
    void func(){}
}
```

上述代码中，使用 namespace 定义了一个名称为 lib 的命名空间，该命名空间内部定义了一个 func()函数。

如果要使用命名空间中定义的元素，有下列三种方式。

（1）使用"命名空间::元素"方式指定命名空间中定义的元素。

例如，如果要在屏幕上输出数据，并且在末尾加上换行，就要使用标准命名空间 std 中的 cout 和 endl，在使用 cout 和 endl 时，在 cout 和 endl 前面加上命名空间和"::"作用域标识符，示例代码如下所示：

```
std::cout<<"C++"<<std::endl;
```

（2）使用 using 语句引用命名空间元素。

例如，如果在屏幕上输出数据，可以使用 using 引用标准命名空间中的 cout，这样在后面的代码中可以随意使用 cout，示例代码如下所示：

```
using std::cout;
cout<<"C++";
```

需要注意的是，这种方式只能使用 using 引入的元素，例如，无法单独使用 endl 这个元素，但可以通过 std::endl 的形式使用 endl。

（3）使用 using 语句直接引用命名空间。

示例代码如下所示：

```
using namespace std;
```

这样引入 std 空间后，std 中定义的所有元素就都可以被使用了。但这种情况下，如果引用多个命名空间往往容易出错。例如，自定义 swap()函数，标准库也有 swap()函数，调用 swap()函数就会出现二义性错误。针对这个问题，可以使用"命名空间::元素"方式指定具体要引用的元素。

### 多学一招：匿名命名空间

命名空间还可以定义成匿名的，即创建命名空间时不写名字，由系统自动分配。例如，下面定义的命名空间就是匿名的。

```
namespace
{
    … //可以是变量、函数、类、其他命名空间
}
```

编译器在编译阶段会为匿名命名空间生成唯一的名字，这个名字是不可见的。除此之外，编译器还会为这个匿名命名空间生成一条 using 指令。编译后的匿名命名空间等效于下面的代码：

```
namespace _UNIQUE_NAME_
{
    … //可以是变量、函数、类、其他命名空间
}
using namespace _UNIQUE_NAME_;
```

匿名命名空间的作用是限制命名空间的内容仅能被当前源文件使用，其他源文件是无法访问的，使用 extern 声明访问也是无效的。

## 1.3.2 控制台输入/输出

C++控制台常用的输入/输出是由输入、输出流对象 cin 和 cout 实现的，它们定义在头文件 iostream 中，作用类似于 C 语言中的 scanf()函数和 printf()函数。下面分别对 cin 与 cout 的用法进行介绍。

### 1. cin

cin 与运算符 ">>" 结合使用，用于读入用户输入，以空白（包括空格、Enter、Tab）为分隔符，示例代码如下所示：

```
// 输入单个变量
char c1,c2;
cin>>c1;
cin>>c2;
// 输入多个变量
string s;
float f;
cin>>s>>f;
```

输入单个变量时，如果从键盘输入字符'a'和'b'（以空格分隔），则 cin 语句会把输入的'a'赋值给变量 c1，把输入的'b'赋值给变量 c2。

输入多个变量时，如果输入字符串"abc"和数据 3.14，则 cin 语句会把字符串"abc"赋值给变量 s，把数据 3.14 赋值给变量 f。

### 2. cout

cout 与运算符 "<<" 结合使用，用于向控制台输出信息。cout 可以将数据重定向输出到磁盘文件。具体用法如下。

（1）cout 输出常量值。

示例代码如下所示：

```
cout<<10<<endl;
cout<<'a'<<endl;
cout<<"C++"<<endl;
```

（2）cout 输出变量值。

示例代码如下所示：

```
//输出单个变量
int a =10;
cout<<a<<endl;                    //输出 int 类型的变量
//输出多个变量
int a = 10;
char *str = "abc";
cout<<a<<","<<str<<endl;
```

在用 cout 输出变量值时，"<<"运算符会根据变量的数据类型自动匹配并正确输出。

（3）cout 输出指定格式的数据。

使用 cout 输出指定格式的数据时，可以通过 C++标准库提供的标志位和操作符控制格式，这些操作符位于 iomanip 头文件，使用时需要引入 iomanip 头文件。

下面介绍一些常见的输出格式控制。

① 输出八进制、十进制、十六进制数据。

```
int a=10;
cout<<"oct:"<<oct<<a<<endl; //以八进制输出 a
cout<<"dec:"<<dec<<a<<endl; //以十进制输出 a
cout<<"hex:"<<hex<<a<<endl; //以十六进制输出 a
```

② 输出指定精度数据。

使用 setprecision() 函数可以设置浮点类型输出所需精度数据，示例代码如下所示：

```
double f = 3.1415926;
cout<<"默认输出 :"<<f<<endl;
cout<<"精度控制"<<setprecision(7)
    <<setiosflags(ios::fixed)<<f<<endl;
```

③ 输出指定域宽、对齐方式、填充方式的数据。

C++提供了 setw() 函数用于指定域宽，setiosflags() 函数用于设置对齐方式，setfill() 函数用于设置填充方式。

下面通过案例演示如何输出指定域宽、对齐方式以及填充方式的数据，如例 1-2 所示。

例 1-2　format.cpp

```
1  #include<iostream>
2  #include<iomanip>
3  using namespace std;
4  int main()
5  {
6      cout<<setw(10)<<3.1415<<endl;
7      cout<<setw(10)<<setfill('0')<<3.1415<<endl;
8      cout<<setw(10)<<setfill('0')
9                  <<setiosflags(ios::left)<<3.1415<<endl;
10     cout<<setw(10)<<setfill('-')
11                 <<setiosflags(ios::right)<<3.1415<<endl;
12     return 0;
13 }
```

例 1-2 运行结果如图 1-2 所示。

图1-2　例1-2运行结果

在例 1-2 中，第 6 行代码输出了指定域宽的数据，第 7 行代码输出了填充了字符的数据，第 8 ~ 11 行代码输出的是设置了左对齐和右对齐格式的数据。

本节内容只需掌握控制台输入/输出的用法和常见的输出格式，输入/输出标志位和操作符还有很多，其他标志位和操作符可参考附录 I。

### 1.3.3　类型增强

C 语言和 C++语言都属于强类型语言，相比于 C 语言，C++中的类型检查更加严格，下面介绍 C++对常见类型的增强。

### 1. 常变量类型 const

使用 const 修饰的变量称为常变量，C 语言中的常变量可以通过指针修改，而 C++中的常变量无法通过指针间接修改。示例代码如下所示：

```
const int a = 10;
int* p = &a;                          //类型不兼容错误
*p = 20;                              //无法通过指针修改常变量
```

### 2. 逻辑类型 bool

C 语言中没有逻辑类型，只能用非 0 表示真，用 0 表示假。C++增加了 bool 类型，使用 true 表示真，false 表示假。示例代码如下所示：

```
bool a = false;                       //定义 bool 类型变量
bool b = true;
bool greater(int x, int y){return x > y;}  //比较 x 是否大于 y
```

### 3. 枚举类型 enum

C 语言中枚举类型只能是整数类型，且枚举变量可以用任意整数赋值，使用自由灵活。在 C++中，枚举变量只能使用枚举常量进行赋值。下面代码在 C++中是不被允许的。

```
enum temperature {WARM,COOL,HOT};
enum temperature t= WARM;
t=10;                                 //错误
```

## 1.3.4　默认参数

"默认"的概念大家都不陌生，比如安装一款软件时，在安装过程中会有默认参数选项，如默认安装路径，安装时可以修改默认安装路径。C++的函数支持默认参数，即在声明或者定义函数时指定参数的默认值。

下面通过案例演示默认参数的用法，如例 1-3 所示。

例 1-3　defaultPara.cpp

```
1   #include<iostream>
2   using namespace std;
3   void add(int x,int y=1,int z=2)
4   {
5       cout<<x+y+z<<endl;
6   }
7   int main()
8   {
9       add(1);          //只传递 1 给形参 x，y、z 使用默认形参值
10      add(1,2);        //传递 1 给 x，2 给 y，z 使用默认形参值
11      add(1,2,3);      //传递三个参数，不使用默认形参值
12      return 0;
13  }
```

例 1-3 运行结果如图 1-3 所示。

图1-3　例1-3运行结果

在例 1-3 中，第 3～6 行代码定义了函数 add()，该函数指定了参数 y、z 的默认值。第 9～11 行代码在 main()中调用了三次 add()函数。第一次调用 add()函数时，只传入一个参数 1，形参 y、z 使用默认参数；第二次调用时，传入参数 1、2，形参 z 使用默认参数；第三次调用时，传入参数 1、2、3，不使用默认参数。由图 1-3 可知，三次 add()函数均调用成功，都输出了运算结果。

使用默认参数时，需要注意以下规则。

（1）默认参数只可在函数声明中出现一次，如果没有函数声明，只有函数定义，那么可以在函数定义中设定。

（2）默认参数赋值的顺序是自右向左，即如果一个参数设定了默认参数，则其右边不能存在未赋值的形参。

（3）默认参数调用时，遵循参数调用顺序，即有参数传入时它会先从左向右依次匹配。

（4）默认参数值可以是全局变量、全局常量，甚至可以是一个函数。

## 1.3.5 函数重载

在平时生活中经常会出现这样一种情况，一个班里可能同时有两个甚至多个叫小明的同学，但是他们的身高、体重、外貌等有所不同，老师点名时都会根据他们的特征来区分。在编程语言里也存在这种情况，参数不同的函数有着相同的名字，调用时根据参数不同确定调用哪个函数，这就是 C++ 的函数重载机制。

所谓函数重载（overload），就是在同一个作用域内函数名相同但参数个数或者参数类型不同的函数。例如，在同一个作用域内同时定义三个 add() 函数，这三个 add() 函数就是重载函数，示例代码如下所示：

```
void add(int x, int y);
void add(float x);
double add(double x, double y);
```

下面通过案例演示函数重载的用法，例 1-4 所示。

例 1-4　overloadFunc.cpp

```
1  #include <iostream>
2  using namespace std;
3  void add(int x, int y)
4  {
5      cout << "int: " << x + y << endl;
6  }
7  void add(double x)
8  {
9      cout << "double: " << 10 + x << endl;
10 }
11 double add(double x, double y)
12 {
13     return x + y;
14 }
15 int main()
16 {
17     add(10.2);          //一个double类型参数
18     add(1, 3);          //两个int类型参数
19     return 0;
20 }
```

例 1-4 运行结果如图 1-4 所示。

图1-4　例1-4运行结果

在例 1-4 中，第 3 ~ 14 行代码定义了三个重载函数 add()。第 17 行代码调用 add() 函数，传入一个 double 类型的实参 10.2。第 18 行代码调用 add() 函数，传入两个 int 类型的实参 1 和 3。由图 1-4 可知，两次调用 add() 函数都成功计算出了结果。

调用重载函数时，编译器会根据传入的实参与重载函数逐一匹配，根据匹配结果决定到底调用哪个函数。

如果重载函数中的形参没有默认参数，定义和调用一般不会出现问题，但是当重载函数有默认参数时，需要注意调用二义性。例如，下面的两个 add() 函数：

```
int add(int x, int y = 1);
void add(int x);
```

当调用 add()函数时，如果只传入一个参数就会产生歧义，编译器无法确认调用哪一个函数，这就产生了调用的二义性。在编写程序时，要杜绝重载的函数有默认参数，从而避免调用二义性的发生。

### 1.3.6　引用

引用是 C++引入的新语言特性，它是某一变量的一个别名，使用"&"符号标识。引用的定义格式如下：

```
数据类型& 引用名 = 变量名;
```

习惯使用 C 语言开发的读者看到"&"符号就会想到取地址。但是在 C++引用中，"&"只是起到标识的作用。

下面通过案例演示引用的用法，如例 1-5 所示。

例 1-5　reference.cpp

```
1   #include<iostream>
2   using namespace std;
3   int main()
4   {
5       int a=10;
6       int& ra=a;
7       cout<<"变量 a 的地址"<<hex<<&a<<endl;
8       cout<<"引用 ra 的地址:"<<hex<<&ra<<endl;
9       cout<<"引用 ra 的值:"<<dec<<ra<<endl;
10      return 0;
11  }
```

例 1-5 运行结果如图 1-5 所示。

图1-5　例1-5运行结果

在例 1-5 中，第 5 行代码定义了整型变量 a 并初始化为 10。第 6 行代码定义了指向变量 a 的引用 ra。第 7~9 行代码分别输出变量 a 的地址、引用 ra 的地址、引用 ra 的值。由图 1-5 可知，引用 ra 的地址和变量 a 的地址相同；引用 ra 的值为 10，与变量 a 的值相同。

在定义引用时，有以下几点需要注意。

（1）引用在定义时必须初始化，且与变量类型保持一致。

（2）引用在初始化时不能绑定常量值，如 int &b = 10 是错误的。

（3）引用在初始化后，其值不能再更改，即不能用作其他变量的引用。

在 C++中，引用的一个重要作用是作为函数参数。下面通过案例演示引用作为函数参数的用法，如例 1-6 所示。

例 1-6　quote.cpp

```
1   #include<iostream>
2   using namespace std;
3   void exchange(int& x, int& y)
4   {
5       int temp = x;
6       x = y;
7       y = temp;
8   }
9   int main()
```

```
10 {
11      int a, b;
12      cout << "please input two nums: " << endl;
13      cin >> a >> b;
14      exchange(a, b);
15      cout << " exchange: " << a << " "<< b << endl;
16      return 0;
17 }
```

例 1-6 运行结果如图 1-6 所示。

在例 1-6 中，第 3~8 行代码定义了一个函数 exchange()，用于交换两个 int 类型变量的值。exchange()函数有两个 int 类型的引用作为参数。第 13~15 行代码通过 cin 从键盘输入两个整型数据给变量 a、b，调用 exchange()函数交换变量 a、b 的值，并输出交换结果。由图 1-6 可知，变量 a、b 的值交换成功。

图1-6　例1-6运行结果

在例 1-6 中，exchange()函数的形参如果为普通变量（值传递），由于副本机制无法实现变量 a、b 的交换。如果形参为指针（址传递），可以完成变量 a、b 的交换，但需要为形参（指针）分配存储单元，在调用时要反复使用"*指针名"获取数据，且实参传递时要取地址（&a、&b），这样很容易出现错误，且程序的可读性也会下降。而使用引用作为形参，就克服了值传递和址传递的缺点，通过引用可以直接操作变量，简单高效，可读性又好。

引用是隐式的指针，但引用却不等同于指针，使用引用与使用指针有着本质的区别。

（1）指针指向一个变量，需要占据额外的内存单元，而引用指向一个变量，不占据额外内存单元。

（2）作为函数参数时，指针的实参是变量的地址，而引用的实参是变量本身，但系统向引用传递的是变量的地址而不是变量的值。

显然，引用比指针更简单、直观、方便。使用引用可以代替指针的部分操作。在 C 语言中只能用指针来处理的问题，在 C++中可以通过引用完成，从而降低了程序设计的难度。

如果想使用常量值初始化引用，则引用必须用 const 修饰，用 const 修饰的引用称为 const 引用，也称为常引用。

const 引用可以用 const 对象和常量值进行初始化。示例代码如下所示：

```
const int &a = 10;
const int b = 10;
const int &rb = b;
```

上述代码中，第 1 行代码定义了 const 引用 a，使用常量 10 进行初始化；第 2 行代码定义常变量 b，第 3 行代码定义了 const 引用 rb，使用常变量 b 进行初始化。

常变量的引用必须是 const 引用，但 const 引用不是必须使用常量或常变量进行初始化，const 引用可以使用普通变量进行初始化，只是使用普通变量初始化 const 引用时，不允许通过该引用修改变量的值。示例代码如下所示：

```
int a = 10;                    //变量a
const int &b = a;              //使用a初始化const 引用b
b=20;                          //错误
```

当引用作函数参数时，也可以使用 const 修饰，表示不能在函数内部修改参数的值。例如下面的函数，比较两个字符串长度：

```
bool isLonger(const string &s1, const string &s2)
{
    return s1.size() > s2.size();
}
```

在 isLonger()函数中，只能比较两个字符串长度而不能改变字符串内容。

### 1.3.7　字符串类

C语言不存在字符串类型，都是用字符数组处理字符串，C++支持C风格的字符串，另外还提供了一种字符串数据类型：string。string是定义在头文件string中的类，使用前需要包含头文件string。

使用string定义字符串比较简单，主要有以下几种方式：

```
string s1;
s1="hello C++";                 //第一种方式
string s2="hello C++";          //第二种方式
string s3("hello C++");         //第三种方式
string s4(6,'a');               //第四种方式
```

第一种方式先定义了字符串变量s1，再为字符串变量s1赋值；第二种方式直接使用"="为字符串变量s2赋值；第三种方式在定义字符串变量时，将初始值放在"()"运算符中，使用"()"运算符中的字符串为变量初始化；第四种方式在定义字符串变量时，也将初始值放在"()"运算符中，但是"()"中有两个参数，第一个参数表示字符个数，第二个参数表示构成字符串的字符。上述代码最后一行，表示用6个字符'a'构成的字符串初始化变量s4，初始化后s4的值为"aaaaaa"。

**注意：**

使用string定义字符串时，不需要担心字符串长度、内存不足等情况，而且string类重载的运算符与成员函数足以完成字符串的各种处理操作。

下面介绍一些常见的string字符串操作。

**1. 访问字符串中的字符**

string类重载了"[]"运算符，可以通过索引方式访问和操作字符串中指定位置的字符。示例代码如下所示：

```
string s="hello,C++";
s[7]='P';
s[8]='P';
```

上述代码中，通过索引将字符串s中的两个"+"都修改成了'P'。

**2. 字符串的连接**

在C语言中，连接两个字符串要调用strcat()函数，还要考虑内存溢出情况。在C++中，string重载了"+"运算符，可以使用"+"运算符连接两个string类型的字符串，示例代码如下所示：

```
string s1,s2;
s1="我在学习";
s2="C++";
cout<<s1+s2<<endl;      //我在学习C++
```

**3. 字符串的比较**

在C语言中，比较两个字符串是否相等需要调用strcmp()函数，而在C++中，可以直接调用重载的">""<""=="等运算符比较两个string字符串。示例代码如下所示：

```
string s1,s2;
cin>>s1>>s2;
//比较两个字符串内容是否相同
if(s1>s2)
    cout<<"字符串s1大于s2"<<endl;
else if (s1<s2)
    cout<<"字符串s2大于s1"<<endl;
else
    cout<<"字符串s1与s2相等"<<endl;
```

上述代码通过">""<""=="运算符比较用户输入的两个字符串的内容是否相同。

**4. 字符串的长度计算**

string类提供的length()函数用于获取字符串长度。length()函数类似于C语言中的strlen()函数。调用length()函数获取字符串长度的示例代码如下所示：

```
string s = "hello C++";
cout<<"length():"<<s.length()<<endl;
```

需要注意的是，由于计算结果不包括字符串末尾结束标志符"\0"，因此，上述代码使用 length()函数计算出字符串 s 的长度为 9。

**5. 字符串交换**

string 类提供了成员函数 swap()，用于交换两个字符串的值，示例代码如下所示：

```
string s1="hello C++";
string s2="I Love China!";
s1.swap(s2);                        //通过 "." 运算符方式交换
swap(s1,s2);                        //通过函数调用方式交换
```

需要注意的是，string 的成员函数 swap()只能交换 string 类型的字符串，不能交换 C 语言风格的字符串。

## 1.3.8 new/delete

C++增加了 new 运算符分配堆内存，delete 运算符释放堆内存。具体用法如下。

**1. 使用 new 运算符分配堆内存**

new 运算符用于申请一块连续的内存，格式如下：

```
new 数据类型(初始化列表);
```

上述格式中，数据类型表示申请的内存空间要存储数据的类型；初始化列表指的是要存储的数据。如果暂时不存储数据，初始化列表可以为空，或者数据类型后面没有()。如果内存申请成功，则 new 返回一个具体类型的指针；如果内存申请失败，则 new 返回 NULL。

new 申请内存空间的过程，通常称为 new 一个对象。与 malloc()相比，new 创建动态对象时不必为对象命名，直接指定数据类型即可，并且 new 能够根据初始化列表中的值进行初始化。

下面介绍 new 运算符常见的几种用法。

（1）创建基本数据类型对象。

使用 new 创建基本数据类型对象，示例代码如下所示：

```
char* pc = new char;                //存储 char 类型的数据
int* pi = new int(10);              //存储 int 类型的数据
double* pd = new double();          //存储 double 类型的数据
```

上述代码分别用 new 创建了 char、int、double 三个对象。其中，char 对象没有初始化列表，新分配内存中没有初始值；int 对象初始化列表为 10，即分配一块内存空间，并把 10 存入该空间；double 对象初始化列表为空，编译器会用 0 初始化该对象。

（2）创建数组类型对象。

使用 new 创建数组对象，格式如下所示：

```
new 数据类型[数组长度];
```

使用 new 创建数组的示例代码如下所示：

```
char* pc = new char[10];
```

在上述代码中，指针 pc 指向大小为 10 的 char 类型数组。

**2. 使用 delete 运算符释放堆内存**

用 new 运算符分配的内存在使用后要及时释放以免造成内存泄漏，C++提供了 delete 运算符释放 new 出来的内存空间，格式如下：

```
delete 指针名;
```

由上述格式可知，delete 运算符直接作用于指针就可以释放指针所指向的内存空间。但是使用 delete 运算符释放数组对象时要在指针名前加上[]，格式如下：

```
delete []指针名;
```

如果漏掉了[]，编译器在编译时无法发现错误，导致内存泄漏。下面通过案例来演示 new 和 delete 的用法，如例 1-7 所示。

例 1-7    allocMeorry.cpp

```
1    #include<iostream>
2    using namespace std;
```

```
3    int main()
4    {
5        int* pi = new int(10);              //创建一个 int 对象，初始值为 10
6        cout<<"*pi="<<*pi<<endl;
7        *pi = 20;                           //通过指针改变内存中的值
8        cout<<"*pi = "<<*pi<<endl;
9        //创建一个大小为 10 的 char 类型的数组
10       char* pc = new char[10];
11       for(int i = 0;i < 10;i++)
12           pc[i] = i + 65;                 //向数组中存入元素
13       for(int i = 0;i < 10;i++)
14           cout<<pc[i]<<" ";
15       cout<<endl;
16       delete pi;                          //释放 int 对象
17       delete []pc;                        //释放 char 数组对象
18       return 0;
19   }
```

例 1–7 运行结果如图 1–7 所示。

在例 1–7 中，第 5 行代码使用 new 创建了一个 int 对象，初始值为 10。第 6 行代码通过指针 pi 输出内存中的数据，由图 1–7 可知，输出结果为 10。第 7 ~ 8 行代码通过指针 pi 修改内存中的数据为 20，并输出，由图 1–7 可知，输出结果为 20。第 10 ~ 12

图1–7　例1–7运行结果

行代码使用 new 创建一个大小为 10 的 char 类型数组，并通过 for 循环为数组赋值。第 13 ~ 14 行代码通过 for 循环输出数组中的元素，由图 1–7 可知，数组中的元素成功输出。第 16 ~ 17 行代码使用 delete 运算符释放 int 对象和 char 类型数组对象。

## 1.3.9　extern"C"

在 C++程序中，可以使用 extern"C"标注 C 语言代码，编译器会将 extern "C"标注的代码以 C 语言的方式编译。使用 extern"C"标注 C 语言代码的格式具体如下：

```
extern"C"
{
  // C 语言代码
}
```

下面通过案例演示在 C++程序中编译 C 语言程序，这个案例包括 mallocStr.h、mallocStr.c 和 main.cpp 三个文件，三个文件的实现分别如例 1–8 ~ 例 1–10 所示。

例 1-8    mallocStr.h

```
1    #include<stdio.h>
2    #include<stdlib.h>
3    char* func(int,char*);
```

例 1-9    mallocStr.c

```
1    #define _CRT_SECURE_NO_WARNINGS
2    #include"mallocStr.h"
3    char* func(int size,char *str)
4    {
5        char* p =malloc(size);
6        strcpy(p,str);
7        return p;
8    }
```

例 1-10    main.cpp

```
1    #include<iostream>
2     using namespace std;
3    #ifdef __cplusplus
4    extern"C"
5    {
```

```
6   #endif
7       #include"mallocStr.h"
8   #ifdef __cplusplus
9   }
10  #endif
11  int main()
12  {
13      char str[]="C++";
14      char *p=func(sizeof(str)+1,str);
15      cout<<p<<endl;
16      free (p);
17      return 0;
18  }
```

例 1-10 运行结果如图 1-8 所示。

图1-8　例1-10运行结果

例 1-8 和例 1-9 的 mallocStr.h 文件和 mallocStr.c 文件所示代码是 C 语言程序。其中，mallocStr.c 文件中定义了 func()函数，在函数内部调用 malloc()函数申请一块内存空间存储一个字符串。func()函数第一个参数指定申请内存的大小，第二个参数是存入内存空间的字符串。

在例 1-10 所示的 main.cpp 中，程序调用了 func()函数，则需要使用 extern "C"声明 mallocStr.h 文件内容以 C 语言的方式编译。

### 1.3.10　强制类型转换

与 C 语言的类型转换相比，C++的类型转换机制更加安全。C++提供了四个类型转换运算符应对不同类型数据之间的转换，下面分别进行介绍。

#### 1. static_cast<type>(expression)

static_cast<>是最常用的类型转换运算符，主要执行非多态的转换，用于代替 C 语言中通常的转换操作。static_cast<>可以实现下列转换。

- 基本数据类型之间的转换。
- 将任何类型转换为 void 类型。
- 把空指针转换成目标类型的指针。
- 用于类层次结构中基类和派生类之间指针或引用的转换。向上转换（派生类转换为基类）是安全的；向下转换（基类转换为派生类）没有动态类型检查，是不安全的。

使用 static_cast<>运算符进行类型转换的示例代码如下所示：

```
int a=1;
float b=3.14;
a=static_cast<int>(b);          //将 float 类型转换为 int 类型
b=static_cast<float>(a);        //将 int 类型转换为 float 类型
int *q=NULL;
void* p = NULL;
q=p;                            //将空指针转换为 int 类型，C 语言允许，C++不允许
p=q;
q=static_cast<int*>(p);         //将空指针转换为 int 类型指针
```

#### 2. reinterpret_cast<type>(expression)

reinterpret_cast 通常为操作数的位模式提供较低层的重新解释。例如，如果将一个 int 类型的数据 a 转换为 double 类型的数据 b，仅仅是将 a 的比特位复制给 b，不作数据转换，也不进行类型检查。reinterpret_cast 要转换的类型必须是指针类型、引用或算术类型。

使用 reinterpret_cast <>运算符进行类型转换的示例代码具体如下：

```
char c = 'a';
int d = reinterpret_cast<int&>(c);
int *p=NULL;
float *q=NULL;
p = q;                              //C 语言允许，C++语言不允许
q = p;                              //C 语言允许，C++语言不允许
p = static_cast<int*>(q);          //static_cast 无法转换
q = static_cast<int*>(p);          //static_cast 无法转换
p = reinterpret_cast<int*>(q);
q = reinterpret_cast<float*>(p);
```

### 3. const_cast<type>(expression)

const_cast<>用于移除 const 对象的引用或指针具有的常量性质，可以去除 const 对引用和指针的限定。示例代码如下所示：

```
int num = 100;
const int* p1 = &num;
//将常量指针转换为普通类型指针,去除 const 属性
 int* p2 = const_cast<int*>(p1);
*p2 = 200;
int a=100;
const int & ra=a;
//将常量引用转换为普通类型引用, 去除 const 属性
const_cast<int&>(ra)=200;
```

需要注意的是，const_cast<>只能用于转换指针或引用。

### 4. dynamic_cast<type>(expression)

dynamic_cast<>用于运行时检查类型转换是否安全，可以在程序运行期间确定数据类型，如类的指针、类的引用和 void*。dynamic_cast<>主要应用于类层次间的向上转换和向下转换，以及类之间的交叉转换。在类层次间进行向上转换时，它和 static_cast 作用一致。不过，与 static_cast 相比，dynamic_cast 能够在运行时检查类型转换是否安全。

当向下转换时，如果基类指针或引用指向派生类对象，dynamic_cast 运算符会返回转换后类型的指针，这样的转换是安全的。如果基类指针或引用没有指向派生类对象，则转换是不安全的，转换失败时就返回 NULL。

**┃┃┃ 多学一招：Bjarne Stroustrup对编写C++程序的建议**

1. C++中几乎不需要用宏。
2. 用 const 或 enum 定义显式的常量。
3. 用 inline 避免函数调用的额外开销。
4. 用模板定义函数或类型。
5. 用 namespace 避免命名冲突。
6. 变量在使用时声明并初始化，不要提前声明变量。
7. 使用 new 和 delete 会比函数 malloc()和 free()更好，realloc()函数可以用 vector()代替。
8. 避免使用 void*、指针算术、联合和强制转换。
9. 尽量少用数组和 C 风格的字符串，标准库中的 string 和 vector 可以简化程序。
10. 试着将程序考虑为一组由类和对象表示的相互作用的概念。

## 1.4　本章小结

本章首先讲解了 C++语言的发展史、特点，然后带领大家编写了第一个 C++程序，最后讲解了 C++语言在 C 语言基础上的一些扩充，如命名空间、类型增强、默认参数、引用等新特性。通过本章的学习，希望大

家能够对 C++语言有基本认识，为后续章节的学习奠定好基础。

# 1.5　本章习题

### 一、填空题

1. 在 C++中，可以使用_____关键字自定义命名空间。
2. 现有"Shape *p=new Shape[10];"，假设要释放 p 指向的内存空间，那么释放内存的实现语句是_____。
3. C++中基本类型转换可以使用_____运算符完成。
4. 函数重载指的是_____相同，_____或参数类型不同。
5. 在编程中若要限制函数传入参数为只读，使用的关键字是_____。

### 二、判断题

1. C++中的命名空间能够对作用域进行划分，避免命名冲突。　　　　　（　　）
2. 使用函数重载时，若使用默认参数应当避免调用二义性出现。　　　（　　）
3. C++中的引用是对一个对象起了别名，且必须初始化。　　　　　　（　　）
4. 在 C++程序中，可以对枚举变量重新赋值。　　　　　　　　　　　（　　）
5. string 类可以使用 STL 模板库中的算法对字符串进行操作。　　　　（　　）

### 三、选择题

1. 下列扩展名中，属于 C++程序的头文件扩展名的是（　　　）。
   A．.h　　　　　　B．.cpp　　　　　　C．.c　　　　　　D．exe
2. C++标准输入/输出的头文件是（　　　）。
   A．cmath　　　　B．iostream　　　　C．string　　　　D．algorithm
3. 在 C++中，使用 new 分配内存后，如果要释放空间，则应该使用（　　　）运算符释放。
   A．free　　　　　B．delete　　　　　C．auto　　　　　D．malloc
4. 下列选项中，使用 string 类创建对象的正确方式是（　　　）（多选）。
   A．string str("OK");　　B．string str="OK";　　C．string str;　　D．strint str='OK';
5. 关于函数参数的描述，下列说法中错误的是（　　　）。
   A．设置默认值的参数右边不允许出现没有指定默认值的参数
   B．参数默认值的设置顺序从参数表的右端开始
   C．参数默认值可以设置在定义语句中，也可以在声明语句中
   D．参数默认值可以是数值也可以是表达式

### 四、简答题

1. 简述 C++命名空间的作用。
2. 简述什么是函数重载，调用重载函数时要注意哪些问题。
3. 简述什么是引用，以及使用引用时的注意事项。
4. 简述 C++中四种强制类型转换的作用。
5. 简述 new 和 delete 的用法。

# 第 2 章

# 类 与 对 象

**学习目标**

★ 了解面向对象程序设计思想

★ 掌握类的定义

★ 掌握对象的创建与使用

★ 理解 C++ 中类的封装

★ 理解 this 指针的作用机制

★ 掌握自定义构造函数的定义与调用

★ 掌握构造函数的重载

★ 掌握含有类成员对象的构造函数的定义与调用

★ 掌握析构函数

★ 掌握拷贝构造函数的定义与调用

★ 理解深拷贝与浅拷贝的区别

★ 掌握 const 与 static 修饰类的成员

★ 掌握友元函数的定义与调用

★ 了解友元类的定义与使用

面向对象是程序开发领域中的重要思想，这种思想符合人类认识客观世界的逻辑，是当前计算机软件工程学的主流思想。C++ 在设计之初就是一门面向对象语言，了解面向对象程序设计思想对于学习 C++ 开发至关重要。在面向对象中，类和对象是非常重要的两个概念，本章将针对面向对象中的类和对象进行详细的介绍。

## 2.1 面向对象程序设计思想

面向对象是一种符合人类思维习惯的程序设计思想。现实生活中存在各种形态不同的事物，这些事物之间存在着各种各样的联系。在程序中使用对象映射现实中的事物，利用对象之间的关系描述事物之间的联系，这种思想就是面向对象。

面向过程是分析出解决问题所需要的步骤，然后用函数把这些步骤一一实现，使用的时候依次调用就可以了。面向对象不同于面向过程，它是把构成问题的事物按照一定规则划分为多个独立的对象，然后通过调用对象的方法解决问题。当然，一个应用程序会包含多个对象，通过多个对象的相互配合即可实现应用程序所需的功能，这样当应用程序功能发生变动时，只需要修改个别对象就可以了，使代码更容易维护。

面向对象程序设计思想有三大特征：封装、继承和多态。下面针对这三个特征进行简单的介绍。

### 1. 封装

封装是面向对象程序设计思想最重要的特征。封装就是隐藏，它将数据和数据处理过程封装成一个独立性很强的模块，避免外界直接访问对象属性而造成耦合度过高以及过度依赖。

封装是面向对象的核心思想，将对象的属性和行为封装起来，行为对外提供接口，不需要让外界知道具体的实现细节。例如，用户使用电脑，只需要通过外部接口连接鼠标、键盘等设备操作电脑就可以了，无须知道电脑内部的构成以及电脑是如何工作的。

### 2. 继承

继承主要描述的是类与类之间的关系，通过继承无须重新编写原有类，就能对原有类的功能进行扩展。例如，有一个交通工具类，该类描述了交通工具的特性和功能，而小汽车类不仅包含交通工具的特性和功能，还应该增加小汽车特有的功能，这时可以让小汽车类继承交通工具类，在小汽车类中单独添加小汽车特有的属性和方法就可以了。继承不仅增强了代码复用性，提高了开发效率，而且也为程序的维护提供了便利。

在软件开发中，继承使软件具有开放性、可扩充性，这是数据组织和分类行之有效的方法，它简化了类和对象的创建工作量，增强了代码的可重用性。

### 3. 多态

多态是指事物的多种表现形态。例如，上课铃声响起后，各科老师准备去不同的班级上课，上体育课的学生在操场站好了队等体育老师发布口令，上文化课的学生听到铃声后回到各自的班级，这就是多态。

在面向对象程序设计思想中，多态就是不同的对象对同一信息产生不同的行为。多态是面向对象技术中的一个难点，很多初学者都难以理解。面向对象的多态特性使得开发更科学、更符合人类的思维习惯，更有效地提高软件开发效率，缩短开发周期，提高软件可靠性。

上述特征适用于所有的面向对象语言，深入了解这些特征是掌握面向对象程序设计思想的关键。面向对象的思想只有通过大量的实践去学习和理解才能真正领悟。

## 2.2 初识类和对象

在面向对象程序设计思想中，类和对象是非常重要的两个概念。如果要掌握 C++ 这门面向对象的程序设计语言，有必要先学习类和对象。类和对象的关系，如同建筑设计图纸与建筑物的关系，类是对象的模板，对象是类的实体。本节将针对类和对象进行详细讲解。

### 2.2.1 类的定义

类是对象的抽象，是一种自定义数据类型，它用于描述一组对象的共同属性和行为。类的定义格式如下所示：

```
class 类名
{
权限控制符:
    成员;
};
```

关于类定义格式的具体介绍如下。

（1）class 是定义类的关键字。

（2）类名是类的标识符，其命名遵循标识符的命名规范。

（3）类名后面的一对大括号，用于包含类的成员，类的所有成员要在这一对大括号中声明。类中可以定义成员变量（也称为属性）和成员函数（也称为方法），成员变量用于描述对象的属性，成员函数用于描述对象的行为。

（4）声明类的成员时，通常需要使用权限控制符限定成员的访问规则，权限控制符包括 public、protected 和 private，这三种权限控制符的权限依次递减。

（5）大括号的后面的一个分号 ";" 用于表示类定义的结束。

下面根据上述格式定义一个学生类，该类描述的学生属性包括姓名、性别和年龄等，行为包括学习、考试等，具体定义代码如下所示：

```
class Student                        //定义学生类 Student
{
public:                              //公有权限
    void study();                    //声明表示学习的成员函数
    void exam();                     //声明表示考试的成员函数
private:                             //私有权限
    string _name;                    //声明表示姓名的成员变量
    int _age;                        //声明表示年龄的成员变量
};
```

上述代码定义了一个简单的学生类 Student，该类中有_name、_age 两个成员变量，它们是类的私有成员；除了成员变量，该类还定义了 study() 和 exam() 两个成员函数，它们是类的公有成员。通常情况下，类的成员函数在类中声明，在类外实现。在类外实现成员函数，必须在返回值之后、函数名之前加上所属的类作用域，即 "类名::"，表示函数属于哪个类。在类外实现成员函数的格式如下所示：

```
返回值类型 类名::函数名称(参数列表)
{
    函数体
}
```

例如，在类外实现类 Student 的成员函数，示例代码如下所示：

```
void Student::study()                //类外实现 study() 成员函数
{
    cout << "学习 C++" << endl;
}
void Student::exam()                 //类外实现 exam() 成员函数
{
    cout << "C++考试成绩 100 分" << endl;
}
```

如果函数名前没有类名和作用域限定符 "::"，则函数不是类的成员函数，而是一个普通的函数。

为了大家更好地理解成员的访问规则，下面针对权限控制符进行具体介绍。

● public（公有类型）：被 public 修饰的成员也称为公有成员。公有成员是类的外部接口，可以被所属类的成员函数、类对象、派生类对象、友元函数、友元类访问。

● protected（保护类型）：被 protected 修饰的成员称为保护成员，其访问权限介于私有和公有之间，可以被所属类的成员函数、派生类对象、友元类和友元函数访问。

● private（私有类型）：被 private 修饰的成员称为私有成员，只能被所属类的成员函数、友元函数、友元类访问。

## 2.2.2　对象的创建与使用

定义了类，就相当于定义了一个数据类型。类与 int、char 等数据类型的使用方法是一样的，可以定义变量，使用类定义的变量通常称为该类的对象。

对象的定义格式如下所示：

```
类名 对象名;
```

在上述格式中，对象的命名遵循标识符的命名规范。

下面创建一个表示学生类 Student 的对象，示例代码如下所示：

```
Student stu;
```

上述代码中，创建了类的对象 stu 之后，系统就要为对象分配内存空间，用于存储对象成员。每个对象都有成员变量和成员函数两部分内容。成员变量标识对象的属性，比如创建两个 Student 类对象 stu1 和 stu2，由于两个学生的姓名、性别、年龄都不同，因此在创建对象时应当为每个对象分配独立的内存空间存储成员变量的值。

　　成员函数描述的是对象的行为，每个对象的行为都相同，比如学生对象 stu1 和 stu2 都具有学习、考试行为。如果为每个对象的成员函数也分配不同的空间，则必然造成浪费。因此，C++用同一块空间存放同类对象的成员函数代码，每个对象调用同一段代码。对象与成员之间的内存分配示意图如图 2-1 所示。

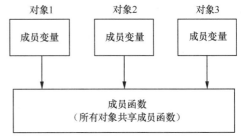

图2-1　对象与成员之间的内存分配示意图

　　为对象分配了内存空间之后，就可以向这块内存空间中存储数据了。存储数据的目的是访问数据，即访问对象的成员。对象的成员变量和成员函数的访问可以通过"."运算符实现，其格式如下所示：

```
对象名.成员变量
对象名.成员函数
```

　　在上述格式中，通过"."运算符既可以访问对象的成员变量也可以调用对象的成员函数。下面通过案例演示类的定义、对象的创建及对象的成员访问，如例 2-1 所示。

例2-1　Student.cpp

```cpp
1  #include<iostream>
2  using namespace std;
3  class Student                              //定义学生类 Student
4  {
5  public:                                    //公有类型
6      void study();                          //声明表示学习的成员函数
7      void exam();                           //声明表示考试的成员函数
8      string _name;                          //声明表示姓名的成员变量
9      int _age;                              //声明表示年龄的成员变量
10 };
11 void Student::study()                      //类外实现 study()成员函数
12 {
13     cout << "学习 C++" << endl;
14 }
15 void Student::exam()                       //类外实现 exam()成员函数
16 {
17     cout << "C++考试成绩 100 分" << endl;
18 }
19 int main()
20 {
21     Student stu;                           //创建 Student 类对象 stu
22     stu._name = "张三";                     //设置对象 stu 的姓名
23     stu._age = -20;                        //设置对象 stu 的年龄
24     cout << stu._name << stu._age << "岁" << endl;
25     stu.study();                           //调用 study()成员函数
26     stu.exam();                            //调用 exam()成员函数
27     return 0;
28 }
```

例 2-1 运行结果如图 2-2 所示。

图2-2　例2-1运行结果

　　在例 2-1 中，第 3～10 行代码定义了学生类 Student，该类中有两个公有成员变量_name 和_age，分别表示学生的姓名和年龄，有两个公有成员函数 study()和 exam()。第 11～18 行代码是在类外实现类的成员函数。

第 21 ~ 23 行代码，在 main()函数中创建 Student 类对象 stu，并设置对象 stu 的_name 和_age 值。第 24 ~ 26 行代码通过对象 stu 调用对象的成员函数，输出对象 stu 的信息。由图 2-2 可知，程序成功创建了对象 stu，并输出了对象 stu 的信息。

---

**▐▐▐▐ 小提示：new创建类对象**

　　类是自定义数据类型，与基本数据类型的使用方式相同，也可以使用 new 创建类对象。例如，例 2-1 定义的 Student 类，可以使用 new 创建 Student 类对象，示例代码如下所示：

```
Student* ps = new Student;                      //使用 new 创建类对象
//…其他功能代码
delete ps;                                      //使用 delete 释放对象
```

# 2.3　封装

　　C++中的封装是通过类实现的，通过类把具体事物抽象为一个由属性和行为结合的独立单位，类的对象会表现出具体的属性和行为。在类的封装设计中通过权限控制方式实现类成员的访问，目的是隐藏对象的内部实现细节，只对外提供访问的接口。在例 2-1 中，第 23 行代码将对象 stu 的年龄值设置为–20，这在语法上不会有任何问题，程序可以正常运行，但在现实生活中明显不合理。为了避免这种情况，在设计类时，要控制成员变量的访问权限，不允许外界随意访问。

　　通过权限控制符可以限制外界对类的成员变量的访问，将对象的状态信息隐藏在对象内部，通过类提供的函数（接口）实现对类中成员的访问。在定义类时，将类中的成员变量设置为私有或保护属性，即使用 private 或 protected 关键字修饰成员变量。使用类提供的公有成员函数（public 修饰的成员函数），如用于获取成员变量值的 getXxx()函数和用于设置成员变量值的 setXxx()函数，操作成员变量的值。

　　下面修改例 2-1，使用 private 关键字修饰类的成员变量，并提供相应的成员函数访问类的成员变量，如例 2-2 所示。

例 2-2　package.cpp

```
1   #include<iostream>
2   using namespace std;
3   class Student                           //定义学生类 Student
4   {
5   public:                                 //公有类型
6       void study();                       //声明表示学习的成员函数
7       void exam();                        //声明表示考试的成员函数
8       void setName(string name);          //声明设置姓名的成员函数
9       void setAge(int age);               //声明设置年龄的成员函数
10      string getName();                   //声明获取姓名的成员函数
11      int getAge();                       //声明获取年龄的成员函数
12  private:                                //私有类型
13      string _name;                       //声明表示姓名的成员变量
14      int _age;                           //声明表示年龄的成员变量
15  };
16  void Student::study()                   //类外实现 study()成员函数
17  {
18      cout << "学习 C++" << endl;
19  }
20  void Student::exam()                    //类外实现 exam()成员函数
21  {
22      cout << "C++考试成绩 100 分" << endl;
23  }
24  void Student::setName(string name)      //类外实现 setName()成员函数
25  {
26      _name = name;
27  }
28  void Student::setAge(int age)           //类外实现 setAge()成员函数
```

```
29  {
30      if (age < 0 || age > 100)
31      {
32          cout << "_name" << "年龄输入错误" << endl;
33          _age = 0;
34      }
35      else
36          _age = age;
37  }
38  string Student::getName()                    //类外实现 getName()函数
39  {
40      return _name;
41  }
42  int Student::getAge()                        //类外实现 getAge()函数
43  {
44      return _age;
45  }
46  int main()
47  {
48      Student stu;                             //创建 Student 类对象 stu
49      stu.setName("张三");                     //设置对象 stu 的姓名
50      stu.setAge(-20);                         //设置对象 stu 的年龄
51      //调用成员函数 getName()和 getAge()获取对象 stu 的姓名、年龄，并输出
52      cout << stu.getName() << stu.getAge() << "岁" << endl;
53      stu.study();                             //调用成员函数 study()
54      stu.exam();                              //调用成员函数 exam()
55      Student stu1;                            //创建 Student 类对象 stu1
56      stu1.setName("李四");
57      stu1.setAge(22);
58      cout << stu1.getName() << stu1.getAge() << "岁" << endl;
59      stu1.study();
60      stu1.exam();
61      return 0;
62  }
```

例 2-2 运行结果如图 2-3 所示。

图2-3　例2-2运行结果

例 2-2 是对例 2-1 的修改，将 Student 中的成员变量_name 和_age 定义为私有成员，并定义了公有成员函数 setName()、setAge()、getName()和 getAge()，分别用于设置和获取对象的姓名和年龄。第 28～37 行代码，在实现 setAge()时，对传入的参数 age 进行了判断处理，如果 age>100 或 age<0，则输出"年龄输入错误"的信息，并将_age 值设置为 0。第 48～52 行代码，创建对象 stu，调用 setName()函数和 setAge()函数，分别用于设置对象 stu 的_name 和_age；调用 getName()函数和 getAge()函数，分别用于获取对象 stu 的_name 和_age。第 56～60 行代码，创建 Student 类对象 stu1，设置其姓名和年龄，并获取对象 stu1 的姓名和年龄将其输出。

由图 2-3 可知，当设置对象 stu 的年龄为-20 时，程序提示年龄输入错误，并将表示年龄的_age 设置为 0；当设置对象 stu1 的_age 为 22 时，程序正确输出对象 stu1 的年龄。

在例 2-2 中，_name 和_age 成员为私有成员，因此不能通过对象直接访问，如果仍然像例 2-1 中的第 22～24 行代码一样，直接通过对象访问_name 和_age，编译器会报错，如图 2-4 所示。

图2-4　访问私有成员_name和_age所报错误

## 2.4　this 指针

在例 2-2 中，程序创建了两个对象 stu 和 stu1，通过对象 stu 调用 getName()函数获取的姓名是"张三"，通过对象 stu1 调用 getName()函数获取的姓名是"李四"。在调用过程中，getName()函数可以区分到底是对象 stu 还是对象 stu1 调用，是通过 this 指针实现的。

this 指针是 C++实现封装的一种机制，它将对象和对象调用的非静态成员函数联系在一起，从外部看来，每个对象都拥有自己的成员函数。当创建一个对象时，编译器会初始化一个 this 指针，指向创建的对象，this 指针并不存储在对象内部，而是作为所有非静态成员函数的参数。例如，在例 2-2 中，当创建对象 stu 时，编译器初始化一个 this 指针指向对象 stu，通过 stu 调用成员函数 setName()与 getName()时，编译器会将 this 指针作为两个函数的参数，编译后的函数代码可以表示为如下形式：

```
void Student::setName(Student* this,string name)
{
    this->_name = name;
}
string Student::getName(Student* this)
{
    return this->_name;
}
```

上述代码演示的过程是隐含的，由编译器完成。当对象 stu 调用成员函数时，指向对象 stu 的 this 指针作为成员函数的第一个参数，在成员函数内部使用对象属性时，编译器会通过 this 指针访问对象属性。

实现类的成员函数时，如果形参与类的属性重名，可以用 this 指针解决。例如，在例 2-2 中，类的成员变量为_name 和_age，setName()函数和 setAge()函数的形参为 name 和 age，可以进行区分。如果将类的成员变量改为 name 和 age，则这两个成员变量和 setName()函数、setAge()函数的形参重名，在赋值时无法区分（name=name，age=age），此时可以使用 this 指针进行区分，示例代码如下：

```
void Student::setName(string name)
{
    this->name = name;
}
string Student::getName()
{
    return this->_name;
}
```

如果类的成员函数返回值为一个对象，则可以使用 return *this 返回对象本身。

## 2.5　构造函数

构造函数是类的特殊成员函数，用于初始化对象。构造函数在创建对象时由编译器自动调用。C++中的每个类至少要有一个构造函数，如果类中没有定义构造函数，系统会提供一个默认的无参构造函数，默认的无参构造函数体也为空，不具有实际的初始化意义。因此，在 C++程序中要显示定义构造函数。本节将针对构造函数的定义与具体用法进行详细讲解。

## 2.5.1 自定义构造函数

构造函数是类的特殊成员函数，C++编译器严格规定了构造函数的接口形式，其定义格式如下所示：

```
class 类名
{
权限控制符:
    构造函数名(参数列表)
    {
        函数体
    }
    ...        //其他成员
};
```

关于构造函数定义格式的说明，具体如下。

（1）构造函数名必须与类名相同。

（2）构造函数名的前面不需要设置返回值类型。

（3）构造函数中无返回值，不能使用 return 返回。

（4）构造函数的成员权限控制符一般设置为 public。

**注意：**

如果在类中提供了自定义构造函数，编译器便不再提供默认构造函数。自定义构造函数时，可以定义无参构造函数，也可以定义有参构造函数，下面分别进行讲解。

### 1. 自定义无参构造函数

自定义无参构造函数时，可以在函数内部直接给成员变量赋值。下面通过案例演示无参构造函数的定义与调用，如例 2-3 所示。

例 2-3　noPara.cpp

```cpp
1   #include<iostream>
2   #include<iomanip>
3   using namespace std;
4   class Clock                        //定义时钟类 Clock
5   {
6   public:
7       Clock();                       //声明无参构造函数
8       void showTime();               //声明显示时间的成员函数
9   private:
10      int _hour;                     //声明表示小时的成员变量
11      int _min;                      //声明表示分钟的成员变量
12      int _sec;                      //声明表示秒的成员变量
13  };
14  Clock::Clock()                     //类外实现无参构造函数
15  {
16      _hour=0;                       //初始化过程，将成员变量初始化为 0
17      _min=0;
18      _sec=0;
19  }
20  void Clock::showTime()             //类外实现成员函数
21  {
22      cout<<setw(2)<<setfill('0')<<_hour<<":"
23          <<setw(2)<<setfill('0')<<_min<<":"
24          <<setw(2)<<setfill('0')<<_sec<<endl;
25  }
26  int main()
27  {
28      Clock clock;                   //创建对象 clock
29      cout<<"clock: ";
30      clock.showTime();              //通过对象调用成员函数 showTime() 显示时间
31      return 0;
32  }
```

例2-3 运行结果如图2-5所示。

在例2-3中，第7行代码声明了一个无参构造函数；第14~19行代码在类外实现构造函数，在构造函数体中直接将初始值赋给成员变量；第28~30行代码在 main()函数中创建了对象 clock，并通过对象调用

图2-5　例2-3运行结果

showTime()成员函数显示初始化时间。由图 2-5 可知，对象 clock 的初始化时间为 00:00:00，因为创建 clock 对象调用的是无参构造函数，无参构造函数将时、分、秒都初始化为 0。

**2. 自定义有参构造函数**

如果希望在创建对象时提供有效的初始值，可以通过定义有参构造函数实现。下面修改例2-3，将无参构造函数修改为有参构造函数，以演示有参构造函数的定义与使用，如例2-4所示。

例2-4　parameter.cpp

```
1  #include<iostream>
2  #include<iomanip>
3  using namespace std;
4  class Clock                                    //定义时钟类Clock
5  {
6  public:
7      Clock(int hour, int min, int sec);         //声明有参构造函数
8      void showTime();                           //用于显示时间的成员函数
9  private:
10     int _hour;                                 //声明表示小时的成员变量
11     int _min;                                  //声明表示分钟的成员变量
12     int _sec;                                  //声明表示秒的成员变量
13 };
14 Clock::Clock(int hour, int min, int sec)       //类外实现有参构造函数
15 {
16     _hour=hour;                                //初始化过程，将初始值直接赋值给成员变量
17     _min=min;
18     _sec=sec;
19 }
20 void Clock::showTime()                         //类外实现成员函数
21 {
22     cout<<setw(2)<<setfill('0')<<_hour<<":"
23         <<setw(2)<<setfill('0')<<_min<<":"
24         <<setw(2)<<setfill('0')<<_sec<<endl;
25 }
26 int main()
27 {
28     Clock clock1(10,20,30);                    //创建对象clock1，传入初始值
29     cout<<"clock1: ";
30     clock1.showTime();                         //通过对象调用成员函数showTime()显示时间
31     Clock clock2(22,16,12);                    //创建对象clock2，传入初始值
32     cout<<"clock2: ";
33     clock2.showTime();                         //通过对象调用成员函数showTime()显示时间
34     return 0;
35 }
```

例2-4 运行结果如图2-6所示。

图2-6　例2-4运行结果

在例 2-4 中，第 7 行代码声明了有参构造函数；第 14~19 行代码在类外实现有参构造函数，将参数赋值给成员变量，在创建对象时调用有参构造函数，用户可以传入初始值（参数）完成对象初始化。第 28~

33 行代码，创建了两个 Clock 对象 clock1 和 clock2，这两个对象在创建时，传入了不同的参数，因此各个对象调用成员函数 showTime()显示的初始化时间是不一样的。

需要注意的是，在实现构造函数时，除了在函数体中初始化成员变量，还可以通过 ":" 运算符在构造函数后面初始化成员变量，这种方式称为列表初始化，其格式如下所示：

```
类::构造函数(参数列表)：成员变量1(参数1),成员变量2(参数2),…,成员变量n(参数n)
{
    构造函数体
}
```

在例 2-4 中，使用列表初始化实现成员变量初始化的方式如下所示：

```
Clock::Clock(int hour, int min, int sec):_hour(hour),_min(min),_sec(sec)
{
    //...
}
```

## 2.5.2 重载构造函数

在 C++中，构造函数允许重载。例如，Clock 类可以定义多个构造函数，示例代码如下所示：

```
class Clock                                      //定义时钟类Clock
{
public:
    //构造函数重载
    Clock();
    Clock(int hour);
    Clock(int hour, int min);
    Clock(int hour, int min, int sec);
    void showTime();                             //声明显示时间的成员函数
private:
    int _hour;                                   //声明表示小时的成员变量
    int _min;                                    //声明表示分钟的成员变量
    int _sec;                                    //声明表示秒的成员变量
};
```

当定义具有默认参数的重载构造函数时，要防止调用的二义性。下面修改例 2-4，在 Clock 类中定义重载构造函数，并且其中一个构造函数具有默认参数，在创建对象时，构造函数调用会产生二义性，如例 2-5 所示。

例 2-5　overload.cpp

```
1  #include<iostream>
2  #include<iomanip>
3  using namespace std;
4  class Clock                                   //定义时钟类Clock
5  {
6  public:
7      //声明重载构造函数
8      Clock(int hour, int min);
9      Clock(int hour, int min, int sec=0);
10     void showTime();                          //声明显示时间的成员函数
11 private:
12     int _hour;                                //声明表示小时的成员变量
13     int _min;                                 //声明表示分钟的成员变量
14     int _sec;                                 //声明表示秒的成员变量
15 };
16 Clock::Clock(int hour, int min):_hour(hour),_min(min)
17 {
18     cout<<"调用两个参数的构造函数"<<endl;
19     _sec=10;
20 }
21 Clock::Clock(int hour, int min, int sec=0)    //类外实现构造函数
22 {
23     cout<<"调用三个参数的构造函数"<<endl;
24     _hour=hour;
25     _min=min;
```

```
26        _sec=sec;
27  }
28  void Clock::showTime()                              //类外实现成员函数 showTime()
29  {
30      cout<<setw(2)<<setfill('0')<< _hour<<":"
31          <<setw(2)<<setfill('0')<< _min<<":"
32          <<setw(2)<<setfill('0')<< _sec<<endl;
33  }
34  int main()
35  {
36      Clock clock(8,0);                               //创建对象 clock，传入初始值
37      cout<<"clock: ";
38      clock.showTime();                               //通过对象调用成员函数显示时间
39      return 0;
40  }
```

运行例 2-5 时，编译器会报错，如图 2-7 所示。

在例 2-5 中，第 8 行代码声明了一个构造函数，该构造函数有两个参数；第 9 行代码声明了一个构造函数，该构造函数有三个参数，且第三个参数有默认值；第 16～27 行代码，在类外实现了这两个构造函数；第 36 行代码，在 main() 函数中创建一个对象 clock，传入两个参数，编译器无法确认调用的是第 8 行的构造函数还是第 9 行的构造函数，因此无法通过编译。

图2-7　例2-5编译器报错

### 2.5.3　含有成员对象的类的构造函数

C++允许将一个对象作为另一个类的成员变量，即类中的成员变量可以是其他类的对象，这样的成员变量称为类的子对象或成员对象。含有成员对象的类的定义格式如下所示：

```
class B
{
    A a;            //对象 a 作为类 B 的成员变量
    ...             //其他成员
}
```

创建含有成员对象的对象时，先执行成员对象的构造函数，再执行类的构造函数。例如，上述格式中，类 B 包含一个类 A 对象作为成员变量，在创建类 B 对象时，先执行类 A 的构造函数，将类 A 对象创建出来，再执行类 B 的构造函数，创建类 B 对象。如果类 A 构造函数有参数，其参数要从类 B 的构造函数中传入，且必须以 "：" 运算符初始化类 A 对象。

在类中包含对象成员，能够真实地描述客观事物之间的包含关系，比如描述学生信息的类，类中的成员除了姓名、学号属性，还包含出生日期。在定义学生类的时候，可以先定义一个描述年、月、日的出生日期类，再定义学生类，将出生日期类的对象作为学生类的成员变量。

下面通过案例演示含有成员对象的类的构造函数的定义与调用，如例 2-6 所示。

例2-6　Student.cpp

```
1   #include<iostream>
2   using namespace std;
3   class Birth                                         //定义出生日期类 Birth
4   {
5   public:
6       Birth(int year,int month, int day);             //构造函数
7       void show();                                    //声明成员函数 show() 显示日期
8   private:
9       int _year;
10      int _month;
11      int _day;
12  };
```

```
13  //类外实现构造函数
14  Birth::Birth(int year, int month, int day)
15      :_year(year),_month(month),_day(day)
16  {
17      cout<<"Birth类构造函数"<<endl;
18  }
19  //类外实现show()函数
20  void Birth::show()
21  {
22      cout<<"出生日期: "<<_year<<"-"<<_month<<"-"<<_day<<endl;
23  }
24  class Student                        //定义学生类Student
25  {
26  public:
27      //构造函数
28      Student(string name, int id, int year, int month, int day);
29      void show();
30  private:
31      string _name;
32      int _id;
33      Birth birth;
34  };
35  //类外实现构造函数
36  Student::Student(string name, int id, int year, int month, int day)
37      :birth(year,month,day)
38  {
39      cout<<"Student类构造函数"<<endl;
40      _name=name;
41      _id=id;
42  }
43  //类外实现show()函数
44  void Student::show()
45  {
46      cout<<"姓名: "<<_name<<endl;
47      cout<<"学号: "<<_id<<endl;
48      birth.show();
49  }
50  int main()
51  {
52      Student stu("lili",10002,2000,1,1);  //创建学生对象stu
53      stu.show();                          //显示学生信息
54      return 0;
55  }
```

例2-6运行结果如图2-8所示。

图2-8  例2-6运行结果

在例2-6中，第3～12行代码定义了出生日期类Birth，该类有3个成员变量，分别是_year、_month、_day，并且定义了有参数的构造函数；第24～34行代码定义了学生类Student，该类有3个成员变量，分别是_name、_id、birth，其中birth是类Birth的对象。此外，Student类还定义了一个构造函数。由于成员对象birth的构造函数有3个参数，这3个参数要从类Student的构造函数中获取，因此Student类的构造函数共有5个参数。第36～42行代码用于实现Student类的构造函数，birth成员对象必须通过":"运算符在Student

构造函数后面初始化，无法在 Student 构造函数体中赋值。第 52~53 行代码，在 main()函数中创建 Student 类对象 stu，并通过对象 stu 调用成员函数 show()显示学生信息。

由图 2-8 可知，学生对象成功创建且显示出了学生信息。创建对象 stu 时，先调用 Birth 类构造函数，之后才调用 Student 类构造函数。

# 2.6  析构函数

创建对象时，系统会为对象分配所需要的内存空间等资源，当程序结束或对象被释放时，系统为对象分配的资源也需要回收，以便可以重新分配给其他对象使用。在 C++中，对象资源的释放通过析构函数完成。析构函数的作用是在对象被释放之前完成一些清理工作。析构函数调用完成之后，对象占用的资源也被释放。

与构造函数一样，析构函数也是类的一个特殊成员函数，其定义格式如下所示：

```
class 类名
{
    ~析构函数名称();
    ...              //其他成员
}
```

关于析构函数的定义，有以下注意事项。

● 析构函数的名称与类名相同，在析构函数名称前添加"~"符号。

● 析构函数没有参数。因为没有参数，所以析构函数不能重载，一个类中只有一个析构函数。

● 析构函数没有返回值，不能在析构函数名称前添加任何返回值类型。在析构函数内部，也不能通过 return 返回任何值。

当程序结束时，编译器会自动调用析构函数完成对象的清理工作，如果类中没有定义析构函数，编译器会提供一个默认的析构函数，但默认的析构函数只能完成栈内存对象的资源清理，无法完成堆内存对象的资源清理。因此，在程序中往往需要自定义析构函数。析构函数的调用情况主要有以下几种。

① 在一个函数中定义了一个对象，当函数调用结束时，对象应当被释放，对象释放之前编译器会调用析构函数释放资源。

② 对于 static 修饰的对象和全局对象，只有在程序结束时编译器才会调用析构函数。

③ 对于 new 运算符创建的对象，在调用 delete 释放时，编译器会调用析构函数释放资源。

**注意：**

析构函数的调用顺序与构造函数的调用顺序是相反的。在构造对象和析构对象时，C++遵循的原则是：先构造的后析构，后构造的先析构。例如，连续创建了两个对象 A1 和 A2，在创建时，先调用构造函数构造对象 A1，再调用构造函数构造对象 A2；在析构时，先调用析构函数析构对象 A2，再调用析构函数析构对象 A1。

下面通过案例演示析构函数的定义与调用，如例 2-7 所示。

例 2-7    Rabbit.cpp

```
1   #define _CRT_SECURE_NO_WARNINGS
2   #include<iostream>
3   using namespace std;
4   class Rabbit                              //定义兔子类Rabbit
5   {
6   public:
7       Rabbit(string name,const char* pf);    //声明构造函数
8       void eat();
9       ~Rabbit();                            //声明析构函数
10  private:
11      string _name;                         //声明表示兔子名字的成员变量
```

```
12      char* _food;                                        //声明表示兔子食物的成员变量
13  };
14  Rabbit::Rabbit(string name, const char* pf)
15  {
16      cout<<"调用构造函数"<<endl;
17      _name=name;
18      _food=new char[50];                                 //为_food指针申请空间
19      memset(_food,0,50);                                 //初始化_food空间
20      strcpy(_food,pf);                                   //将参数pf指向的数据复制到_food中
21  }
22  void Rabbit::eat()
23  {                                                       //类外实现成员函数
24      cout<<_name<<" is eating "<<_food<<endl;
25  }
26  Rabbit::~Rabbit()                                       //类外实现析构函数
27  {
28      cout<<"调用析构函数，析构"<<_name<<endl;
29      if(_food != NULL)
30          delete []_food;
31  }
32  int main()
33  {
34      Rabbit A("A","luobo");
35      A.eat();
36      Rabbit B("B","baicai");
37      B.eat();
38      return 0;
39  }
```

例 2-7 运行结果如图 2-9 所示。

在例 2-7 中，第 4~13 行代码，定义了一个兔子类 Rabbit，该类有两个成员变量，分别是_name、_food，有一个构造函数、一个析构函数和一个普通成员函数 eat()；第 14~21 行代码在类外实现构造函数。在实现构造函数时，由于第二个成员变量_food 是字符指针变量，因此在赋值时，要先使用 new 运算符为_food 指针申请一块内存空间并初始化，再将参数 pf 指向的数据复制到_food 指向的空间；第 22~25 行代码在类外实现 eat() 函数；第 26~31 行代码在类外实现析构函数，在析构函数中，使用 delete 运算符释放_food 指向的内存空间。第 34~37 行代码，在 main() 函数中，分别创建两个对象 A 和 B，然后调用成员函数 eat() 实现吃食物的功能。

在创建对象的过程中，对象 A 与对象 B 除了对象本身所占用的内存空间，还各自拥有一块 new 运算符在堆上申请的空间，对象 A 与对象 B 占用的内存空间如图 2-10 所示。

图2-9　例2-7运行结果

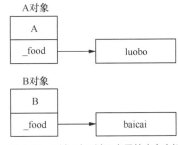

图2-10　对象A与对象B占用的内存空间

程序运行结束后，编译器会调用析构函数释放对象资源，在释放时，先释放_food 指向的内存空间，再释放对象所占用的内存空间。

由图 2-9 可知，程序成功调用了析构函数，并且析构的顺序是先析构对象 B，再析构对象 A。

## 2.7　拷贝构造函数

在程序中，经常使用已有对象完成新对象的初始化。例如，在定义变量 int a = 3 后，再定义新变量

int b = a。在类中，需要定义拷贝构造函数才能完成这样的功能。接下来，本节将针对拷贝构造函数进行详细讲解。

## 2.7.1  拷贝构造函数的定义

拷贝构造函数是一种特殊的构造函数，它具有构造函数的所有特性，并且使用本类对象的引用作为形参，能够通过一个已经存在的对象初始化该类的另一个对象。拷贝构造函数的定义格式如下所示：

```
class 类名
{
public:
    构造函数名称(const 类名& 对象名)
    {
        函数体
    }
    ...         //其他成员
};
```

在定义拷贝构造函数时，为了使引用的对象不被修改，通常使用 const 修饰引用的对象。下面通过案例演示拷贝构造函数的定义与调用，如例 2-8 所示。

例 2-8   copy.cpp

```
1   #include<iostream>
2   using namespace std;
3   class Sheep                              //定义绵羊类 Sheep
4   {
5   public:
6       Sheep(string name,string color);     //声明有参构造函数
7       Sheep(const Sheep& another);         //声明拷贝构造函数
8       void show();                         //声明普通成员函数
9       ~Sheep();                            //声明析构函数
10  private:
11      string _name;                        //声明表示绵羊名字的成员变量
12      string _color;                       //声明表示绵羊颜色的成员变量
13  };
14  Sheep::Sheep(string name, string color)
15  {
16      cout<<"调用构造函数"<<endl;
17      _name=name;
18      _color=color;
19  }
20  Sheep::Sheep(const Sheep& another)       //类外实现拷贝构造函数
21  {
22      cout<<"调用拷贝构造函数"<<endl;
23      _name=another._name;
24      _color=another._color;
25  }
26  void Sheep::show()
27  {
28      cout<<_name<<" "<<_color<<endl;
29  }
30  Sheep::~Sheep()
31  {
32      cout<<"调用析构函数"<<endl;
33  }
34
35  int main()
36  {
37      Sheep sheepA("Doly","white");
38      cout<<"sheepA:";
39      sheepA.show();
40      Sheep sheepB(sheepA);                //使用 sheepA 初始化新对象 sheepB
41      cout<<"sheepB:";
42      sheepB.show();
```

```
43        return 0;
44 }
```

例 2–8 运行结果如图 2–11 所示。

在例 2–8 中，第 3～13 行代码定义了一个绵羊类 Sheep，该类有两个成员变量，分别是_name、_color。此外，该类还声明了有参构造函数、拷贝构造函数、普通成员函数 show()和析构函数；第 20～25 行代码，在类外实现拷贝构造函数，在函数体中，将形参 sheepA 的成员变量值赋给类的成员变量；第 37～39 行代码，在 main()函数，创建了 Sheep 类对象 sheepA，并输出 sheepA 的信息；

图2–11　例2–8运行结果

第 40 行代码创建 Sheep 类对象 sheepB，并使用对象 sheepA 初始化对象 sheepB，在这个过程中编译器会调用拷贝构造函数；第 41～42 行代码输出对象 sheepB 的信息。

由图 2–11 可知，对象 sheepA 与对象 sheepB 的信息是相同的。程序首先调用构造函数创建了对象 sheepA，然后调用拷贝构造函数创建了对象 sheepB。程序运行结束之后，调用析构函数先析构对象 sheepB，然后析构对象 sheepA。

当涉及对象之间的赋值时，编译器会自动调用拷贝构造函数。拷贝构造函数的调用情况有以下三种。

（1）使用一个对象初始化另一个对象。例 2–8 就是使用一个对象初始化另一个对象。

（2）对象作为参数传递给函数。当函数的参数为对象时，编译器会调用拷贝构造函数将实参传递给形参。

（3）函数返回值为对象。当函数返回值为对象时，编译器会调用拷贝构造函数将返回值复制到临时对象中，将数据传出。

### 2.7.2　浅拷贝

拷贝构造函数是特殊的构造函数，如果程序没有定义拷贝构造函数，C++会提供一个默认的拷贝构造函数，默认拷贝构造函数只能完成简单的赋值操作，无法完成含有堆内存成员数据的拷贝。例如，如果类中有指针类型的数据，默认的拷贝构造函数只是进行简单的指针赋值，即将新对象的指针成员指向原有对象的指针指向的内存空间，并没有为新对象的指针成员申请新空间，这种情况称为浅拷贝。

浅拷贝在析构指向堆内存空间的变量时，往往会出现多次析构而导致程序错误。C++初学者自定义的拷贝构造函数往往实现的是浅拷贝。下面通过案例演示浅拷贝，如例 2–9 所示。

例 2-9　simple.cpp

```cpp
1  #define _CRT_SECURE_NO_WARNINGS
2  #include<iostream>
3  #include<string.h>
4  using namespace std;
5  class Sheep                                            //定义绵羊类 Sheep
6  {
7  public:
8      Sheep(string name,string color,const char* home);  //声明有参构造函数
9      Sheep(const Sheep& another);                       //声明拷贝构造函数
10     void show();                                       //声明普通成员函数
11     ~Sheep();                                          //声明析构函数
12 private:
13     string _name;                                      //声明表示绵羊名字的成员变量
14     string _color;                                     //声明表示绵羊颜色的成员变量
15     char* _home;                                       //声明表示绵羊家的成员变量
16 };
17 Sheep::Sheep(string name, string color,const char* home)
18 {
19     cout<<"调用构造函数"<<endl;
20     _name=name;
```

```
21        _color=color;
22        //为指针成员home分配空间，将形参home的内容复制到_home指向的空间
23        int len=strlen(home)+1;
24        _home=new char[len];
25        memset(_home,0,len);
26        strcpy(_home,home);
27    }
28    Sheep::Sheep(const Sheep& another)           //类外实现拷贝构造函数
29    {
30        cout<<"调用拷贝构造函数"<<endl;
31        _name=another._name;
32        _color=another._color;
33        _home=another._home;                     //浅拷贝
34    }
35    void Sheep::show()
36    {
37        cout<<_name<<" "<<_color<<" "<<_home<<endl;
38    }
39    Sheep::~Sheep()
40    {
41        cout<<"调用析构函数"<<endl;
42        if(_home!=NULL)
43            delete []_home;
44    }
45    int main()
46    {
47        const char *p = "beijing";
48        Sheep sheepA("Doly","white",p);
49        cout<<"sheepA:";
50        sheepA.show();
51        Sheep sheepB(sheepA);                    //使用sheepA初始化新对象sheepB
52        cout<<"sheepB:";
53        sheepB.show();
54        return 0;
55    }
```

运行例2-9中的程序，程序抛出异常，在第43行代码处触发异常断点，如图2-12所示。

例2-9是对例2-8的修改，在绵羊类Sheep中增加了一个char类型的指针变量成员_home，用于表示绵羊对象的家。增加了_home成员变量之后，类Sheep的构造函数、拷贝构造函数、析构函数都进行了相应修改。第17~27行代码实现构造函数，在构造函数内部，首先为_home指针申请堆内存空间，然后调用strcpy()函数将形参home的内容复制到_home指向的空间。第28~34行代码实现拷贝构造函数，在拷贝构造函数内部，对指针成员只进行了简单的赋值操作，即浅拷贝。第39~44行代码实现析构函数，在析构函数内部，使用delete运算符释放_home指向的内存空间。第47~53行代码，在main()函数中，先创建对象sheepA，再创建对象sheepB，并用对象sheepA初始化对象sheepB。

在这个过程中，使用对象sheepA初始化对象sheepB是浅拷贝过程，因为对象sheepB的_home指针指向的是对象sheepA的_home指针指向的空间。浅拷贝过程如图2-13所示。

图2-12  触发异常断点

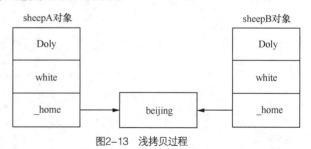

图2-13  浅拷贝过程

由图2-13可知，在浅拷贝过程中，对象sheepA中的_home指针与对象sheepB中的_home指针指向同一块内存空间。当程序运行结束时，析构函数释放对象所占用资源，析构函数先析构对象sheepB，后析构对象

sheepA。在析构 sheepB 对象时释放了_home 指向的堆内存空间的数据，当析构 sheepA 时_home 指向的堆内存空间已经释放，再次释放内存空间的资源，程序运行异常终止，即存储"beijing"的堆内存空间被释放了两次，因此程序抛出异常，这种现象被称重析构（double free）。

### 2.7.3　深拷贝

所谓深拷贝，就是在拷贝构造函数中完成更深层次的复制，当类中有指针成员时，深拷贝可以为新对象的指针分配一块内存空间，将数据复制到新空间。例如，在例 2-8 中，使用对象 sheepA 初始化对象 sheepB 时，为对象 sheepB 的指针_home 申请一块新的内存空间，将数据复制到这块新的内存空间。下面修改例 2-9 中的拷贝构造函数，实现深拷贝过程。修改后的拷贝构造函数代码如下所示：

```
Sheep::Sheep(const Sheep& another)        //类外实现拷贝构造函数
{
    cout<<"调用拷贝构造函数"<<endl;
    _name=another._name;
    _color=another._color;
    //完成深拷贝
    int len = strlen(another._home)+1;
    _home=new char[len];
    strcpy(_home,another._home);
}
```

拷贝构造函数修改之后，再次运行程序，程序不再抛出异常。在深拷贝过程中，对象 sheepB 中的_home 指针指向了独立的内存空间，是一份完整的对象拷贝，如图 2-14 所示。

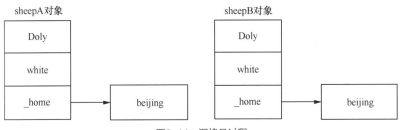

图2-14　深拷贝过程

由图 2-14 可知，对象 sheepA 中的_home 指针与对象 sheepB 中的_home 指针指向不同的内存空间，在析构时，析构各自对象所占用的资源不会再产生冲突。

## 2.8　关键字修饰类的成员

前面学习的类中，成员变量都是我们比较熟悉的简单类型，比如 int、char *等，但很多时候为描述比较复杂的情况，例如，只允许类的成员函数读取成员变量的值，但不允许在成员函数内部修改成员变量的值，此时就需要使用 const 关键字修饰成员函数；或者，类中的成员变量在多个对象之间共享，此时就需要使用 static 关键字修饰成员变量。本节将针对 const 和 static 关键字修饰类的成员进行讲解。

### 2.8.1　const 修饰类的成员

生活中有许多的数据是不希望被改变的，如圆周率、普朗克常数、一个人的国籍等。同样，在程序设计中有些数据也不希望被改变，只允许读取。对于不希望被改变的数据，可以使用 const 关键字修饰。在类中，const 既可以修饰类的成员变量，也可以修饰类的成员函数。下面对这两种情况分别进行讲解。

#### 1. const 修饰成员变量

使用 const 修饰的成员变量称为常成员变量。对于常成员变量，仅仅可以读取第一次初始化的数据，之后是不能修改的。常成员变量通常使用有参构造函数进行初始化。

下面通过案例演示 const 关键字修饰类的成员变量，如例 2-10 所示。

例 2-10　constMember.cpp

```
1   #include<iostream>
2   using namespace std;
3   class Person                      //定义类 Person
4   {
5   public:
6       Person(string name,int age,string addr);  //声明有参构造函数
7       const string _addr;           //声明表示住址的常成员变量
8       ~Person();                     //声明析构函数
9   private:
10      const string _name;            //声明表示姓名的常成员变量
11      const int _age;                //声明表示年龄的常成员变量
12  };
13  //类外实现构造函数
14  Person::Person(string name,int age,string addr):
15      _name(name),_age(age),_addr(addr)
16  {
17      cout<<"初始化 const 修饰的成员变量"<<endl;
18      cout<<"name:"<<_name<<endl;
19      cout<<"age:"<<_age<<endl;
20      cout<<"addr:"<<_addr<<endl;
21  }
22  Person::~Person(){}                //类外实现析构函数
23  int main()
24  {
25      Person p1("张三",18,"北大街");
26      p1._addr="南大街";
27      return 0;
28  }
```

运行例 2-10，编译器会报错，如图 2-15 所示。

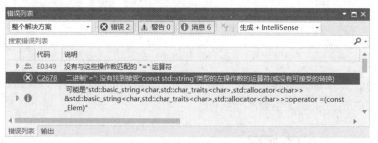

图2-15　例2-10编译器报错

在例 2-10 中，第 3 ~ 12 行代码定义了一个类 Person，该类有三个常成员变量：_name、_age 和_addr。第 14 ~ 21 行代码，在类外实现类的构造函数，类的常成员变量在构造函数中完成初始化，即创建对象时完成初始化。第 25 行代码创建 Person 类对象 p1，在创建对象时完成了三个常成员变量的初始化。这是创建对象后初始化常成员变量的唯一机会，常成员变量一旦初始化就不能再改变。第 26 行代码试图修改常成员变量，因此程序会报错。

### 2. const 修饰成员函数

使用 const 修饰的成员函数称为常成员函数。与修饰成员变量不同的是，修饰成员函数时，const 位于成员函数的后面，其格式如下：

```
返回值类型 函数名() const;
```

在常成员函数内部，只能访问类的成员变量，而不能修改类的成员变量；并且，常成员函数只能调用类的常成员函数，而不能调用类的非常成员函数。

类中定义的成员函数若与常成员函数名相同则构成重载，常成员函数只能由 const 修饰的对象进行访问。

下面通过案例演示 const 关键字修饰类的成员函数，如例 2-11 所示。

例 2-11 constFunc.cpp

```cpp
1  #include<iostream>
2  using namespace std;
3  class  Person                              //定义类 Person
4  {
5  public:
6      Person(string ,int,string,string);      //声明有参构造函数
7      ~Person();                              //声明析构函数
8      const string _addr;                     //声明表示住址的常成员变量
9      void  myInfor() const;                  //声明显示个人信息的常成员函数
10     void  myInfor();                        //声明显示个人信息的普通成员函数
11     void place();                           //声明显示住址的普通成员函数
12 private:
13     const string _name;                     //声明表示姓名的常成员变量
14     const int _age;                         //声明表示年龄的常成员变量
15     string _favFruit;                       //声明表示水果的普通成员变量
16 };
17 //有参构造函数初始化对象
18 Person::Person(string name,int age,string addr,string favFruit):
19     _name(name), _age(age),_addr(addr),_favFruit(favFruit)
20 {
21 }
22 void Person::myInfor() const               //类外实现常成员函数myInfor()
23 {
24     //_favFruit="榴莲";
25     //place();
26     cout<<"我叫"<<_name<<"今年"<<_age<<"岁"<<"我喜欢吃"<<_favFruit<<endl;
27 }
28 Person:: ~Person(){}                        //类外实现析构函数
29 void Person::myInfor()                     //类外实现普通成员函数myInfor()
30 {
31     _favFruit="桃子";
32     cout<<"我叫"<<_name<<"今年"<<_age
33        <<"岁"<<"我喜欢吃"<<_favFruit<<endl;
34     place();
35 }
36 void Person::place()                       //类外实现普通成员函数place()
37 {
38     cout<<"我住在"<<_addr<<endl;
39 }
40 int main()
41 {
42     Person p1("张三",18,"北大街","苹果");    //创建对象p1
43     p1.myInfor();                          //调用普通成员函数myInfor()
44     const Person p2("李四",18,"南大街","橘子"); //创建常对象p2
45     p2.myInfor();                          //调用常成员函数myInfor()
46     return 0;
47 }
```

例 2-11 运行结果如图 2-16 所示。

图2-16 例2-11运行结果

在例 2-11 中，第 3 ~ 16 行代码定义了 Person 类，该类中定义了三个成员变量，其中_name 和_age 是常成员函数。此外，第 9 ~ 10 行代码声明了 Person 类两个重载的成员函数 myInfor()，第 9 行代码的 myInfor()函数为常成员函数，第 10 行代码的 myInfor()函数为普通成员函数。

第 22 ~ 27 行代码在类外实现常成员函数 myInfor()，在函数内部，输出各个成员变量的值。需要注意的是，类的常成员函数不能修改成员变量的值，也不能调用非常成员函数，如第 24 ~ 25 行代码，如果取消注释，程序就会报错。

第 29 ~ 35 行代码在类外实现普通成员函数 myInfor()，在函数内部，可以像第 31 行代码那样修改成员变量的值，也可以像第 34 行代码那样调用非常成员函数。

第 42 ~ 43 行代码创建对象 p1，并通过 p1 调用 myInfor()函数，由图 2-16 可知，对象 p1 调用的是普通成员函数 myInfor()。第 44 ~ 45 行代码创建常对象 p2，并通过 p2 调用 myInfor()，由图 2-16 可知，常对象 p2 成功调用了常成员函数 myInfor()。

### 2.8.2　static 修饰类的成员

类中的成员变量，在某些时候被多个类的对象共享，实现对象行为的协调作用。共享数据通过 static 实现，用 static 修饰成员后，创建的对象都共享一个静态成员。例如，设计学生类时，可以定义一个成员变量用于统计学生的总人数，由于总人数应该只有一个有效值，因此完全不必在每个学生对象中都定义一个成员变量表示学生总人数，而是在对象以外的空间定义一个表示总人数的成员变量让所有对象共享。这个表示总人数的成员变量就可以使用 static 关键字修饰。static 既可以修饰类的成员变量，也可以修饰类的成员函数，下面分别对这两种情况进行讲解。

#### 1. static 修饰成员变量

static 修饰的静态成员变量只能在类内部定义，在类外部初始化。静态成员变量在调用时，可以通过对象和类进行访问。由于 static 成员变量存储在类的外部，计算类的大小时不包含在内。

下面通过案例演示 static 关键字修饰类的成员变量，如例 2-12 所示。

例 2-12　staticMember.cpp

```
1   #include<iostream>
2   using namespace std;
3   class Student                              //定义学生类 Student
4   {
5   public:
6       Student(string name);                  //声明有参构造函数
7       ~Student();                            //声明析构函数
8       static int _sum;                       //声明表示学生总数的静态成员变量
9   private:
10      string _name;                          //声明表示学生姓名的成员变量
11  };
12  //类外实现 Student 类有参构造函数
13  Student::Student(string name)
14  {
15      this->_name=name;
16      _sum++;
17  }
18  Student::~Student(){}                      //类外实现析构函数
19  int Student::_sum = 0;                     //类外初始化静态成员变量_sum
20  int main()
21  {
22      Student stu1("张三");
23      Student stu2("李四");
24      cout<<"人数是:"<<stu1._sum<<endl;       //通过对象访问静态成员变量
25      cout<<"人数是:"<<stu2._sum<<endl;
26      cout<<"人数是"<<Student::_sum<<endl;     //通过类访问静态成员变量
27      cout<<"stu1 的大小是:"<<sizeof(stu1)<<endl;
28      return 0;
29  }
```

例 2-12 运行结果如图 2-17 所示。

在例 2-12 中，第 3 ~ 11 行代码定义了学生类 Student，其中，第 8 行代码定义了静态成员变量_sum。

第 13～17 行代码在类外部实现有参构造函数，每当创建对象时，_sum 的值自动加 1，用于统计建立 Student 类对象的数目。第 19 行代码在类外部初始化 _sum 的值为 0。第 22～23 行代码创建了两个对象 stu1 和 stu2。第 24～25 行代码通过对象 stu1 和 stu2 访问静态成员变量_sum，由图 2-17 可知，对象 stu1 和对象 stu2 访问到的静态成员变量_sum 值均为 2。

图2-17　例2-12运行结果

第 26 行代码通过类的作用域访问静态成员变量_sum，由图 2-17 可知，通过类的作用域访问到的静态成员变量_sum 值也为 2。第 27 行代码计算对象 stu1 的大小，由图 2-17 可知，对象 stu1 的大小为 28，静态成员变量并不包含在对象中。

### 2. static 修饰成员函数

类中定义的普通函数只能通过对象调用，无法使用类调用。使用 static 修饰的成员函数，同静态成员变量一样，可以通过对象或类调用。

静态成员函数可以直接访问类中的静态成员变量和静态成员函数，对外提供了访问接口，实现了静态成员变量的管理。需要注意的是，静态成员函数属于类，不属于对象，没有 this 指针。

下面通过案例演示 static 关键字修饰类的成员函数，如例 2-13 所示。

例2-13　staticFunc.cpp

```
1   #include<iostream>
2   #include<math.h>
3   using namespace std;
4   class Point                                    //定义坐标点类 Point
5   {
6   public:
7       Point(float x,float y);
8       ~Point();
9       static float getLen(Point& p1,Point& p2);  //声明静态成员函数
10      static float _len;                         //声明静态成员变量 _len
11  private:
12      float _x;
13      float _y;
14  };
15  float Point::_len=0;
16  Point::Point(float x=0,float y=0):_x(x),_y(y)  //类外实现有参构造函数
17  {
18      cout<<"初始化坐标点"<<endl;
19  }
20  Point::~Point(){}
21  float Point::getLen(Point &p1,Point &p2)       //类外实现有参构造函数
22  {
23      float x=abs(p1._x-p2._x);
24      float y=abs(p1._y-p2._y);
25      _len=sqrtf(x*x+y*y);
26      return _len;
27  }
28  int main()
29  {
30      Point p1(1,2);
31      Point p2(6,8);
32      cout<<Point::getLen(p1,p2)<<endl;
33      return 0;
34  }
```

例 2-13 运行结果如图 2-18 所示。

例 2-13 中，第 4～14 行代码定义了类 Point，其中，第 9 行代码定义了静态成员函数 getLen()，用于获取两个坐标点之间的距离；第 10 行代码定义了静态成员变量_len，用于存储两个坐标点之间的距离。第 16～19 行

代码在类外实现有参构造函数，初始化坐标点的值，默认值为 0。第 21 ~ 27 行代码，在类外实现 getLen()函数，计算传入的两个坐标 p1 和 p2 之间的距离，并将结果保存到变量_len 中。第 30 ~ 31 行代码初始化坐标点 p1 和 p2。第 32 行代码调用 getLen()函数计算两个坐标点之间的距离。由图 2-18 可知，程序成功初始化两个坐标点，并计算出了两个坐标点之间的距离。

图2-18　例2-13运行结果

**多学一招：static const修饰符组合修饰类成员**

使用 static const 修饰符组合修饰类成员，既实现了数据共享又达到了数据不被改变的目的。此时，修饰成员函数与修饰普通函数格式一样，修饰成员变量必须在类的内部进行初始化。示例如下：

```
class Point
{
public:
    const static float getLen();
private:
    const static float area;
};
const float area=3600;
```

## 2.9　友元

类中的成员通过权限控制符实现了数据的封装，若对象要访问类中的私有数据，则只能通过成员函数实现。这种方式实现了数据的封装却增加了开销，有时候需要通过外部函数或类直接访问其他类的私有成员，为此 C++提供了友元，使用友元可以访问类中的所有成员，函数和类都可以作为友元。

### 2.9.1　友元函数

友元函数可以是类外定义的函数或者是其他类中的成员函数，若在类中声明某一函数为友元函数，则该函数可以操作类中的所有数据。

接下来分别讲解类外定义的普通函数作为类的友元函数和类成员函数作为友元函数的用法。

#### 1. 普通函数作为友元函数

将普通函数作为类的友元函数，在类中使用 friend 关键字声明该普通函数就可以实现，友元函数可以在类中任意位置声明。普通函数作为类的友元函数的声明格式如下所示：

```
class 类名
{
    friend 函数返回值类型 友元函数名（形参列表）;
    ...        //其他成员
}
```

下面通过案例演示普通函数作为友元函数的用法，如例 2-14 所示。

例 2-14　friendFunc.cpp

```
1   #include<iostream>
2   using namespace std;
3   class Circle
4   {
5   friend void getArea(Circle &circle);      //声明普通函数 getArea()为友元函数
```

```
6   private:
7       float _radius;
8       const float PI=3.14;
9   public:
10      Circle(float radius);
11      ~Circle();
12  };
13  Circle::Circle(float radius=0):_radius(radius)
14  {
15      cout<<"初始化圆的半径为: "<<_radius<<endl;
16  }
17  Circle::~Circle(){}
18  void getArea(Circle &circle)
19  {
20      //访问类中的成员变量
21      cout<<"圆的半径是: "<<circle._radius<<endl;
22      cout<<"圆的面积是"<<circle.PI*circle._radius*circle._radius<<endl;
23      cout<<"友元函数修改半径:"<<endl;
24      circle._radius=1;
25      cout<<"圆的半径是: "<<circle._radius<<endl;
26  }
27  int main()
28  {
29      Circle circle(10);
30      getArea(circle);
31      return 0;
32  }
```

例 2-14 运行结果如图 2-19 所示。

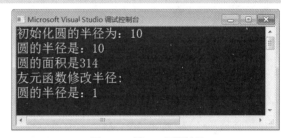

在例 2-14 中，第 3～12 行代码定义了关于圆的
类 Circle，其中圆的半径 _radius 和圆周率 PI 是私有
成员；第 5 行代码在类中声明了友元函数 getArea()，
用于计算圆的面积；第 18～26 行代码是 getArea() 函
数的实现；第 29 行代码创建对象 circle，并初始化
圆的半径为 10；第 30 行代码调用友元函数 getArea()
计算圆的面积，面积计算完成后，修改圆的半径为

图2-19　例2-14运行结果

1。从图 2-19 可以看出，普通函数作为友元函数访问了类中的私有成员，且具有修改私有成员的权限。

### 2. 其他类的成员函数作为友元函数

其他类中的成员函数作为本类的友元函数时，需要在本类中表明该函数的作用域，并添加友元函数所在
类的前向声明，其语法格式如下：

```
class B;                        //声明类 B
class A
{
public:
    int func();                 //声明成员函数 func()
};
class B
{
    friend int A::func();       //声明类 A 的成员函数 func() 为友元函数
}
```

下面通过案例演示类的成员函数作为其他类的友元函数的用法，如例 2-15 所示。

例 2-15　friendMember.cpp

```
1   #include<iostream>
2   #include<math.h>
3   using namespace std;
4   class Point;
5   class Circle
6   {
```

```
7  public:
8      float getArea(Point &p1,Point &p2);              //声明计算面积的成员函数
9  private:
10     const float PI=3.14;
11 };
12 class Point
13 {
14 //声明类Circle的成员函数getArea()为友元函数
15 friend float Circle::getArea(Point &p1,Point &p2);
16 public:
17     Point(float x,float y);
18     ~Point();
19 private:
20     float _x;
21     float _y;
22 };
23 Point::Point(float x=0,float y=0):_x(x),_y(y)        //实现Point类的构造函数
24 {
25     cout<<"初始化坐标点"<<endl;
26 }
27 Point::~Point(){}
28 float Circle::getArea(Point &p1,Point &p2)
29 {
30     double x=abs(p1._x-p2._x);                       //获取横轴坐标间的距离
31     float y=abs(p1._y-p2._y);                        //获取纵轴坐标间的距离
32     float len=sqrtf(x*x+y*y);                        //计算两个坐标点之间的距离
33     cout<<"获取两个坐标点之间的距离是"<<len<<endl;
34     return len*len*PI;                               //友元函数访问私有成员变量PI
35 }
36 int main()
37 {
38     Point p1(5,5);
39     Point p2(10,10);
40     Circle circle;
41     float area=circle.getArea(p1,p2);
42     cout<<"圆的面积是: "<<area<<endl;
43     return 0;
44 }
```

例2-15运行结果如图2-20所示。

图2-20　例2-15运行结果

在例2-15中，第4行代码声明类Point；第5~11行代码定义了圆类Circle；第12~22行代码定义了坐标点类Point，其中第15行代码将Circle类中的成员函数getArea()声明为友元函数。第28~35行代码是getArea()函数的实现，函数的参数为Point类对象的引用，该函数计算两个坐标点距离的绝对值，然后以距离作为圆的半径，计算圆的面积后返回。其中，第34行在计算圆的面积时访问了Circle类中的私有成员PI。第38~39行代码初始化坐标点p1和p2。第40~41行代码，创建对象circle，并通过对象circle调用友元函数getArea()计算圆的面积。由图2-20可知，程序成功计算出了两个坐标点之间的距离，并以此距离作为半径计算出了圆的面积。

### 2.9.2　友元类

除了可以声明函数为类的友元函数，还可以将一个类声明为友元类，友元类可以声明在类中任意位置。

声明友元类之后，友元类中的所有成员函数都是该类的友元函数，能够访问该类的所有成员。

与声明友元函数类似，友元类也是使用关键字 friend 声明，其语法格式如下：

```
class B;                                        //类 B 前向声明
class A
{
};
class B
{
    friend class A;                             //声明类 A 是类 B 的友元类
}
```

下面通过案例演示友元类的用法，如例 2-16 所示。

例 2-16    friendClass.cpp

```
1   #include<iostream>
2   using namespace std;
3   class Time                                  //定义 Time 类，描述时分秒
4   {
5   public:
6       Time(int hour, int minute, int second); //声明有参构造函数
7       friend class Date;                       //声明类 Date 为友元类
8   private:
9       int _hour, _minute, _second;
10  };
11  class Date                                   //定义 Date 类
12  {
13  public:
14      Date(int year, int month, int day);      //声明有参构造函数
15      void showTime(Time& time);               //声明显示时间的成员函数
16  private:
17      int _year, _month, _day;
18  };
19  Date::Date(int year, int month, int day)     //实现 Date 类构造函数
20  {
21      _year = year;
22      _month = month;
23      _day = day;
24  }
25  void Date::showTime(Time& time)
26  {
27      cout << _year << "-" << _month << "-" << _day
28          << " " << time._hour << ":" << time._minute
29          << ":" << time._second << endl;
30  }
31  Time::Time(int hour,int minute,int second)   //实现 Time 类构造函数
32  {
33      _hour = hour;
34      _minute = minute;
35      _second = second;
36  }
37  int main()
38  {
39      Time time(17,30,20);                     //创建 Time 对象
40      Date date(2019,10,31);                   //创建 Date 对象
41      date.showTime(time);                     //调用 showTime()显示年月日、时分秒信息
42      return 0;
43  }
```

例 2-16 运行结果如图 2-21 所示。

图2-21  例2-16运行结果

在例 2-16 中，第 3～10 行代码定义了 Time 类，该类有三个成员变量_hour、_minute 和_second，分别表示时、分、秒；此外，Time 类还声明了 Date 友元类；第 11～18 行代码定义了 Date 类，Date 类有三个成员变量_year、_month 和_day，分别用于表示年、月、日。第 19～30 行代码在类外实现 Date 类的构造函数和成员函数 showTime()；第 31～36 行代码在类外实现 Time 类的构造函数；第 39～40 行代码分别创建对象 time 和 date；第 41 行代码通过对象 date 调用成员函数 showTime()，并以对象 time 作为参数。由图 2-21 可知，程序成功设置了日期和时间，并且成功输出了日期和时间。

▌▌▌**小提示：使用友元应注意的地方**

从面向对象程序设计来讲，友元破坏了封装的特性。但由于友元简单易用，因此在实际开发中较为常用，如数据操作、类与类之间消息传递等，可以提高访问效率。使用友元需要注意以下几点：

① 友元声明位置由程序设计者决定，且不受类中 public、private、protected 权限控制符的影响。

② 友元关系是单向的，即类 A 是类 B 的友元，但 B 不是 A 的友元。

③ 友元关系不具有传递性，即类 C 是类 D 的友元，类 E 是类 C 的友元，但类 E 不是类 D 的友元。

④ 友元关系不能被继承。

## 2.10　本章小结

本章作为面向对象程序设计的基础，首先介绍了面向对象程序设计思想；其次讲解了类与对象的相关知识，包括类的概念与定义、对象的创建与使用；然后讲解了类的成员函数，包括构造函数、析构函数、拷贝构造函数；接着讲解了 const 与 static 关键字修饰类成员的用法；最后讲解了友元的相关知识，包括友元函数与友元类。

本章是学习 C++面向对象程序设计的基础，大家要深入理解、掌握本章内容，为学习后续内容奠定坚实的基础。

## 2.11　本章习题

### 一、填空题

1. 面向对象程序设计的三大特征是＿＿＿＿、＿＿＿＿、＿＿＿＿。

2. 定义类的关键字为＿＿＿＿。

3. 类的成员访问权限控制符包括＿＿＿＿、＿＿＿＿、＿＿＿＿三种。

4. 完成类对象初始化的成员函数是＿＿＿＿。

5. 类对象之间的赋值可以通过＿＿＿＿实现。

### 二、判断题

1. 析构函数必须要有返回值。　　　　　　　　　　　　　　　　　　　　　　　　（　　）

2. 定义构造函数之后，类不再提供默认的构造函数。　　　　　　　　　　　　　　（　　）

3. 类的常成员函数可以调用类的非常成员函数。　　　　　　　　　　　　　　　　（　　）

4. 类的友元函数通过 friendly 关键字定义。　　　　　　　　　　　　　　　　　　（　　）

5. 类的友元函数不能访问类的私有成员。　　　　　　　　　　　　　　　　　　　（　　）

### 三、选择题

1. 关于面向对象程序设计方法，下列说法中正确的是（　　　　）。

    A. 在数据处理过程中，采用的是自顶向下、分而治之的方法

    B. 将整个程序按功能划分为几个可独立编程的子模块

    C. 以"对象"和"数据"为中心

    D. 数据和处理数据的过程代码是分离的、相互独立的实体

2. 阅读下列程序：

```cpp
#include<iostream>
using namespace std;
class MyClass {
public:
    MyClass() { cout << 'A'; }
    MyClass(char c) { cout << c; }
    ~MyClass() { cout << 'B'; }
};
int main()
{
    MyClass p1, *p2;
    p2 = new MyClass('X');
    delete p2;
    return 0;
}
```

程序的运行结果为（　　　）。

    A. ABX　　　　　　　　B. ABXB　　　　　　　C. AXB　　　　　　　D. AXBB

3. 下列情况下，会调用拷贝构造函数的是（　　　）（多选）。

    A. 创建类的对象

    B. 用一个对象去初始化同一类的另一个对象

    C. 类的对象生命周期结束

    D. 函数的返回值是类的对象，函数执行完成返回调用

4. 关于静态成员，下列说法中错误的是（　　　）。

    A. 静态成员不属于对象，是类的共享成员　　　　B. 静态数据成员要在类外初始化

    C. 静态成员函数拥有 this 指针　　　　　　　　D. 非静态成员函数也可以操作静态数据成员

5. 关于友元，下列说法中正确的是（　　　）。

    A. 类可以定义友元函数和友元类

    B. 友元函数只能调用类的成员函数，不能访问类的成员变量

    C. 友元类只能访问类的成员变量，不能调用类的成员函数

    D. 以上说法都不对

### 四、简答题

1. 简述你对面向对象程序设计的三大特征的理解。

2. 简述一下什么是浅拷贝与深拷贝。

### 五、编程题

设计一个 Bank 类，实现银行某账户的资金往来账目管理。程序要求完成以下操作。

① 创建账户：包括账号、创建日期、余额（创建账户时存入的钱数）。

② 存钱：执行存钱操作，并记录存钱日期和存钱数目。

③ 取钱：执行取钱操作，并记录取钱日期和取钱数目。

④ 查询交易明细：查询近一个月的账户交易记录。

**提示：**

① 设计 Bank 类私有成员变量：账号、日期、余额。

② 定义一个数组存储每一次存钱、取钱的交易记录，以便查询。

# 第 3 章

# 运算符重载

★ 掌握运算符重载的语法和规则
★ 掌握运算符重载的方式
★ 掌握常用的运算符重载
★ 掌握类型转换函数的用法
★ 了解仿函数的实现方式
★ 了解智能指针的实现方式

C++的一大特性就是重载，重载使得程序更加简洁高效。在 C++中不只函数可以重载，运算符也可以重载，运算符重载主要是面向对象之间的。本章将针对运算符重载的相关知识进行详细讲解。

## 3.1 运算符重载概述

在 C++中，运算符的操作对象可以是基本的数据类型，也可以是类中重新定义的运算符，赋予运算符新的功能，对类对象进行相关操作。在类中重新定义运算符，赋予运算符新的功能以适应自定义数据类型的运算，就称为运算符重载。

前面章节学习中已经使用过重载的运算符，如运算符 "+" 可以进行算术的加法运算，在 String 类中可以连接两个字符串；运算符 ">>" 和 "<<" 可以对数据进行右移和左移运算，在输入、输出流类中可以实现输入和输出操作。本节将针对运算符重载的语法、规则和方式进行介绍。

### 3.1.1 运算符重载的语法

在 C++中，使用 operator 关键字定义运算符重载。运算符重载语法格式如下：

```
返回值类型 operator 运算符名称 (参数列表)
{
    ...//函数体
}
```

从运算符重载语法格式可以看出，运算符重载的返回值类型、参数列表可以是任意数据类型。除了函数名称中的 operator 关键字，运算符重载函数与普通函数没有区别。

下面通过案例演示 "+" "-" 运算符的重载，如例 3-1 所示。

例 3-1　operator.cpp

```
1  #include<iostream>
2  using namespace std;
3  class A
4  {
5  private:
6      int _x;
7      int _y;
8  public:
9      A(int x=0,int y=0):_x(x),_y(y){}
10         void show() const;                    //输出数据
11         A operator+(const A& a) const;        //重载"+"运算符
12         A operator-(const A& a) const;        //重载"-"运算符
13     };
14     void A::show() const                      //show()函数的实现
15     {
16         cout<<"(_x,_y)="<<"("<<_x<<","<<_y<<")"<<endl;
17     }
18     A A::operator+(const A& a) const          //重载"+"运算符的实现
19     {
20         return A(_x+a._x,_y+a._y);
21     }
22     A A::operator-(const A& a) const          //重载"-"运算符的实现
23     {
24         return A(_x-a._x,_y-a._y);
25     }
26     int main()
27     {
28         A a1(1,2);
29         A a2(4,5);
30         A a;
31         cout<<"a1: ";
32         a1.show();
33         cout<<"a2: ";
34         a2.show();
35         a=a1+a2;                              //实现两个对象相加
36         cout<<"a: ";
37         a.show();
38         a=a1-a2;                              //实现两个对象相减
39         cout<<"a: ";
40         a.show();
41         return 0;
42     }
```

例 3-1 运行结果如图 3-1 所示。

例 3-1 中第 18 ~ 21 行代码重载了运算符 "+"，第 22 ~ 25 行代码重载了运算符 "-"。在 main() 函数中，第 28 ~ 29 行代码创建并初始化类 A 的对象 a1 和 a2，第 35 行代码通过重载的运算符 "+" 实现对象 a1、a2 相加并将结果保存到对象 a 中，第 38 行代码通过重载的运算符 "-" 实现对象 a1、a2 相减并将结果保存到对象 a 中。由图 3-1 可知，重载后的 "+" "-" 运算符成功实现了两个对象的加减运算。

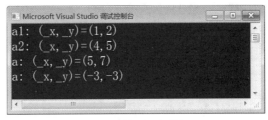

图3-1　例3-1运行结果

通过上面讲解可以知道，重载运算符并没有改变其原来的功能，只是增加了针对自定义数据类型的运算功能，具有了更广泛的多态特征。

### 3.1.2　运算符重载的规则

3.1.1 节讲解了运算符重载的语法格式，需要注意的是，有的运算符是不可以重载的，并且运算符重载不可以改变语义。运算符重载的具体规则如下。

- 只能重载 C++中已有的运算符，且不能创建新的运算符。例如，一个数的幂运算，试图重载"**"为幂运算符，使用 2**4 表示 2^4 是不可行的。
- 重载后运算符不能改变优先级和结合性，也不能改变操作数和语法结构。
- 运算符重载的目的是针对实际运算数据类型的需要，重载要保持原有运算符的语义，且要避免没有目的地使用运算符重载。例如，运算符"+"重载后实现相加的功能，而不会重载"+"为相减或者其他功能。
- 并非所有 C++运算符都可以重载，可以重载的运算符如表 3-1 所示。其他运算符是不可以重载的，如"::"、"."、".*"、"?:"、sizeof、typeid 等。

表 3-1　可重载的运算符

| + | – | * | / | % | ^ | & |
|---|---|---|---|---|---|---|
| \| | ~ | ! | , | = | < | > |
| >= | <= | ++ | – – | << | >> | == |
| != | && | \|\| | += | –= | /= | %= |
| ^= | &= | != | *= | <<= | >>= | [] |
| ( ) | -> | ->* | new | new[] | delete | delete[] |

### 3.1.3　运算符重载的形式

运算符重载一般有两种形式：重载为类的成员函数和重载为类的友元函数。下面分别对这两种形式进行详细讲解。

#### 1. 重载为类的成员函数

在 3.1.1 节重载"+""–"运算符为类的成员函数，成员函数可以自由地访问本类的成员。运算的操作数会以调用者或参数的形式表示。

如果是双目运算符重载为类的成员函数，则它有两个操作数：左操作数是对象本身的数据，由 this 指针指出；右操作数则通过运算符重载函数的参数列表传递。双目运算符重载后的调用格式如下所示：

```
左操作数.运算符重载函数(右操作数);
```

例 3-1 中重载"+"运算符，当调用 a1+a2 时，其实就相当于函数调用 a1.oprerator+(a2)。

如果是单目运算符重载为类的成员函数，需要确定重载的运算符是前置运算符还是后置运算符。如果是前置运算符，则它的操作数是函数调用者，函数没有参数，其调用格式如下所示：

```
操作数.运算符重载函数();
```

例如重载单目运算符"++"，如果重载的是前置运算符"++"，则++a1 的调用相当于调用函数 a1.operator++()。如果重载的是后置运算符"++"，则运算符重载函数需要带一个整型参数，即"operator ++ (int)"，参数 int 仅仅表示后置运算，用于和前置运算区分，并无其他意义。

为了加深读者的理解，下面通过案例演示前置运算符"++"与后置运算符"++"的重载，如例 3-2 所示。

例 3-2　operatorPlus.cpp

```
1   #include<iostream>
2   using namespace std;
3   class A
4   {
5   private:
6       int _x;
7       int _y;
8   public:
9       A(int x=0,int y=0):_x(x),_y(y){}
10      void show() const;      //输出数据
11      A operator++();         //重载前置"++"
12      A operator++(int);      //重载后置"++"
```

```
13  };
14  void A::show() const
15  {
16      cout<<"(_x,_y)="<<"("<<_x<<","<<_y<<")"<<endl;
17  }
18  A A::operator++()              //前置 "++" 实现
19  {
20      ++_x;
21      ++_y;
22      return *this;
23  }
24  A A::operator++(int)           //后置 "++" 实现
25  {
26      A a=*this;
27      ++(*this);                 //调用已经实现的前置 "++"
28      return a;
29  }
30  int main()
31  {
32      A a1(1,2), a2(3,4);
33      (a1++).show();
34      (++a2).show();
35      return 0;
36  }
```

例 3-2 运行结果如图 3-2 所示。

图3-2　例3-2运行结果

在例 3-2 中，第 11 ~ 12 行代码分别在类 A 中声明前置 "++" 和后置 "++" 运算符重载函数。第 18 ~ 23 行代码在类外实现前置 "++" 运算符重载函数，在函数内部，类的成员变量进行自增运算，然后返回当前对象（即 this 指针所指向的对象）。第 24 ~ 29 行代码在类外实现后置 "++" 运算符重载函数，在函数内部，创建一个临时对象保存当前对象的值，然后再将当前对象自增，最后返回保存初始值的临时对象。第 32 ~ 34 行代码创建了两个对象 a1、a2，a1 调用后置 "++"，a2 调用前置 "++"。由图 3-2 运行结果可知，对象 a1 先输出结果后执行 "++" 运算，而对象 a2 先执行 "++" 运算后输出结果。

#### 2. 重载为类的友元函数

运算符重载为类的友元函数，需要在函数前加 friend 关键字，其语法格式如下所示：

```
friend 返回值类型 operator 运算符（参数列表）
{
    ...//函数体
}
```

重载为类的友元函数时，由于没有隐含的 this 指针，因此操作数的个数没有变化，所有的操作数都必须通过函数的参数进行传递，函数的参数与操作数自左至右保持一致。

下面通过案例演示将运算符 "+" 和 "-" 重载为类的友元函数，如例 3-3 所示。

例 3-3　operatorFriend.cpp

```
1  #include<iostream>
2  using namespace std;
3  class A
4  {
5  private:
6      int _x;
7      int _y;
```

```
8   public:
9       A(int x=0,int y=0):_x(x),_y(y){}
10      void show() const;                              //输出数据
11      friend A operator+(const A& a1, const A& a2) ;  //重载为类的友元函数
12      friend A operator-(const A& a1, const A& a2);   //重载为类的友元函数
13  };
14  void A::show() const
15  {
16      cout<<"(_x,_y)="<<"("<<_x<<","<<_y<<")"<<endl;
17  }
18   A operator+(const A& a1,const A& a2)
19  {
20      return A(a1._x+a2._x,a1._y+a2._y);
21  }
22   A operator-(const A& a1,const A& a2)
23  {
24      return A(a1._x-a2._x,a1._y-a2._y);
25  }
26  int main()
27  {
28      A a1(1,2);
29      A a2(4,5);
30      A a;
31      cout<<"a1: ";
32      a1.show();
33      cout<<"a2: ";
34      a2.show();
35      a=a1+a2;
36      cout<< "a: ";
37      a.show();
38      a=a1-a2;
39      cout<<"a: ";
40      a.show();
41      return 0;
42  }
```

例3-3运行结果如图3-3所示。

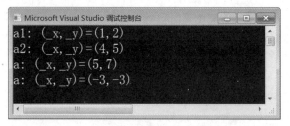

图3-3  例3-3运行结果

在例3-3中，第11~12行代码将"+"和"-"运算符重载函数声明为类A的友元函数。将运算符重载函数声明为类的友元函数，与例3-1重载为类的成员函数的用法和规则相同，在此不再赘述。

## 3.2  常用的运算符重载

### 3.2.1  输入/输出运算符重载

C++输入输出标准库提供了">>"和"<<"运算符执行输入、输出操作，但标准库只定义了基本数据类型的输入、输出操作，若要直接对类对象进行输入、输出，则需要在类中重载这两个运算符。

与其他运算符不同的是，输入、输出运算符只能重载成类的友元函数。"<<"和">>"运算符重载的格式如下：

```
ostream& operator<<(ostream&, const 类对象引用);          //输出运算符重载
istream& operator>>(istream&, 类对象引用);                //输入运算符重载
```

输出运算符 "<<" 重载的第一个参数是 ostream 对象引用，该对象引用不能使用 const 修饰，第二个参数是输出对象的 const 引用。输入运算符 ">>" 重载的第一个参数是 istream 对象引用，第二个参数是要向其中存入数据的对象，该对象不能使用 const 修饰。

下面通过案例演示输入/输出运算符重载的用法，如例 3-4 所示。

例 3-4　operatorStream.cpp

```
1   #include<iostream>
2   using namespace std;
3   class A
4   {
5   private:
6       int _x;
7       int _y;
8   public:
9       A(int x=0,int y=0):_x(x),_y(y){}
10      friend ostream& operator<<(ostream& os,const A& a);   //重载 "<<" 运算符
11      friend istream& operator>>(istream& is,A& a);         //重载 ">>" 运算符
12  };
13  ostream& operator<<(ostream& os, const A& a)
14  {
15      os<<"("<<a._x<<","<<a._y<<")";                        //输出类的数据成员
16      return os;
17  }
18  istream& operator>>(istream& is, A& a)
19  {
20      is>>a._x>>a._y;                                       //输入类的成员数据
21      return is;
22  }
23  int main()
24  {
25      A a1(1,2);
26      cout<<"a1:"<<a1<<endl;
27      cout<<"请重新为 a1 对象输入数据："<<endl;
28      cin>>a1;
29      cout<<"重新输入后a1:"<<a1<<endl;
30      return 0;
31  }
```

例 3-4 运行结果如图 3-4 所示。

图3-4　例3-4运算结果

在例 3-4 中，第 13~17 行代码重载了输出运算符 "<<"，第 18~22 行代码重载了输入运算符 ">>"。在 main() 函数中，第 25 行代码创建类 A 对象 a1 并初始化，第 26 行代码直接使用重载的输出运算符输出对象 a1 的值，第 28 行代码调用重载的输入运算符为 a1 对象重新赋值，第 29 行代码调用重载的输出运算符输出对象 a1 的值。

由图 3-4 运行结果可知，重载运算符 "<<" 和 ">>" 后，类对象可以和基本数据类型一样直接执行输入、输出操作，不用再编写例 3-1 中的 show() 成员函数，使程序更简洁。

## 3.2.2　关系运算符重载

关系运算符（如 "==" 或 "<"）也可以重载，关系运算符的重载函数返回值类型一般定义为 bool 类型，

即返回 true 或 false。关系运算符常用于条件判断中，重载关系运算符保留了关系运算符的原有含义。

下面通过案例演示关系运算符的重载，如例 3-5 所示。

例 3-5　operatorRelation.cpp

```
1   #include<iostream>
2   using namespace std;
3   class Student
4   {
5   private:
6       int _id;
7       double _score;
8   public:
9       Student(int id,double score):_id(id),_score(score){}
10      void dis()
11      {
12          cout<<"学号"<<_id<<"成绩"<<_score<<endl;
13      }
14      //重载关系运算符
15      friend bool operator==(const Student& st1,const Student& st2);
16      friend bool operator!=(const Student& st1,const Student& st2);
17      friend bool operator>(const Student& st1,const Student& st2);
18      friend bool operator<(const Student& st1,const Student& st2);
19  };
20  bool operator==(const Student& st1,const Student& st2)
21  {
22      return st1._score==st2._score;       //重载 "==" 运算符
23  }
24  bool operator!=(const Student& st1,const Student& st2)
25  {
26      return !(st1._score==st2._score);  //重载 "!=" 运算符
27  }
28  bool operator>(const Student& st1,const Student& st2)
29  {
30      return st1._score>st2._score;        //重载 ">" 运算符
31  }
32  bool operator<(const Student& st1,const Student& st2)
33  {
34      return st1._score<st2._score;        //重载 "<" 运算符
35  }
36  int main()
37  {
38      Student st1(1001,96),st2(1002,105);
39      cout<<"比较两名学生的成绩: "<<endl;
40      if(st1>st2)
41          st1.dis();
42      else if(st1<st2)
43          st2.dis();
44      else
45          cout<<"两名学生成绩相同: "<<endl;
46      return 0;
47  }
```

例 3-5 运行结果如图 3-5 所示。

图3-5　例3-5运行结果

在例 3-5 中重载了四个典型的比较运算符，重载比较运算符后，可以直接比较对象的大小，而实际实现中只是比较了对象中的 score 数据。如果没有重载关系运算符，需要先通过一个公有函数访问获得 score，然后再来比较 score 的大小。

关系运算符重载有以下几点使用技巧。

- 通常关系运算符都要成对地重载，例如重载了 ">" 运算符，就要重载 "<" 运算符，反之亦然。
- 通常情况下，"==" 运算符具有传递性，例如 a==b，b==c，则 a==c 成立。
- 可以把一个运算符的工作委托给另一个运算符，通过重载后的结果进行判断。例如，本例中重载 "!=" 运算符是在重载 "==" 运算符的基础上实现的。

### 3.2.3 赋值运算符重载

对于赋值运算符来说，如果不重载，类会自动提供一个赋值运算符。这个默认的赋值运算符和默认的拷贝构造函数一样，实现的是浅拷贝。若数据成员中有指针，则默认的赋值运算符不能满足要求，会出现重析构的现象，这时就需要重载赋值运算符，实现深拷贝。

赋值运算符的重载与其他运算符的重载类似。下面通过案例演示赋值运算符的重载，如例 3-6 所示。

例 3-6    operatorAssign.cpp

```
1   #define _CRT_SECURE_NO_WARNINGS
2   #include<string.h>
3   #include<iostream>
4   using namespace std;
5   class Assign
6   {
7   public:
8       char* name;
9       char* url;
10  public:
11      Assign(const char* name,const char* url);        //构造函数
12      Assign(const Assign& temp);                      //拷贝构造函数
13      ~Assign()
14      {
15          delete[]name;
16          delete[]url;
17      }
18      Assign& operator=(Assign& temp);                 //赋值运算符重载
19  };
20  Assign::Assign(const char* name,const char* url)
21  {
22      this->name=new char[strlen(name)+1];
23      this->url=new char[strlen(url)+1];
24      if(name)
25          strcpy(this->name,name);
26      if(url)
27          strcpy(this->url,url);
28  }
29  Assign::Assign(const Assign& temp)
30  {
31      this->name=new char[strlen(temp.name)+1];
32      this->url=new char[strlen(temp.url)+1];
33      if(name)
34          strcpy(this->name,temp.name);
35      if(url)
36          strcpy(this->url,temp.url);
37  }
38  Assign& Assign:: operator=(Assign& temp)
39  {
40      delete[]name;
41      delete[]url;                                     //先释放原来空间，再重新申请
42      this->name=new char[strlen(temp.name)+1];
43      this->url=new char[strlen(temp.url)+1];
44      if(name)
45          strcpy(this->name,temp.name);
```

```
46      if(url)
47          strcpy(this->url,temp.url);
48      return *this;
49  }
50  int main()
51  {
52      Assign a("传智播客", "http://net.itcast.cn/");
53      cout<<"a对象: " <<a.name<<" "<<a.url<<endl;
54      Assign b(a);                              //用a对象初始化b,调用的是拷贝构造函数
55      cout<<"b对象: " <<b.name<<" "<<b.url<<endl;
56      Assign c("黑马训练营", "http://www.itheima.com/");
57      cout<<"c对象: " <<c.name<<" "<<c.url<<endl;
58      b=c;                                      //调用赋值重载函数
59      cout<<"b对象: "<<b.name<<" "<<b.url<<endl;
60      return 0;
61  }
```

例3-6运行结果如图3-6所示。

图3-6　例3-6运行结果

在例3-6中，类Assign中含有指针数据成员，第38～49行代码在类外实现赋值运算符"="重载函数。由于对象b已经存在，name和url指针所指区域范围大小已经确定，要复制新内容进去，则区域过大或过小都不好，因此重载赋值运算符时，需要内部先释放name、url指针，根据要复制的内容大小再分配一块内存区域，然后将内容复制进去。在main()函数中，第58行代码通过重载赋值运算符完成对对象b的赋值。

### 3.2.4　下标运算符重载

在程序设计中，通常使用下标运算符"[]"访问数组或容器中的元素。为了在类中方便地使用"[]"运算符，可以在类中重载运算符"[]"。重载"[]"运算符有两个目的：

（1）"对象[下标]"的形式类似于"数组[下标]"，更加符合用户的编写习惯。

（2）可以对下标进行越界检查。

重载下标运算符"[]"的语法格式如下所示：

```
返回值类型 operator[](参数列表)
{
    ...//函数体
}
```

上述格式中，"[]"运算符重载函数有且只有一个整型参数，表示下标值。重载下标运算符时一般把返回值指定为一个引用。

下面通过案例演示重载下标运算符"[]"的用法，如例3-7所示。

例3-7　operatorTag.cpp

```
1  #define _CRT_SECURE_NO_WARNINGS
2  #include<iostream>
3  using namespace std;
4  class Tag
5  {
6  private:
7      int size;
8      char* buf;
9  public:
```

```
10        Tag(int n);
11        Tag(const char* src);
12        ~Tag()
13        {
14            delete[]buf;
15        }
16        char& operator[](int n);
17        void show()
18        {
19            for(int i=0;i<size;i++)
20                cout<<buf[i];
21            cout<<endl;
22        }
23    };
24    Tag::Tag(int n)
25    {
26        size=n;
27        buf=new char[size+1];
28        *(buf+size)='\0';
29    }
30    Tag::Tag(const char* src)
31    {
32        buf = new char[strlen(src)+1];
33        strcpy(buf,src);
34        size=strlen(buf);
35    }
36    char& Tag::operator[](int n)
37    {
38        static char ch=0;
39        if(n>size||n<0)                 //检查数组是否越界
40        {
41            cout<<"越界"<<endl;
42            return ch;
43        }
44        else
45        return *(buf+n);
46    }
47    int main()
48    {
49        Tag arr1(20);
50        for(int i=0;i<20;i++)
51            arr1[i]=65+i;                //调用"[]"运算符重载函数赋值
52        arr1.show();
53        Tag arr2("Itcast!");
54        cout<<arr2[6]<<endl;
55        arr2[6]= 'A';
56        arr2.show();
57        return 0;
58    }
```

例 3-7 运行结果如图 3-7 所示。

图3-7　例3-7运行结果

在例 3-7 中，第 4~23 行代码定义了一个字符数组类 Tag；第 36~46 行代码重载了"[]"运算符。在 main()函数中，第 49 行代码创建字符数组对象 arr1，指定数组大小为 20；第 50~51 行代码通过"[]"运算符给数组赋值；第53行代码创建字符数组对象 arr2 并初始化；第55行代码调用"[]"运算符重载函数，对指定索引位置的字符元素进行修改。

## 3.3  类型转换

基本数据类型的数据可以通过强制类型转换操作符将数据转换成需要的类型,例如 static_cast<int>(3.14),这个表达式是将实型数据 3.14 转换成整型数据。对于自定义的类, C++提供了类型转换函数来实现自定义类与基本数据类型之间的转换。

### 3.3.1  类型转换函数

对于自定义的类, C++提供了类型转换函数用来将类对象转换为基本数据类型。

类型转换函数也称为类型转换运算符重载函数, 定义格式如下所示:

```
operator 数据类型名()
{
    ...//函数体
}
```

类型转换函数以 operator 关键字开头, 这一点和运算符重载规律一致。从类型转换函数格式可以看出,在重载的数据类型名前不能指定返回值类型,返回值的类型由重载的数据类型名确定,且函数没有参数。由于类型转换函数的主体是本类的对象,因此只能将类型转换函数重载为类的成员函数。

下面通过案例演示类型转换函数的用法, 如例 3-8 所示。

例3-8    operatorCast.cpp

```
1   #define _CRT_SECURE_NO_WARNINGS
2   #include<iostream>
3   using namespace std;
4   class Student
5   {
6   private:
7       string _id;
8       char* _name;
9   public:
10      Student(string id, const char* name) : _id(id)
11      {
12          _name = new char[strlen(name) + 1];
13          strcpy(_name, name);
14  }
15      operator  char*()             //类型转换运算符重载函数
16      {
17          return _name;
18      }
19      void show()
20      {
21          cout<<"ID:"<<_id<<","<<"name:"<<_name<<endl;
22      }
23  };
24  int main()
25  {
26      Student s1("1001","小明");      //调用普通构造函数创建对象
27      cout<<"s1: ";
28      s1.show();
29      char* ch=s1;                   //调用类型转换函数
30      cout<<ch<<endl;
31      return 0;
32  }
```

例 3-8 运行结果如图 3-8 所示。

在例 3-8 中, 第 15~18 行代码定义了类型转换函数, 用于将 Student 类的对象转换为 char*类型；第 29

行代码通过调用重载的 char*类型转换函数，将对象 s1 成功转换为了 char*类型。

图3-8 例3-8运行结果

## 3.3.2 转换构造函数

转换构造函数指的是构造函数只有一个参数，且参数不是本类的 const 引用。用转换构造函数不仅可以将一个标准类型数据转换为类对象，也可以将另一个类的对象转换为转换构造函数所在的类对象。转换构造函数的语法格式如下所示：

```
class A
{
    A(const B & b)
    {
        //从 B 类类型到 A 类类型的转换
    }
};
```

下面通过案例演示转换构造函数的用法，如例 3-9 所示。

例 3-9 constructorCast.cpp

```
1  #include<iostream>
2  using namespace std;
3  class Solid
4  {
5  public:
6      Solid(int x,int y,int z) :_x(x), _y(y),_z(z){}
7      void show()
8      {
9          cout<<"三维坐标"<<_x<<","<<_y<<","<<_z<<endl;
10     }
11     friend class Point;
12 private:
13     int _x,_y,_z;
14 };
15 class Point
16 {
17 private:
18     int _x, _y;
19 public:
20     Point(int x, int y) :_x(x), _y(y){}
21     Point(const Solid &another)            //定义转换构造函数
22     {
23         this->_x=another._x;
24         this->_y=another._y;
25     }
26     void show()
27     {
28         cout<<"平面坐标:"<<_x<<","<<_y<<endl;
29     }
30 };
31 int main()
32 {
33     cout<<"原始坐标"<<endl;
34     Point p(1,2);
35     p.show();
```

```
36      Solid s(3,4,5);
37      s.show();
38      cout<<"三维转换平面坐标"<<endl;
39      p=s;
40      p.show();
41      return 0;
42  }
```

例 3-9 运行结果如图 3-9 所示。

在例 3-9 中，第 3～14 行代码定义了表示三维
坐标点的类 Solid；第 15～30 行代码定义了表示平面
坐标点的类 Point，在 Point 类中定义了一个转换构
造函数，将三维坐标点 Solid 类对象转换为平面坐标
点 Point 类的数据。需要注意的是，由于需要在 Point
类中访问 Solid 的成员变量，因此将 Solid 类声明为
Point 类的友元类。

图3-9　例3-9运行结果

# 3.4　仿函数——重载"()"运算符

仿函数指的是在类中重载"()"运算符后，这个类的对象可以像函数一样使用。仿函数在 STL 的算法中
使用比较广泛。此外，熟悉的 lambda 表达式在实现过程中也使用了仿函数。

下面通过案例演示重载"()"运算符的用法，如例 3-10 所示。

例 3-10　operatorFunc.cpp

```
1   #include<iostream>
2   #include<string>
3   using namespace std;
4   class Show
5   {
6   public:
7       void operator()(const string str)          //"()"运算符重载函数
8       {
9           cout<<str<<endl;
10      }
11      float operator()(const float num)          //"()"运算符重载函数
12      {
13          return num*num;
14      }
15  };
16  int main()
17  {
18      Show s;
19      s("abcdef");
20      cout<<s(4)<<endl;
21      return 0;
22  }
```

例 3-10 运行结果如图 3-10 所示。

图3-10　例3-10运行结果

在例 3-10 中，第 7～10 行代码定义了"()"运算符重载函数，用于输出字符串。第 11～14 行代码定义

了另一个 "()" 运算符重载函数，返回计算后的 float 类型数据的平方。第 18 行代码创建了 Show 类对象 s。第 19~20 行代码分别向对象 s 传入一个字符串和一个数据 4，像调用函数一样调用对象 s。由图 3-10 可知，程序成功输出了字符串和数据 4 的平方。

除此之外，仿函数还可以实现类中信息的传递。对例 3-10 代码进行修改，如果一个数的平方是偶数，则将私有成员变量_flag 置为 true，否则置为 false。示例代码如下：

```
class Show
{
public:
    Show(bool flag=false):_flag(flag){}
    bool operator()(const int num)
    {
        int n=num*num;
        if(n%2==0)
            return true;
        else
            return false;
    }
    void dis()
    {
        cout<<_flag<<endl;
    }
private:
    bool _flag;
};
```

创建对象后，通过对象传入参数，判断仿函数的运算结果是偶数还是奇数，从而改变 Show 类中的成员变量_flag 的值。

## 3.5　智能指针——重载 "*" 和 "->" 运算符

C++没有垃圾回收机制，堆内存资源的使用和释放需要自己编写程序实现，编写大型的程序可能会忘记释放内存，导致内存泄漏。为了解决这个问题，C++标准提出了智能指针机制。智能指针的本质是使用引用计数的方式解决悬空指针的问题，通过重载 "*" 和 "->" 运算符来实现。

在学习引用计数、重载 "*" 和 "->" 运算符之前，需要理解普通指针在资源访问中导致的指针悬空问题。下面通过案例演示悬空指针问题，如例 3-11 所示。

例 3-11　refCount.cpp

```
1   #include<iostream>
2   #include<string>
3   using namespace std;
4   class Data
5   {
6   public:
7       Data(string str):_str(str)
8       {
9           cout<<"Data 类构造函数"<<endl;
10      }
11      ~Data()
12      {
13          cout<<"Data 类析构函数"<<endl;
14      }
15      void dis()
16      {
17          cout<<_str<<endl;
18      }
19  private:
20      string _str;
21  };
```

```
22  int main()
23  {
24      Data *pstr1=new Data("I Love China");
25      Data *pstr2=pstr1;
26      Data *pstr3=pstr1;
27      pstr1->dis();
28      delete pstr1;
29      pstr2->dis();
30      return 0;
31  }
```

运行例 3–11，编译器会抛出异常，如图 3–11 所示。

在例 3–11 中，Data 类用于存储信息，第 24 行代码为 Data 类创建了一个位于堆内存的对象，并使 pstr1 指针指向该对象。第 25 行代码创建指针 pstr2 指向 pstr1 指向的空间。第 26 行代码创建指针 pstr3 指向 pstr1 指向的空间。指针 pstr1、pstr2、pstr3 共享同一个对象，若释放 pstr1 指向的对象，pstr2 和 pstr3 仍然在使用该对象，将造成 pstr2 和 pstr3 无法访问资源，成为悬空指针，程序运行时出现异常。悬空指针如图 3–12 所示。

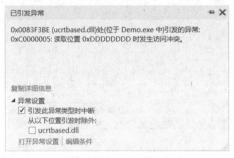

图3–11　例3–11程序异常

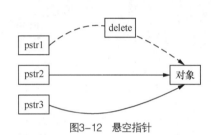

图3–12　悬空指针

为了解决悬空指针的问题，C++语言引入了引用计数的概念。引用计数是计算机科学中的一种编程技术，用于存储计算机资源的引用、指针或者句柄的数量。当引用计数为零时自动释放资源，使用引用计数可以跟踪堆中对象的分配和自动释放堆内存资源。

下面通过案例演示使用引用计数解决悬空指针的问题，通过重载 "*" 和 "–>" 运算符实现内存的自动管理，如例 3–12 所示。

例 3-12　countSmart.cpp

```
1   #include<iostream>
2   #include<string>
3   using namespace std;
4   class Data{/*...*/};            //Data 类定义在例 3-10 中
5   class Count                     //Count 类用于存储指向同一资源的指针数量
6   {
7   public:
8       friend class SmartPtr;
9       Count(Data *pdata):_pdata(pdata),_count(1)
10      {
11          cout<<"Count 类构造函数"<<endl;
12      }
13      ~Count()
14      {
15          cout<<"Count 类析构函数"<<endl;
16          delete _pdata;
17      }
18  private:
19      Data *_pdata;
20      int  _count;
21  };
22  //使用指针实现智能指针
23  class SmartPtr                  //SmartPtr 类用于对指向 Data 类对象的指针实现智能管理
24  {
```

```
25 public:
26     SmartPtr(Data* pdata):_reNum(new Count(pdata))
27     {
28            cout<<"创建基类对象"<<endl;
29     }
30     SmartPtr(const SmartPtr&another):_reNum(another._reNum)
31     {
32            ++_reNum->_count;
33          cout<<"Smartptr 类复制构造函数"<<endl;
34     }
35     ~SmartPtr()
36     {
37         if(--_reNum->_count==0)
38         {
39             delete _reNum;
40             cout<<"Smartptr 类析构函数"<<endl;
41         }
42     }
43     Data *operator->()
44     {
45          return _reNum->_pdata;
46     }
47     Data &operator*()
48     {
49          return *_reNum->_pdata;
50     }
51     int disCount()
52     {
53          return _reNum->_count;
54     }
55 private:
56     Count *_reNum;
57 };
58 int main()
59 {
60     Data  *pstr1=new Data("I Love China!");
61     SmartPtr pstr2=pstr1;
62      (*pstr1).dis();
63     SmartPtr pstr3=pstr2;
64     pstr2->dis();
65     cout<<"使用基类对象的指针数量: "<<pstr2.disCount()<<endl;
66     return 0;
67 }
```

例 3-12 运行结果如图 3-13 所示。

在例 3-12 中, 第 5~21 行代码定义了 Count 类, 类中的成员变量_pdata 和_count 为私有成员, 并声明 SmartPtr 类为友元类。Count 类的目的是实现引用计数, 封装了基类 Data 对象的指针, 起到辅助作用。第 23~57 行代码定义了 SmartPtr 类, 用于实现智能指针, SmartPtr 类中的私有成员变量_reNum 用于访问 Count 类的成员, 其中第 26~29 行代码在创建 Data 类对象后, 将 Count 类的指针_pdata 指向存储于堆内存的 Data 类对象。第 30~34 行代码定义了复制构造函数, 如果其他对象的指针使用 Data 数据, 使计数_count 加 1。第 35~42 行代码定义析构函数释放 Data 类对象的资源,

图3-13  例3-11运行结果

当记录指向 Data 类对象指针的数量_count 为 0 时, 释放资源。第 43~46 行代码重载运算符 "->", 返回指向 Data 类对象的指针。第 47~50 行代码重载运算符 "*", 返回 Data 类对象。通过重载 "*" 和 "->" 运算符就可以指针的方式实现 Data 类成员的访问。第 60 行代码申请堆内存储空间, 存储 Data 类对象并初始化。

第 61 行代码定义了智能指针 pstr2 指向 Data 类对象。第 62 行代码通过重载"*"运算符访问 Data 类对象存储的数据。第 63 行代码定义了智能指针 pstr3 指向 Data 类对象。第 64 行代码通过重载"->"运算符访问 Data 类对象存储的数据。引用计数的原理如图 3-14 所示。

由例 3-12 可知，在使用智能指针申请 Data 类对象存储空间后并没有使用 delete 释放内存空间。使用智能指针可以避免堆内存泄漏，只需申请，无须关注内存是否释放。通过重载"*"和"->"运算符可以实现对象中成员的访问。

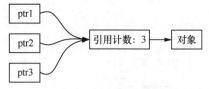

图3-14　引用计数的原理

C++11 标准提供了 unique_ptr、shared_ptr 和 weak_ptr 三种智能指针（这三种类型的指针将在第 10 章详细讲解），高度封装的智能指针为编程人员带来了便利，也使得 C++ 更加完善。

## 3.6　本章小结

本章主要讲解了 C++语言中的运算符重载，包括运算符重载的意义、语法和规则，以及常用的几种运算符的重载，如自增运算符、赋值运算符的重载等。运算符重载是 C++语言重要的特性之一，读者学好本章内容会加深对面向对象中多态性的理解。

## 3.7　本章习题

### 一、填空题

1. 双目运算符重载为类的成员函数，其左操作数为＿＿＿＿＿。
2. 运算符重载仍然保持其原来的＿＿＿＿＿、＿＿＿＿＿、操作数和语法结构。
3. C++中的运算符可以重载为类的＿＿＿＿＿和＿＿＿＿＿。
4. 当双目运算符重载为类的成员函数时，运算符的操作数是＿＿＿＿＿。

### 二、判断题

1. 输入/输出运算符只能重载为类的友元函数。　　　　　　　　　　　　　　（　　　）
2. 重载运算符不能改变原有运算符的语义。　　　　　　　　　　　　　　　（　　　）
3. 转换构造函数可以将一个标准类型数据转换为类对象。　　　　　　　　　（　　　）
4. 类型转换函数只能重载为类的成员函数。　　　　　　　　　　　　　　　（　　　）

### 三、选择题

1. 下列运算符中，不能重载的是（　　　）。
   A.  ?:  　　　　　　　　B.  +  　　　　　　　　C.  .  　　　　　　　　D.  <=
2. 关于运算符重载的规则，下列说法正确的是（　　　）（多选）。
   A.  运算符重载可以改变运算符操作数
   B.  运算符重载可以改变运算符优先级
   C.  运算符重载可以改变运算符结合性
   D.  运算符重载不可以改变运算符语法结构
3. 关于运算符重载，下列说法正确的是（　　　）。
   A.  C++已有的运算符均可以重载
   B.  运算符重载函数的返回类型不能声明为基本数据类型
   C.  在类型转换函数的定义中不需要声明返回类型
   D.  可以通过运算符重载创建新的运算符

4. 重载前置运算符 "++"，则++c（c 为对象）相当于执行了函数（　　　）。

    A.　c.operator++(c,0)　　　　　B.　c.operator++()　　　　　C.　operator++(c)　　　　D.　operator++(c,0)

## 四、简答题

1. 简述什么是运算符重载。

2. 简述运算符的重载规则。

## 五、编程题

1. 定义一个计数器类 Counter，包含私有成员 int n，重载运算符 "+"，实现对象的相加。

2. C++语言中不会检查数组是否越界。设计类 Border，通过重载运算符 "[]" 检查数组是否越界。

第 **4** 章

# 继承与派生

## 学习目标

★ 掌握继承的概念与方式

★ 掌握继承中的类型兼容

★ 掌握派生类中构造函数与析构函数的调用

★ 掌握继承中的函数隐藏

★ 掌握多继承的方式

★ 掌握多继承中派生类构造函数与析构函数的调用

★ 了解多继承的二义性问题

★ 掌握虚继承

在客观世界中，很多事物都不是孤立存在的，它们之间有着千丝万缕的联系，继承便是其中一种。比如，孩子会继承父母的特点，同时又会拥有自己的特点。面向对象程序设计也提供了继承机制，可在原有类的基础上，通过简单的程序构造功能强大的新类，实现代码重用，从而提高软件开发效率。本章将针对继承的相关知识进行详细讲解。

## 4.1 继承

继承是面向对象程序设计的重要特性之一，本节将针对继承的概念、继承的权限、继承过程中的类型兼容等知识进行详细讲解。

### 4.1.1 继承的概念

所谓继承，就是从"先辈"处获得特性，它是客观世界事物之间的一种重要关系。例如，脊椎动物和无脊椎动物都属于动物，在程序中便可以描述为：脊椎动物和无脊椎动物继承自动物；同时，哺乳动物和两栖动物继承自脊椎动物，而节肢动物和软体动物继承自无脊椎动物。这些动物之间会形成一个继承体系，如图 4-1 所示。

在 C++中，继承就是在原有类的基础上产生出新类，新类会继承原有类的所有属性和方法。原有的类称为基类或父类，新类称为派生类或子类。派生类同样可以作为基类派生出新类。在多层次继承结构中，派生类上一层的基类称为直接基类，隔层次的基类称为间接基类。例如在图 4-1 中，脊椎动物是哺乳动物的直接基类，动物是哺乳动物的间接基类。

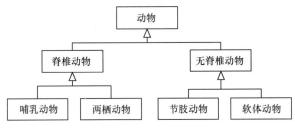

图4-1　动物之间的继承体系

在 C++中，声明一个类继承另一个类的格式如下所示：

```
class 派生类名称:继承方式  基类名称
{
    派生类成员声明
};
```

从上述格式可以看出，派生类的定义方法与普通类基本相同，只是在派生类名称后添加冒号“:”、继承方式和基类名称。

在类的继承中，有以下几点需要注意。

（1）基类的构造函数与析构函数不能被继承。

（2）派生类对基类成员的继承没有选择权，不能选择继承或不继承某些成员。

（3）派生类中可以增加新的成员，用于实现新功能，保证派生类的功能在基类基础上有所扩展。

（4）一个基类可以派生出多个派生类；一个派生类也可以继承自多个基类。

通过继承，基类中的所有成员（构造函数和析构函数除外）被派生类继承，成为派生类成员。在此基础上，派生类还可以增加新的成员。基类和派生类之间的关系如图 4-2 所示。

为了让读者更好地理解和掌握继承的概念，下面通过案例演示派生类的定义与调用，如例 4-1 所示。

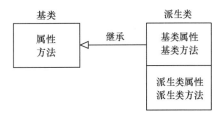

图4-2　基类与派生类之间的关系

例 4-1　derive.cpp

```
1   #include<iostream>
2   using namespace std;
3   class Animal                      //定义动物类 Animal
4   {
5   public:
6       void move();                  //声明表示动物行为的成员函数 move()
7   };
8   void Animal::move()               //类外实现成员函数 move()
9   {
10      cout<<"动物行为"<<endl;
11  }
12  class Cat:public Animal           //定义猫类 Cat，公有继承动物类 Animal
13  {
14  public:
15      Cat(string name);             //声明有参构造函数
16      void walk();                  //声明表示动物行为的普通成员函数 walk()
17  private:
18      string _name;                 //成员变量：表示名字
19  };
20  Cat::Cat(string name)             //类外实现构造函数
21  {
22      _name=name;
23  }
24  void Cat::walk()                  //类外实现普通成员函数 walk()
```

```
25  {
26      cout<<_name<<"会走"<<endl;
27  }
28  int main()
29  {
30      Cat cat("猫");                    //定义猫类对象 cat
31      cat.move();                       //通过派生类对象调用基类成员函数
32      cat.walk();                       //通过派生类对象调用新增的成员函数
33      return 0;
34  }
```

例4-1运行结果如图4-3所示。

在例4-1中，第3~7行代码定义了一个动物类 Animal，该类中有一个成员函数 move()，用于表示动物的行为；第12~19行代码定义了一个猫类 Cat，该类公有继承自 Animal 类；第30行代码，在 main()函数中创建了猫类对象 cat；第31行代码，通过对象 cat 调用基类成员函数 move()；第32行代码，通过对象 cat 调用 Cat 类成员函数 walk()。由图4-3可知，通过对象 cat 成功调用了 move()函数与 walk()函数。

在例4-1中，Cat 类中并没有定义 move()函数，但是 Cat 类继承了 Animal 类，它会继承 Animal 类的 move()函数，因此 Cat 类对象能够调用 move()函数。Cat 类与 Animal 类的继承关系如图4-4所示。

图4-3　例4-1运行结果　　　　　　　　图4-4　Cat类与Animal类的继承关系

需要注意的是，在图4-4中，空心箭头表示继承关系；"+"符号表示成员访问权限为 public（公有继承），"−"符号表示成员访问权限为 private（私有继承）。如果成员访问权限为 protected（保护继承）或友元，则用"#"符号表示。

### 4.1.2　继承方式

在继承中，派生类会继承基类除构造函数、析构函数之外的全部成员。从基类继承的成员，其访问属性除了成员自身的访问属性，还受继承方式的影响。类的继承方式主要有三种：public（公有继承）、protected（保护继承）和 private（私有继承）。不同的继承方式会影响基类成员在派生类中的访问权限。下面分别介绍这三种继承方式。

#### 1. public（公有继承）

采用公有继承方式时，基类的公有成员和保护成员在派生类中仍然是公有成员和保护成员，其访问属性不变，可以使用派生类的对象访问基类公有成员。但是，基类的私有成员在派生类中变成了不可访问成员。如果基类中有从上层基类继承过来的不可访问成员，则基类的不可访问成员在它的派生类中同样是不可访问的。

公有继承对派生类继承成员的访问控制权限影响如表4-1所示。

表4-1　公有继承对派生类继承成员的访问控制权限影响

| 基类成员访问属性 | public | protected | private | 不可访问 |
|---|---|---|---|---|
| 在派生类中的访问属性 | public | protected | 不可访问 | 不可访问 |

> **注意：**
>
> 不可访问成员是指无论在类内还是在类外均不可访问的成员。它与私有成员的区别是，私有成员在类外不可访问，只能通过类的成员进行访问。不可访问成员完全是由类的派生形成的。对于顶层类，不存在不可访问成员，但是通过继承，基类的私有成员在派生类内就成为不可访问成员。

下面通过案例演示类的公有继承，如例 4-2 所示。

例 4-2  public.cpp

```cpp
1  #include<iostream>
2  using namespace std;
3  class Student                            //定义学生类 Student
4  {
5  public:
6  void setGrade(string grade);             //设置年级的成员函数
7  string getGrade();                       //获取年级的成员函数
8  void setName(string name);               //设置姓名的成员函数
9  string getName();                        //获取姓名的成员函数
10 protected:
11     string _grade;                       //保护成员：表示年级
12 private:
13     string _name;                        //私有成员：表示姓名
14 };
15 void Student::setGrade(string grade)     //类外实现 setGrade() 函数
16 {
17     _grade=grade;
18 }
19 string Student::getGrade()               //类外实现 getGrade() 函数
20 {
21     return _grade;
22 }
23 void  Student::setName(string name)      //类外实现 setName() 函数
24 {
25     _name=name;
26 }
27 string Student::getName()                //类外实现 getName() 函数
28 {
29     return _name;
30 }
31 class Undergraduate:public Student       //大学生类公有继承学生类
32 {
33 public:
34     Undergraduate(string major);         //声明构造函数
35     void show();                         //声明显示大学生信息的成员函数
36 private:
37     string _major;                       //私有成员：表示专业
38 };
39 //类外实现构造函数
40 Undergraduate::Undergraduate(string major)
41 {
42     _major=major;
43 }
44 void Undergraduate::show()               //类外实现 show() 函数
45 {
46     cout<<"姓名: "<<getName()<<endl;      //派生类调用基类成员函数
47     cout<<"年级: "<<_grade<<endl;         //派生类访问继承的基类成员变量
48     cout<<"专业: "<<_major<<endl;         //派生类访问新增成员
49 }
50 int main()
51 {
52     //创建大学生类对象 stu
53     Undergraduate stu("计算机信息工程");
54     stu.setGrade("大三");                 //派生类对象调用基类成员函数设置年级
55     stu.setName("zhangsan");             //派生类对象调用基类成员函数设置姓名
56     stu.show();                          //派生类对象调用新增成员函数显示学生信息
57     return 0;
58 }
```

例 4-2 运行结果如图 4-5 所示。

在例 4-2 中，第 3 ~ 14 行代码定义了学生类 Student，该类声明了私有成员变量 _name 表示姓名，保护成员变量 _grade 表示年级。Student 类还定义了 4 个公有成员函数，分别用于设置、获取学生姓名和年级。第

31～38行代码定义大学生类Undergraduate公有继承Student类。Undergraduate类定义了私有成员变量_major表示学生专业，此外，还定义了构造函数和显示学生信息的show()函数。第53～55行代码，在main()函数中创建Undergraduate类对象stu，并通过对象stu调用基类的setGrade()函数、setName()函数，用来设置学生的年级和姓名。第56行代码通过对象stu调用show()函数显示学生信息。

图4-5    例4-2运行结果

由图4-5可知，程序成功创建了派生类对象stu，并通过对象stu成功调用了基类的公有成员函数，完成了学生年级与姓名的设置，且通过调用新增的show()函数成功显示了学生信息。

需要注意的是，在例4-2中，第46～47行代码，在Undergraduate类的show()函数内部直接访问了从基类继承过来的保护成员_grade，因为Undergraduate类是公有继承Student类，_grade在派生类Undergraduate中也是保护成员，所以可以通过成员函数show()访问。但是，show()函数无法直接访问从基类继承过来的_name成员，因为_name是基类的私有成员，在派生类中，_name变成了派生类的不可访问成员。所以在show()函数中只能通过基类的公有成员函数getName()访问_name成员。如果在show()函数中直接访问从基类继承过来的_name成员，程序会报错。例如，若在show()函数中添加如下代码：

```
cout<<_name<<endl;
```

再次运行程序，编译器会报错，如图4-6所示。

图4-6    编译器报错

Undergraduate类与Student类之间的公有继承关系可以用图4-7表示。

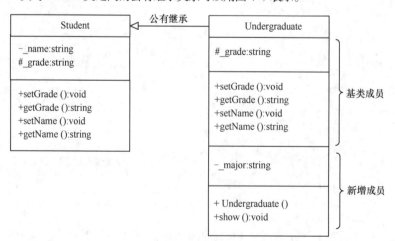

图4-7    Undergraduate类公有继承Student类

## 2. protected（保护继承）

采用保护继承方式时，基类的公有成员和保护成员在派生类中全部变成保护成员，派生类的其他成员可以直接访问它们，在派生类外无法访问。基类的私有成员和不可访问成员在派生类中的访问属性是不可访问。保护继承对派生类继承成员的访问控制权限影响如表 4-2 所示。

表 4-2　保护继承对派生类继承成员的访问控制权限影响

| 基类成员访问属性 | public | protected | private | 不可访问 |
|---|---|---|---|---|
| 在派生类中的访问属性 | protected | protected | 不可访问 | 不可访问 |

若将例 4-2 中第 31 行代码的继承方式改为 protected，再次运行程序，此时编译器会报错，如图 4-8 所示。

图4-8　保护继承时程序运行错误

由图 4-8 可知，Undergraduate 保护继承 Student 类，Student 类的 setGrade()函数和 setName()函数就变成了 Undergraduate 类的保护成员，保护成员在类外不能访问，因此编译器会报错。

Undergraduate 类与 Student 类之间的保护继承关系可以用图 4-9 表示。

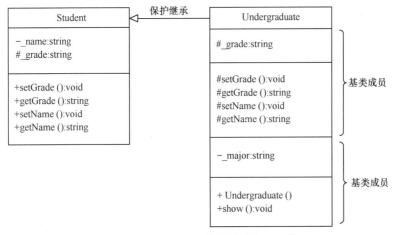

图4-9　Undergraduate类保护继承Student类

## 3. private（私有继承）

采用私有继承方式时，基类的公有成员和保护成员在派生类中全部变成私有成员，派生类的其他成员可以直接访问它们，在派生类外无法访问。基类的私有成员和不可访问成员在派生类中的访问属性是不可访问。私有继承对派生类继承成员的访问控制权限影响如表 4-3 所示。

表 4-3　私有继承对派生类继承成员的访问控制权限影响

| 基类成员访问属性 | public | protected | private | 不可访问 |
|---|---|---|---|---|
| 在派生类中的访问属性 | private | private | 不可访问 | 不可访问 |

与保护继承相比，在直接派生类中，私有继承与保护继承的作用实际上是相同的，在派生类外，不可访

问任何基类成员；在派生类内，可以通过其他成员访问继承的基类公有成员和保护成员。但是，如果再以派生类为基类派生新类，对于保护继承方式，派生类中的保护成员在新类中仍然是保护成员，类内的其他成员可以访问；对于私有继承方式，派生类中的私有成员在新类中变成了不可访问成员，实际上就终止了基类功能在派生类中的延伸。

### 4.1.3    类型兼容

不同类型的数据在一定条件下可以进行转换，比如 int n= 'a'，是将字符'a'赋值给整型变量 n，在赋值过程中发生了隐式类型转换，字符类型的数据转换为整型数据。这种现象称为类型转换，也称为类型兼容。

在 C++中，基类与派生类之间也存在类型兼容。通过公有继承，派生类获得了基类除构造函数、析构函数之外的所有成员。公有派生类实际上就继承了基类所有公有成员。因此，在语法上，公有派生类对象总是可以充当基类对象，即可以将公有派生类对象赋值给基类对象，在用到基类对象的地方可以用其公有派生类对象代替。

C++中的类型兼容情况主要有以下几种：

（1）使用公有派生类对象为基类对象赋值。

（2）使用公有派生类对象为基类对象的引用赋值。

（3）使用公有派生类对象的指针为基类指针赋值。

（4）如果函数的参数是基类对象、基类对象的引用、基类指针，则函数在调用时，可以使用公有派生类对象、公有派生类对象的地址作为实参。

为了让读者更深入地理解 C++类型兼容规则，下面通过案例演示基类与派生类之间的类型兼容，如例4-3 所示。

例4-3    compatibility.cpp

```cpp
1  #include<iostream>
2  using namespace std;
3  class Base                              //定义基类 Base
4  {
5  public:
6      Base();                             //Base 类构造函数
7      void show();                        //Base 类普通成员函数 show()
8  protected:
9      string _name;                       //Base 类保护成员变量 _name
10 };
11 Base::Base()                            //类外实现基类构造函数
12 {
13     _name="base";
14 }
15 void Base::show()                       //类外实现 show()函数
16 {
17     cout<<_name<<" Base show()"<<endl;
18 }
19 class Derive:public Base                //Derive 类公有继承 Base 类
20 {
21 public:
22     Derive();                           //Derive 类构造函数
23     void display();                     //Derive 类普通成员函数 display()
24 };
25 Derive::Derive()                        //类外实现派生类构造函数
26 {
27     _name="derive";                     //_name 成员从 Base 类继承而来
28 }
29 void Derive::display()                  //类外实现 display()函数
30 {
31     cout<<_name<<" Derive show()"<<endl;
32 }
33 void func(Base* pbase)                  //定义普通函数 func()，参数为基类指针
```

```
34 {
35     pbase->show();
36 }
37 int main()
38 {
39     Derive derive;               //创建 Derive 类对象 derive
40     Base base=derive;            //使用对象 derive 为 Base 类对象 base 赋值
41     Base &qbase=derive;          //使用对象 derive 为 Base 类对象的引用 qbase 赋值
42     Base *pbase=&derive;         //使用对象 derive 的地址为 Base 类指针 pbase 赋值
43     base.show();                 //通过 Base 类对象调用 show()函数
44     qbase.show();                //通过 Base 类对象的引用调用 show()函数
45     pbase->show();               //通过 Base 类指针调用 show()函数
46     func(&derive);               //取对象 derive 的地址作为 func()函数的参数
47     return 0;
48 }
```

例 4-3 运行结果如图 4-10 所示。

在例 4-3 中，第 3 ~ 10 行代码定义了 Base 类，该类有一个保护成员变量_name；此外 Base 类还定义了构造函数和普通成员函数 show()。第 19 ~ 24 行代码定义了 Derive 类，Derive 类公有继承 Base 类；Derive 类中定义了构造函数和普通成员函数 display()。第 33 ~ 36 行代码定义了一个函数 func()，该函数有一个 Base 类的指针作为参数，在函数内部，通过 Base 类指针调用 show()函数。

图4-10　例4-3运行结果

第 39 行代码，在 main()函数中创建了 Derive 类对象 derive；第 40 行代码创建 Base 类对象 base，使用对象 derive 为其赋值；第 41 行代码创建 Base 类对象的引用，使用 derive 对象为其赋值；第 42 行代码定义 Base 类指针，取对象 derive 的地址为其赋值。第 43 ~ 45 行代码分别通过 Base 类对象、Base 类对象的引用、Base 类指针调用 show()函数；第 46 行代码调用 func()函数，并取对象 derive 的地址作为实参传递。

由图 4-10 可知，使用对象 derive 代替 Base 类对象，程序成功调用了 show()函数。Derive 类与 Base 类的继承关系如图 4-11 所示。

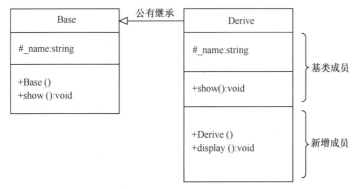

图4-11　Derive类与Base类的继承关系

需要注意的是，虽然可以使用公有派生类对象代替基类对象，但是通过基类对象只能访问基类的成员，无法访问派生类的新增成员。如果在例 4-3 中，通过基类对象 base、基类对象的引用 qbase、基类指针 pbase 访问 display()函数，示例代码如下：

```
base.display();
qbase.display();
pbase->display();
```

添加上述代码之后，再次运行例 4-3 的程序，编译器会报错，如图 4-12 所示。

图4-12　编译器报错

## 4.2　派生类

在继承过程中，派生类不会继承基类的构造函数与析构函数，为了完成派生类对象的创建和析构，需要在派生类中定义自己的构造函数和析构函数。除了构造函数和析构函数，派生类会继承基类其他所有成员，但派生类还会新增成员，当派生类新增的成员函数与从基类继承的成员函数重名时，派生类的成员函数会覆盖基类的成员函数。本节将针对派生类的构造函数与析构函数、派生类与基类的重名函数进行详细讲解。

### 4.2.1　派生类的构造函数与析构函数

派生类的成员变量包括从基类继承的成员变量和新增的成员变量，因此，派生类的构造函数除了要初始化派生类中新增的成员变量，还要初始化基类的成员变量，即派生类的构造函数要负责调用基类的构造函数。派生类的构造函数定义格式如下所示：

```
派生类构造函数(参数列表)：基类构造函数(基类构造函数参数列表)
{
    派生类新增成员的初始化语句
}
```

由上述格式可知，在定义派生类构造函数时，通过"："运算符在后面完成基类构造函数的调用。基类构造函数的参数从派生类构造函数的参数列表中获取。

关于派生类构造函数的定义，有以下几点需要注意。

（1）派生类构造函数与基类构造函数的调用顺序是，先调用基类构造函数再调用派生类构造函数。

（2）派生类构造函数的参数列表中需要包含派生类新增成员变量和基类成员变量的参数值。调用基类构造函数时，基类构造函数从派生类的参数列表中获取实参，因此不需要类型名。

（3）如果基类没有构造函数或仅存在无参构造函数，则在定义派生类构造函数时可以省略对基类构造函数的调用。

（4）如果基类定义了有参构造函数，派生类必须定义构造函数，提供基类构造函数的参数，完成基类成员变量的初始化。

当派生类含有成员对象时，派生类构造函数除了负责基类成员变量的初始化和本类新增成员变量的初始化，还要负责成员对象的初始化，其定义格式如下所示：

```
派生类构造函数(参数列表)：基类构造函数(基类构造函数参数列表),成员对象(参数列表)
{
    派生类新增成员的初始化语句
}
```

当创建派生类对象时，各个构造函数的调用顺序为：先调用基类构造函数，再调用成员对象的构造函数，最后调用派生类构造函数。基类构造函数与成员对象的构造函数的先后顺序不影响构造函数的调用顺序。

除了构造函数，派生类还需要定义析构函数，以完成派生类中新增成员变量的内存资源释放。基类对象和成员对象的析构工作由基类析构函数和成员对象的析构函数完成。如果派生类中没有定义析构函数，编译器会提供一个默认的析构函数。在继承中，析构函数的调用顺序与构造函数相反，在析构时，先调用派生类的析构函数，再调用成员对象的析构函数，最后调用基类的析构函数。

下面通过案例演示派生类构造函数与析构函数的定义与调用，如例 4–4 所示。

例 4-4　conDestructor.cpp

```cpp
1   #include<iostream>
2   using namespace std;
3   class Engine                                  //定义发动机类 Engine
4   {
5   public:
6       Engine(string type,int power);           //发动机构造函数
7       void show();                             //发动机普通成员函数 show()
8       ~Engine();                               //发动机析构函数
9   private:
10      string _type;                            //成员 _type 表示型号
11      int _power;                              //成员 _power 表示功率
12  };
13  Engine::Engine(string type, int power)        //类外实现构造函数
14  {
15      cout<<"调用发动机 Engine 构造函数"<<endl;
16      _type=type;
17      _power=power;
18  }
19  void Engine::show()                           //类外实现 show()函数
20  {
21      cout<<"发动机型号: "<<_type<<",发动机功率: "<<_power<<endl;
22  }
23  Engine::~Engine()                             //类外实现析构函数
24  {
25      cout<<"调用发动机 Engine 析构函数"<<endl;
26  }
27  class Vehicle                                 //定义交通工具类 Vehicle
28  {
29  public:
30      Vehicle(string name);                    //交通工具类构造函数
31      void run();                              //交通工具类普通成员函数 run()
32      string getName();                        //交通工具类普通成员函数 getName()
33      ~Vehicle();                              //交通工具类析构函数
34  private:
35      string _name;                            //成员 _name 表示交通工具的名称
36  };
37  Vehicle::Vehicle(string name)                 //类外实现构造函数
38  {
39      cout<<"调用交通工具 Vehicle 构造函数"<<endl;
40      _name=name;
41  }
42  void Vehicle::run()                           //类外实现 run()函数
43  {
44      cout<<_name<<"正在行驶中"<<endl;
45  }
46  string Vehicle::getName()                     //类外实现 getName()函数
47  {
48      return _name;
49  }
50  Vehicle::~Vehicle()                           //类外实现析构函数
51  {
52      cout<<"调用交通工具 Vehicle 析构函数"<<endl;
53  }
54  //定义小汽车类 Car，公有继承交通工具类 Vehicle
55  class Car :public Vehicle
56  {
57  public:
58      //小汽车类构造函数，其参数包括了成员对象、基类成员变量、新增成员变量的参数
59      Car(int seats,string color,string type, int power,string name);
60      void brake();                            //小汽车类普通成员函数 brake()
61      void display();                          //小汽车类普通成员函数 display()
62      ~Car();                                  //小汽车析构函数
```

```
63        Engine engine;                        //公有成员变量, Engine 类对象
64 private:
65        int _seats;                           //成员_seats 表示座位数量
66        string _color;                        //成员_color 表示颜色
67 };
68 //类外实现构造函数, 后面使用 ":" 运算符调用成员对象构造函数、基类构造函数
69 Car::Car(int seats, string color, string type, int power, string name):
70        engine(type,power),Vehicle(name)
71 {
72        cout<<"调用小汽车 Car 构造函数"<<endl;
73        _seats=seats;
74        _color=color;
75 }
76 void Car::brake()                            //类外实现brake()函数
77 {
78        cout<<getName()<<"停车"<<endl;
79 }
80 void Car::display()                          //类外实现display()函数
81 {
82        cout<<getName()<<"有"<<_seats<<"个座位, "<<"颜色为"<<_color<<endl;
83 }
84 Car::~Car()                                  //类外实现析构函数
85 {
86        cout<<"调用小汽车 Car 析构函数"<<endl;
87 }
88 int main()
89 {
90        Car car(5,"red","EA113",130,"passat");  //创建小汽车类对象 car
91        car.run();                            //调用基类的 run()函数
92        car.brake();                          //调用 brake()函数
93        car.display();                        //调用 display()函数
94        //通过成员对象 engine 调用 Engine 类的 show()函数, 显示发动机信息
95        car.engine.show();
96        return 0;
97 }
```

例4-4 运行结果如图 4-13 所示。

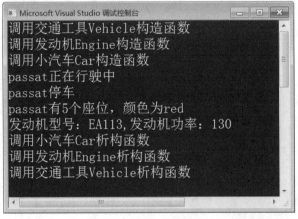

图4-13　例4-4运行结果

在例 4-4 中，第 3 ~ 12 行代码定义了发动机类 Engine，该类定义了两个私有成员变量_type 和_power，分别表示发动机型号和功率；此外，Engine 类还声明了构造函数、普通成员函数 show()和析构函数。其中，show()函数用于显示发动机信息。第 13 ~ 26 行代码，在 Engine 类外实现各个函数。

第 27 ~ 36 行代码定义了交通工具类 Vehicle，该类有一个私有成员变量_name，用于表示交通工具的名称；此外，Vehicle 类还声明了构造函数、普通成员函数 run()、普通成员函数 getName()和析构函数。第 37 ~ 53 行代码在 Vehicle 类外实现各个函数。

第 55～67 行代码定义小汽车类 Car，Car 类公有继承 Vehicle 类。Car 类定义了两个私有成员变量_seats 和_color，分别表示小汽车的座位数量和颜色。此外，Car 类还包含 Engine 类对象 engine，该成员对象为公有成员变量。除了成员变量，Car 类还声明了构造函数、普通成员函数 brake()、普通成员函数 display()和析构函数。第 69～87 行代码在 Car 类外实现各个函数。其中，第 69～75 行代码实现 Car 类的构造函数，Car 类的构造函数有 5 个参数，用于初始化成员对象 engine、基类 Vehicle 对象和本类对象。

第 90 行代码，在 main()函数中创建 Car 类对象 car，传入 5 个参数。第 91～93 行代码通过对象 car 调用基类的 run()函数、本类的 brake()函数和 display()函数实现小汽车各种功能。第 95 行代码通过对象 car 中的公有成员对象 engine 调用 Engine 类的 show()函数，显示小汽车发动机信息。

由图 4-13 可知，派生类构造函数完成了本类对象、成员对象和基类对象的初始化。创建派生类对象时，先调用基类构造函数，再调用成员对象的构造函数，最后调用派生类的构造函数。在析构时，先调用派生类的析构函数，再调用成员对象的析构函数，最后调用基类的析构函数。

**注意：**

虽然公有派生类的构造函数可以直接访问基类的公有成员变量和保护成员变量，甚至可以在构造函数中对它们进行初始化，但一般不这样做，而是通过调用基类的构造函数对它们进行初始化，再调用基类接口（普通成员函数）访问它们。这样可以降低类之间的耦合性。

## 4.2.2 在派生类中隐藏基类成员函数

有时派生类需要根据自身的特点改写从基类继承的成员函数。例如，交通工具都可以行驶，在交通工具类中可以定义 run()函数，但是，不同的交通工具其行驶方式、速度等会不同，比如小汽车需要燃烧汽油、行驶速度比较快；自行车需要人力脚蹬、行驶速度比较慢。如果定义小汽车类，该类从交通工具类继承了 run()函数，但需要改写 run()函数，使其更贴切地描述小汽车的行驶功能。

在派生类中重新定义基类同名函数，基类同名函数在派生类中被隐藏，通过派生类对象调用同名函数时，调用的是改写后的派生类成员函数，基类同名函数不会被调用。如果想通过派生类对象调用基类的同名函数，需要使用作用域限定符 "::" 指定要调用的函数，或者根据类型兼容规则，通过基类指针调用同名成员函数。

下面通过案例演示在派生类中隐藏基类成员函数的方法，如例 4-5 所示。

例 4-5 overwrite.cpp

```
1  #include<iostream>
2  using namespace std;
3  class Vehicle                      //定义交通工具类 Vehicle
4  {
5  public:
6      void run();                    //交通工具类普通成员函数 run()
7  };
8  void Vehicle::run()                //类外实现 run()函数
9  {
10     cout<<"基类 run()函数: 行驶"<<endl;
11 }
12 class Car :public Vehicle          //定义小汽车类 Car，公有继承交通工具类 Vehicle
13 {
14 public:
15     void run();                    //小汽车类普通成员函数 run()
16 };
17 void Car::run()                    //类外实现 run()函数
18 {
19     cout<<"小汽车需要燃烧汽油,行驶速度快"<<endl;
20 }
21 int main()
22 {
23     Car car;                       //创建小汽车类对象 car
24     car.run();                     //调用派生类的 run()函数
```

```
25      car.Vehicle::run();                    //通过基类名与作用域限定符调用基类run()函数
26      Vehicle* pv=&car;
27      pv->run();                             //基类指针调用基类run()函数
28      return 0;
29  }
```

例4-5运行结果如图4-14所示。

在例4-5中，第3～7行代码定义了交通工具
类Vehicle，该类声明了普通成员函数run()，用于
实现交通工具的行驶功能。第8～11行代码在类
外实现run()函数。第12～16行代码定义了小汽车
类Car公有继承交通工具类Vehicle，该类也定义
了run()函数，对基类的run()函数进行改写。第17～

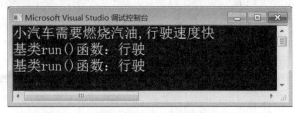

图4-14　例4-5运行结果

20行代码实现Car类的run()函数。第23行代码，在main()函数中创建Car类对象car。第24行代码，通过
对象car调用run()函数，此次调用的是Car类改写后的run()函数。第25行代码，通过作用域限定符"::"调
用基类的run()函数。第26～27行代码，定义Vehicle类指针pv，取对象car的地址为其赋值。通过pv指针
调用run()函数，只能调用Vehicle类的run()函数，无法调用派生类Car改写的run()函数。

由图4-14可知，第24行代码调用的是Car类改写的run()函数，第25行代码和第27行代码调用的是
Vehicle类的run()函数。

需要注意的是，只要是同名函数，无论参数列表和返回值类型是否相同，基类同名函数都会被隐藏。若
基类中有多个重载函数，派生类中有同名函数，则基类中所有同名函数在派生类中都会被隐藏。

# 4.3　多继承

前面提到的继承方式都是单继承，即派生类的基类只有一个。但是在实际开发应用中，一个派生类往往
会有多个基类，派生类从多个基类中获取所需要的属性，这种继承方式称为多继承。例如水鸟，既具有鸟的
特性，能在天空飞翔，又具有鱼的特性，能在水里游泳。本节将针对多继承进行详细讲解。

## 4.3.1　多继承方式

多继承是单继承的扩展，在多继承中，派生类的定义与单继承类似，其语法格式如下所示：

```
class 派生类名:继承方式  基类1名称,继承方式  基类2名称,…,继承方式  基类n名称
{
    新增成员;
};
```

通过多继承，派生类会从多个基类中继承成员。在定义派生类对象时，派生类对象中成员变量的排列规
则是：按照基类的继承顺序，将基类成员依次排列，然后再存放派生类中的新增成员。

多继承的示例代码如下所示：

```
class Base1                                    //基类Base1
{
protected:
    int base1;                                 //成员变量base1
};
class Base2                                    //基类Base2
{
protected:
    int base2;                                 //成员变量base2
};
class Derive:public Base1,public Base2         //Derive类公有继承Base1类和Base2类
{
private:
    int derive;                                //派生类新增成员变量
};
```

在上述代码中，派生类 Derive 公有继承 Base1 类和 Base2 类，如果定义 Derive 类对象，则 Derive 类对象中成员变量的排列方式如图 4-15 所示。

| Base1::base1 |
| Base2::base2 |
| Derive::derive |

图4-15　Derive类对象中成员变量的排列方式

## 4.3.2　多继承派生类的构造函数与析构函数

与单继承中派生类构造函数类似，多继承中派生类的构造函数除了要初始化派生类中新增的成员变量，还要初始化基类的成员变量。在多继承中，由于派生类继承了多个基类，因此派生类构造函数要负责调用多个基类的构造函数。

在多继承中，派生类构造函数的定义格式如下所示：

派生类构造函数名(参数列表):基类1构造函数名(参数列表),基类2构造函数名(参数列表), …
{
　　派生类新增成员的初始化语句
}

在上述格式中，派生类构造函数的参数列表包含了新增成员变量和各个基类成员变量需要的所有参数。定义派生类对象时，构造函数的调用顺序是：首先按照基类继承顺序，依次调用基类构造函数，然后调用派生类构造函数。如果派生类中有成员对象，构造函数的调用顺序是：首先按照继承顺序依次调用基类构造函数，然后调用成员对象的构造函数，最后调用派生类构造函数。

除了构造函数，在派生类中还需要定义析构函数以完成派生类中新增成员的资源释放。析构函数的调用顺序与构造函数的调用顺序相反。如果派生类中没有定义析构函数，编译器会提供一个默认的析构函数。

下面通过案例演示多继承派生类构造函数与析构函数的定义与调用，如例 4-6 所示。

例 4-6　multi-inherit.cpp

```
1   #include<iostream>
2   using namespace std;
3   class Wood                               //木材类 Wood
4   {
5   public:
6       Wood(){cout<<"木材构造函数"<<endl; }
7       ~Wood(){cout<<"木材析构函数"<<endl; }
8   };
9   class Sofa                               //沙发类 Sofa
10  {
11  public:
12      Sofa(){cout<<"沙发构造函数"<<endl; }
13      ~Sofa(){cout<<"沙发析构函数"<<endl; }
14      void sit(){cout<<"Sofa 用来坐..."<<endl; }
15  };
16  class Bed                               //床类 Bed
17  {
18  public:
19      Bed(){cout<<"床的构造函数"<<endl; }
20      ~Bed(){cout<<"床的析构函数"<<endl; }
21      void sleep(){cout<<"Bed 用来睡觉..."<<endl; }
22  };
23  class Sofabed:public Sofa,public Bed     //Sofabed 类, 公有继承 Sofa 类和 Bed 类
24  {
25  public:
26      Sofabed(){cout<<"沙发床构造函数"<<endl; }
```

```
27      ~Sofabed(){cout<<"沙发床析构函数"<<endl; }
28      Wood pearwood;                              //Wood 对象 pearwood
29   };
30   int main()
31   {
32      Sofabed sbed;                               //创建沙发床对象 sbed
33      sbed.sit();                                 //通过 sbed 调用基类 Sofa 的 sit()函数
34      sbed.sleep();                               //通过 sbed 调用基类 Bed 的 sleep()函数
35      return 0;
36   }
```

例 4-6 的运行结果如图 4-16 所示。

在例 4-6 中，第 3~8 行代码定义了木材类 Wood，该类定义了构造函数与析构函数。第 9~15 行代码定义了沙发类 Sofa，该类定义了构造函数、析构函数和普通成员函数 sit()。第 16~22 行代码定义了床类 Bed，该类定义了构造函数、析构函数和普通成员函数 sleep()。第 23~29 行代码定义了沙发床类 Sofabed，该类公有继承 Sofa 类和 Bed 类。Sofabed 类中包含 Wood 类对象 pearwood；此外，Sofabed 类还定义了构造函数与析构函数。第 32 行代码，在 main()函数中创建了 Sofabed 类对象 sbed；第 33 行代码通过对象 sbed 调用基类

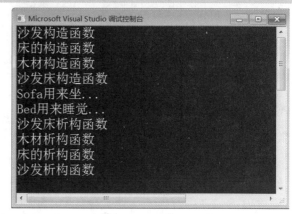

图4-16    例4-6运行结果

Sofa 的 sit()函数；第 34 行代码通过对象 sbed 调用基类 Bed 的 sleep()函数。

由图 4-16 可知，对象 sbed 成功调用了基类的 sit()函数与 sleep()函数。在对象 sbed 创建和析构的过程中，构造函数的调用顺序如下：按照基类的继承顺序，先调用 Sofa 类构造函数，再调用 Bed 类构造函数；调用完基类构造函数之后，调用派生类 Sofabed 中的成员对象（Wood 类）的构造函数，最后调用派生类 Sofabed 的构造函数。在析构时，析构函数的调用顺序与构造函数相反。

### 4.3.3　多继承二义性问题

相比单继承，多继承能够有效地处理一些比较复杂的问题，更好地实现代码复用，提高编程效率，但是多继承增加了程序的复杂度，使程序的编写容易出错，维护变得困难。最常见的就是继承过程中，由于多个基类成员同名而产生的二义性问题。多继承的二义性问题包括两种情况，下面分别进行介绍。

#### 1. 不同基类有同名成员函数

在多继承中，如果多个基类中出现同名成员函数，通过派生类对象访问基类中的同名成员函数时就会出现二义性，导致程序运行错误。下面通过案例演示派生类对象访问基类同名成员函数时产生的二义性问题，如例 4-7 所示。

例 4-7    triangle.cpp

```
1    #include<iostream>
2    using namespace std;
3    class Sofa                                    //沙发类 Sofa
4    {
5    public:
6        void rest(){cout<<"沙发可以坐着休息"<<endl; }
7    };
8    class Bed                                     //床类 Bed
9    {
10   public:
11       void rest(){cout<<"床可以躺着休息"<<endl; }
12   };
13   class Sofabed:public Sofa,public Bed          //Sofabed 类，公有继承 Sofa 类和 Bed 类
14   {
```

```
15  public:
16      void function(){cout<<"沙发床综合了沙发和床的功能"<<endl; }
17  };
18  int main()
19  {
20      Sofabed sbed;                          //创建沙发床对象 sbed
21      sbed.rest();                           //通过 sbed 调用 rest()函数
22      return 0;
23  }
```

运行例 4-7 程序，编译器报错，如图 4-17 所示。

在例 4-7 中，第 3~7 行代码定义了沙发类 Sofa，该类定义了公有成员函数 rest()。第 8~12 行代码定义了床类 Bed，该类也定义了公有成员函数 rest()。第 13~17 行代码定义了沙发床类 Sofabed，该类公有继承 Sofa 类和 Bed 类。第 20 行代码，在 main()函数中创建 Sofabed 类对象 sbed。第 21 行代码通过对象 sbed 调用基类的 rest()函数，由于基类 Sofa 和基类 Bed 中都定义了 rest()函数，因此对象 sbed 调用 rest()函数时会产生二义性。由图 4-17 可知，程序错误原因是 rest()函数调用不明确。

在例 4-7 中，Sofabed 类与 Sofa 类、Bed 类的继承关系如图 4-18 所示。

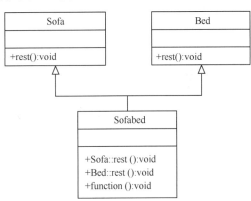

图4-17  例4-7编译器报错　　　　　图4-18  Sofabed类与Sofa类、Bed类的继承关系

由图 4-18 可知，在派生类 Sofabed 中有两个 rest()函数，因此在调用时产生了歧义。多继承的这种二义性可以通过作用域限定符 "::" 指定调用的是哪个基类的函数，可以将例 4-7 中第 21 行代码替换为如下两行代码：

```
sbed.Sofa::rest();                         //调用基类 Sofa 的 rest()函数
sbed.Bed::rest();                          //调用基类 Bed 的 rest()函数
```

通过上述方式明确了所调用的函数，即可消除二义性。这需要程序设计者了解类的继承层次结构，相应增加了开发难度。

**2. 间接基类成员变量在派生类中有多份拷贝**

在多继承中，派生类有多个基类，这些基类可能由同一个基类派生。例如，派生类 Derive 继承自 Base1 类和 Base2 类，而 Base1 类和 Base2 类又继承自 Base 类。在这种继承方式中，间接基类的成员变量在底层的派生类中会存在多份拷贝，通过底层派生类对象访问间接基类的成员变量时，会出现访问二义性。

下面通过案例演示多重继承中成员变量产生的访问二义性问题，如例 4-8 所示。

例4-8  diamond.cpp

```
1  #include<iostream>
2  using namespace std;
3  class Furniture                            //家具类 Furniture
4  {
5  public:
6      Furniture(string wood);                //Furniture 类构造函数
7  protected:
8      string _wood;                          //成员变量_wood，表示材质
```

```
 9  };
10  Furniture::Furniture(string wood)                    //类外实现构造函数
11  {
12      _wood=wood;
13  }
14  class Sofa:public Furniture                          //沙发类Sofa，公有继承Furniture类
15  {
16  public:
17      Sofa(float length,string wood);                  //Sofa类构造函数
18  protected:
19      float _length;                                   //成员变量_length，表示沙发长度
20  };
21  //类外实现Sofa类构造函数
22  Sofa::Sofa(float length,string wood):Furniture(wood)
23  {
24      _length=length;
25  };
26  class Bed:public Furniture                           //床类Bed，公有继承Furniture类
27  {
28  public:
29      Bed(float width, string wood);                   //Bed类构造函数
30  protected:
31      float _width;                                    //成员变量_width，表示床的宽度
32  };
33  //类外实现Bed类构造函数
34  Bed::Bed(float width, string wood):Furniture(wood)
35  {
36      _width=width;
37  }
38  class Sofabed:public Sofa,public Bed                 //Sofabed类，公有继承Sofa类和Bed类
39  {
40  public:
41      //构造函数
42      Sofabed(float length,string wood1, float width,string wood2);
43      void getSize();                                  //成员函数getSize()，获取沙发床大小
44  };
45  //类外实现Sofabed类构造函数
46  Sofabed::Sofabed(float length, string wood1, float width, string wood2):
47      Sofa(length,wood1),Bed(width,wood2)
48  {
49  }
50  void Sofabed::getSize()                              //类外实现getSize()函数
51  {
52      cout<<"沙发床长"<<_length<<"米"<<endl;
53      cout<<"沙发床宽"<<_width<<"米"<<endl;
54      cout<<"沙发床材质为"<< _wood<<endl;
55  }
56  int main()
57  {
58      Sofabed sbed(1.8,"梨木",1.5,"檀木");             //创建Sofabed类对象sbed
59      sbed.getSize();                                  //调用getSize()函数获取沙发床信息
60      return 0;
61  }
```

运行例4-8，编译器报错，如图4-19所示。

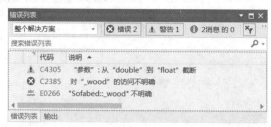

图4-19    例4-8编译器报错

在例 4-8 中，第 3～9 行代码定义了家具类 Furniture，该类定义了保护成员变量_wood，表示家具材质，还定义了构造函数。第 10～13 行代码在 Furniture 类外实现构造函数。第 14～20 行代码定义了沙发类 Sofa 公有继承 Furniture 类，Sofa 类定义了保护成员变量_length，表示沙发长度。此外，Sofa 类还定义了构造函数。第 22～25 行代码在 Sofa 类外实现构造函数。第 26～32 行代码定义了床类 Bed 公有继承 Furniture 类，Bed 类定义了保护成员变量_width，表示床的宽度；此外，Bed 还定义了构造函数。第 34～37 行代码在 Bed 类外实现构造函数。第 38～44 行代码定义了沙发床类 Sofabed，该类公有继承 Sofa 类和 Bed 类。Sofabed 类、Sofa 类、Bed 类和 Furniture 类之间的继承关系如图 4-20 所示。

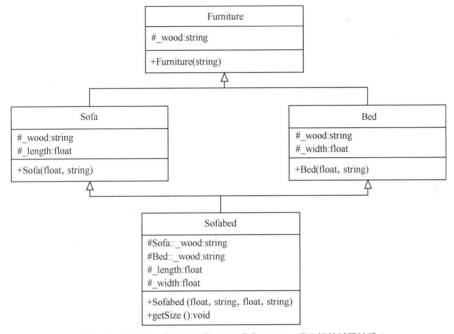

图4-20　Sofabed类、Sofa类、Bed类和Furniture类之间的继承关系

由图 4-20 可知，基类 Furniture 的成员变量_wood 在 Sofabed 类中有两份拷贝，分别通过继承 Sofa 类和 Bed 类获得。创建 Sofabed 类对象时，两份拷贝都获得数据。

在例 4-8 中，第 58～59 行代码，创建 Sofabed 类对象 sbed，并通过对象 sbed 调用 getSize()函数获取沙发床信息。在 getSize()函数中，第 54 行代码通过 cout 输出_wood 成员值，由于 sbed 对象中有两个_wood 成员值，在访问时出现了二义性，因此编译器报错。

为了避免访问_wood 成员产生的二义性，必须通过作用域限定符 "::" 指定访问的是哪个基类的_wood 成员。可以将例 4-8 中的第 54 行代码替换为如下两行代码：

```
cout<<"沙发床材质为"<<Sofa::_wood<<endl;
cout<<"沙发床材质为"<<Bed::_wood<<endl;
```

## 4.4　虚继承

在程序设计过程中，通常希望间接基类的成员变量在底层派生类中只有一份拷贝，从而避免成员访问的二义性。通过虚继承可以达到这样的目的，虚继承就是在派生类继承基类时，在权限控制符前加上 virtual 关键字，其格式如下所示：

```
class 派生类名：virtual 权限控制符 基类名
{
    派生类成员
};
```

在上述格式中，在权限控制符前面添加了 virtual 关键字，就表明派生类虚继承了基类。被虚继承的基类通常称为虚基类，虚基类只是针对虚继承，而不是针对基类本身。在普通继承中，该基类并不称为虚基类。

下面通过修改例4-8的代码，让Sofa类和Bed类虚继承 Furniture 类，演示虚继承的作用，如例4-9所示。

例 4-9    virtualInherit.cpp

```cpp
1   #include<iostream>
2   using namespace std;
3   class Furniture                             //家具类 Furniture
4   {
5   public:
6       Furniture(string wood);                 //Furniture 类构造函数
7    protected:
8       string _wood;                           //成员变量_wood，表示材质
9   };
10  Furniture::Furniture(string wood)           //类外实现构造函数
11  {
12      _wood=wood;
13  }
14  class Sofa:virtual public Furniture         //沙发类 Sofa，虚继承 Furniture 类
15  {
16  public:
17      Sofa(float length,string wood);         //Sofa 类构造函数
18  protected:
19      float _length;                          //成员变量_length，表示沙发长度
20  };
21  //类外实现 Sofa 类构造函数
22  Sofa::Sofa(float length,string wood):Furniture(wood)
23  {
24      _length=length;
25  };
26  class Bed:virtual public Furniture          //床类 Bed，虚继承 Furniture 类
27  {
28  public:
29      Bed(float width, string wood);          //Bed 类构造函数
30  protected:
31      float _width;                           //成员变量_width，表示床的宽度
32  };
33  //类外实现 Bed 类构造函数
34  Bed::Bed(float width, string wood):Furniture(wood)
35  {
36      _width=width;
37  }
38  class Sofabed:public Sofa,public Bed        //Sofabed 类，公有继承 Sofa 类和 Bed 类
39  {
40  public:
41      //构造函数
42      Sofabed(float length,string wood1, float width,string wood2);
43      void getSize();                         //成员函数 getSize()，获取沙发床大小
44  };
45  //类外实现 Sofabed 类构造函数
46  Sofabed::Sofabed(float length, string wood1, float width, string wood2):
47      Sofa(length,wood1),Bed(width,wood2),Furniture(wood1)
48  {
49  }
50  void Sofabed::getSize()                     //类外实现 getSize()函数
51  {
52      cout<<"沙发床长"<<_length<<"米"<<endl;
53      cout<<"沙发床宽"<<_width<<"米"<<endl;
54      cout<<"沙发床材质为"<<_wood<<endl;
55  }
56  int main()
57  {
58      Sofabed sbed(1.8,"梨木",1.5,"檀木");        //创建 Sofabed 类对象 sbed
59      sbed.getSize();                         //调用 getSize()函数获取沙发床大小
```

```
60     return 0;
61 }
```

例 4-9 的运行结果如图 4-21 所示。

在例 4-9 中，第 14～20 行代码定义了沙发类 Sofa，Sofa 类虚继承 Furniture 类。第 26～32 行代码定义床类 Bed，Bed 类虚继承 Furniture 类。第 38～44 行代码定义沙发床类 Sofabed，Sofabed 公有继承 Sofa 类和 Bed 类。第 58～59 行代码，创建 Sofabed 类对象 sbed，并通过对象 sbed 调用 getSize() 函数获取沙发床大小。由图 4-21 可知，程序成功显示了沙发床信息。

在 Sofabed 类的 getSize() 函数中，第 54 行代码直接访问了 _wood 成员，但编译器并没有报错。这是因为在对象 sbed 中只有一个 _wood 成员数据。

在虚继承中，每个虚继承的派生类都会增加一个虚基类指针 vbptr，该指针位于派生类对象的顶部。vbptr 指针指向一个虚基类表 vbtable（不占对象内存），虚基类表中记录了基类成员变量相对于 vbptr 指针的偏移量，根据偏移量就可以找到基类成员变量。当虚基类的派生类被当作基类继承时，虚基类指针 vbptr 也会被继承，因此底层派生类对象中成员变量的排列方式与普通继承有所不同。例如，在例 4-9 中，对象 sbed 的逻辑存储如图 4-22 所示。

图4-21　例4-9运行结果

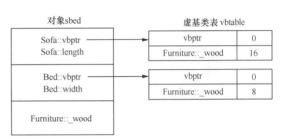

图4-22　对象sbed的逻辑存储

在图 4-22 中，对象 sbed 顶部是基类 Sofa 的虚基类指针和成员变量；紧接着是基类 Bed 的虚基类指针和成员变量。间接基类 Furniture 的成员变量在对象 sbed 中只有一份拷贝，放在最下面。Sofa 类的虚基类指针 Sofa::vbptr 指向了 Sofa 类的虚基类表，该虚基类表中记录了 _wood 与 Sofa::vbptr 的距离，为 16 字节；同样，Bed 类虚基类表记录了 _wood 与 Bed::vbptr 的距离，为 8 字节。通过偏移量就可以快速找到基类的成员变量。

另外，需要注意的是，在虚继承中，底层派生类的构造函数不仅负责调用直接基类的构造函数，还负责调用间接基类的构造函数。在整个对象的创建过程中，间接基类的构造函数只会调用一次。

# 4.5　本章小结

本章讲解了继承与派生的相关知识，首先讲解了继承，包括继承的概念、方式和类型兼容；其次讲解了派生类，包括派生类构造函数与析构函数、在派生类中隐藏基类的成员函数；然后讲解了多继承，包括多继承方式、多继承派生类的构造函数与析构函数、多继承二义性问题；最后讲解了虚继承。通过本章的学习，读者已经掌握了面向对象的封装与继承特性，为后面学习多态打下了坚实基础。

# 4.6　本章习题

**一、填空题**

1. 在继承关系中，派生类上一层的基类称为_____，隔层次的基类称为_____。

2. 在私有继承中，基类的公有成员在派生类中是_____成员。

3. 在创建派生类对象时，构造函数的调用顺序是：先调用_____构造函数，再调用_____构造函数。

4. 在多继承中，通过_____可以使间接基类的成员变量在底层派生类中只有一份拷贝。

5. 在继承中，基类的_____和_____不能被继承。

**二、判断题**

1. 派生类可以有选择性地继承基类的部分成员。　　　　　　　　　　　　　　　（　　）

2. 继承关系只能单继承，即一个派生类只能继承自一个基类。　　　　　　　　　（　　）

3. 在继承关系中，可以使用公有派生类对象为基类引用赋值。　　　　　　　　　（　　）

4. 在虚继承中，派生类对象中都会增加一个隐藏的虚基类指针。　　　　　　　　（　　）

5. 在继承关系中，如果基类与派生类有同名成员函数，则使用派生类对象调用同名成员函数时，调用的是派生类成员函数。　　　　　　　　　　　　　　　　　　　　　　　　　（　　）

**三、选择题**

1. 关于类的继承，下列说法中错误的是（　　　　）。

　　A. 派生类会继承基类的所有成员，包括构造函数与析构函数

　　B. 一个派生类可以继承自多个基类

　　C. 派生类可以增加新的成员

　　D. 一个基类可以有多个派生类

2. 关于类型兼容，下列说法中正确的是（　　　　）（多选）。

　　A. 可以使用公有派生类对象指针为基类指针赋值

　　B. 当函数参数为基类对象时，可以使用公有派生类对象作为实参

　　C. 如果基类指针指向派生类对象，则通过基类指针可以调用派生类成员函数

　　D. 一个派生类指针也可以指向基类对象

3. 关于多继承，下列说法中正确的是（　　　　）。

　　A. 一个派生类同时继承多个基类　　　　　　B. 多个派生类同时继承一个基类

　　C. 基类本身又是一个更高一级基类的派生类　D. 派生类本身又是更低一级派生类的基类

4. 关于多继承二义性，下列说法中错误的是（　　　　）。

　　A. 一个派生类的两个基类有同名成员变量，在派生类中访问该成员变量可能出现二义性

　　B. 解决二义性的最常见的方法是对成员进行类属限定

　　C. 基类和派生类中同时出现同名函数，也存在二义性问题

　　D. 一个派生类是从两个基类派生来的，而这两个基类又有一个共同的基类，对该基类成员进行访问时，也可能出现二义性

5. 关于虚基类的声明，下列选项中正确的是（　　　　）。

　　A. class virtual B: public A　　　　　　　　B. class B: virtual public A

　　C. class B: public A virtual　　　　　　　　D. virtual class B: public A

**四、简答题**

1. 简述一下在继承中，基类中不同访问权限的成员在派生类中有什么变化。

2. 简述一下虚继承的原理。

**五、编程题**

老师的职责是教学，学生的职责是学习，而研究生兼具老师和学生的职责，既要学习，又要帮助老师管理、教育学生。请编写一个程序，实现以下功能需求：

（1）设计一个老师类 Teacher，描述老师的信息（姓名、年龄）和职责（教学）。

（2）设计一个学生类 Student，描述学生的信息（姓名、学号）和职责（学习）。

（3）设计一个研究生类 Graduate，描述研究生的信息（姓名、年龄、学号）和职责（教学、学习）。

# 第 5 章

# 多态与虚函数

★ 了解多态的概念与实现条件

★ 掌握虚函数的定义

★ 掌握虚函数实现多态的机制

★ 掌握虚析构函数的定义与调用

★ 掌握纯虚函数与抽象类的应用

通过前面的学习，读者已经掌握了面向对象中的封装和继承的特征。本章将针对面向对象三大特征的最后一个特征——多态进行详细讲解。

## 5.1 多态概述

C++中的多态分为静态多态和动态多态。静态多态是函数重载，在编译阶段就能确定调用哪个函数。动态多态是由继承产生的，指同一个属性或行为在基类及其各派生类中具有不同的语义，不同的对象根据所接收的消息做出不同的响应，这种现象称为动态多态。例如，动物都能发出叫声，但不同的动物叫声不同，猫会"喵喵"、狗会"汪汪"，这就是多态的体现。面向对象程序设计中所说的多态通常指的是动态多态。

在 C++中，"消息"就是对类的成员函数的调用，不同的行为代表函数的不同实现方式，因此，多态的本质是函数的多种实现形态。

多态的实现需要满足 3 个条件。

（1）基类声明虚函数。

（2）派生类重写基类的虚函数。

（3）将基类指针指向派生类对象，通过基类指针访问虚函数。

## 5.2 虚函数实现多态

如果基类与派生类中有同名成员函数，根据类型兼容规则，当使用基类指针或基类引用操作派生类对象时，只能调用基类的同名函数。如果想要使用基类指针或基类引用调用派生类中的成员函数，就需要虚函数解决，虚函数是实现多态的基础。本节将针对虚函数实现多态进行详细讲解。

### 5.2.1 虚函数

虚函数的声明方式是在成员函数的返回值类型前添加 virtual 关键字，格式如下所示：

```
class 类名
{
权限控制符:
    virtual 函数返回值类型 函数名（参数列表）；
    … //其他成员
};
```

声明虚函数时，有以下3点需要注意。

（1）构造函数不能声明为虚函数，但析构函数可以声明为虚函数。

（2）虚函数不能是静态成员函数。

（3）友元函数不能声明为虚函数，但虚函数可以作为另一个类的友元函数。

虚函数只能是类的成员函数，不能将类外的普通函数声明为虚函数，即 virtual 关键字只能修饰类中的成员函数，不能修饰类外的普通函数。因为虚函数的作用是让派生类对虚函数重新定义，它只能存在于类的继承层次结构中。

若类中声明了虚函数，并且派生类重新定义了虚函数，当使用基类指针或基类引用操作派生类对象调用函数时，系统会自动调用派生类中的虚函数代替基类虚函数。

下面通过案例演示虚函数实现多态的机制，如例5-1所示。

例5-1 polymorphic.cpp

```
1   #include<iostream>
2   using namespace std;
3   class Animal                    //动物类 Animal
4   {
5   public:
6       virtual void speak();       //声明虚函数 speak()
7   };
8   void Animal::speak()            //类外实现虚函数
9   {
10      cout<<"动物叫声"<<endl;
11  }
12  class Cat:public Animal         //猫类 Cat，公有继承 Animal 类
13  {
14  public:
15      virtual void speak();       //声明虚函数 speak()
16  };
17  void Cat::speak()               //类外实现虚函数
18  {
19      cout<<"猫的叫声：喵喵"<<endl;
20  }
21  class Dog:public Animal         //狗类 Dog，公有继承 Animal 类
22  {
23  public:
24      virtual void speak();       //声明虚函数 speak()
25  };
26  void Dog::speak()               //类外实现虚函数
27  {
28      cout<<"狗的叫声：汪汪"<<endl;
29  }
30  int main()
31  {
32      Cat cat;                    //创建 Cat 类对象 cat
33      Animal *pA=&cat;            //定义 Animal 类指针 pA 指向对象 cat
34      pA->speak();                //通过 pA 调用 speak()函数
35      Dog dog;                    //创建 Dog 类对象 dog
36      Animal *pB=&dog;            //定义 Animal 类指针 pB 指向对象 dog
37      pB->speak();                //通过 pB 调用 speak()函数
```

```
38    return 0;
39 }
```

例 5-1 运行结果如图 5-1 所示。

在例 5-1 中，第 3~7 行代码定义了动物类 Animal，该类声明了虚函数 speak()。第 8~11 行代码在类外实现虚函数 speak()。需要注意的是，在类外实现虚函数时，返回值类型前不能添加 virtual 关键字。

图5-1　例5-1运行结果

第 12~16 行代码定义了猫类 Cat，公有继承 Animal。Cat 类也声明了虚函数 speak()。第 21~25 行代码定义了狗类 Dog，公有继承 Animal 类，Dog 类也声明了虚函数 speak()。

第 32~34 行代码，在 main() 函数中创建 Cat 类对象 cat，定义 Animal 类指针 pA 指向对象 cat，然后通过 pA 调用 speak() 函数。第 35~37 行代码创建 Dog 类对象 dog，定义 Animal 类指针 pB 指向对象 dog，然后通过 pB 调用 speak() 函数。

由图 5-1 可知，pA 指针调用的是 Cat 类的 speak() 函数，输出了猫的叫声；pB 调用的是 Dog 类的 speak() 函数，输出了狗的叫声。基类指针调用的永远都是派生类重写的虚函数，不同的派生类对象都有自己的表现形态。

需要注意的是，派生类对基类虚函数重写时，必须与基类中虚函数的原型完全一致，派生类中重写的虚函数前是否添加 virtual，均被视为虚函数。

## 多学一招：override和final（C++11新标准）

override 和 final 关键字是 C++ 11 新标准提供的两个关键字，在类的继承中有着广泛应用，下面对这两个关键字进行简单介绍。

### 1. override

override 关键字的作用是检查派生类中函数是否在重写基类虚函数，如果不是重写基类虚函数，编译器就会报错。示例代码如下：

```
class Base                     //基类 Base
{
public:
    virtual void func();
    void show();
};
class Derive:public Base       //派生类 Derive，公有继承 Base 类
{
public:
    void func() override;      //可通过编译
    void show() override;      //不能通过编译
};
```

在上述代码中，派生类 Derive 中 func() 函数后面添加 override 关键字可以通过编译，而 show() 函数后面添加 override 关键字，编译器会报错，这是因为 show() 函数并不是重写基类虚函数。

利用 override 关键字可以判断派生类是否准确地对基类虚函数进行重写，防止出现因书写错误而导致的基类虚函数重写失败。另外，在实际开发中，C++中的虚函数大多跨层继承，直接基类没有声明虚函数，但很可能会从"祖先"基类间接继承。如果类的继承层次较多或者类的定义比较复杂，那么在定义派生类时就会出现信息分散、难以阅读的问题，重写基类虚函数时，往往难以确定重写是否正确。此时，可以通过 override 关键字进行检查。

### 2. final

final 关键字有两种用法：修饰类、修饰虚函数。当使用 final 关键字修饰类时，表示该类不可以被继承。示例代码如下：

```
class Base final                //final 修饰类，Base 类不能被继承
{
```

```
public:
    //...
};
class Derive :public Base                    //编译错误
{
public:
    //...
};
```

在上述代码中，Base 类被 final 关键字修饰，就不能作为基类派生新类，因此当 Derive 类继承 Base 类时，编译器会报错。

除了修饰类，final 关键字还可以修饰虚函数，当使用 final 关键字修饰虚函数时，虚函数不能在派生类中重写。示例代码如下：

```
class Base
{
public:
    virtual void func() final;
};
class Derive:public Base
{
public:
    void func();                             //不能通过编译
};
```

在上述代码中，Derive 类公有继承 Base 类，在 Derive 类中重写基类被 final 修饰的虚函数 func()时，编译器会报"无法重写'final'函数 Base::func()"的错误。

## 5.2.2　虚函数实现多态的机制

在编写程序时，我们需要根据函数名、函数返回值类型、函数参数等信息正确调用函数，这个匹配过程通常称为绑定。C++提供了两种函数绑定机制：静态绑定和动态绑定。静态绑定也称为静态联编、早绑定，它是指编译器在编译时期就能确定要调用的函数。动态绑定也称为动态联编、迟绑定，它是指编译器在运行时期才能确定要调用的函数。

虚函数就是通过动态绑定实现多态的，当编译器在编译过程中遇到 virtual 关键字时，它不会对函数调用进行绑定，而是为包含虚函数的类建立一张虚函数表 Vtable。在虚函数表中，编译器按照虚函数的声明顺序依次保存虚函数地址。同时，编译器会在类中添加一个隐藏的虚函数指针 VPTR，指向虚函数表。在创建对象时，将虚函数指针 VPTR 放置在对象的起始位置，为其分配空间，并调用构造函数将其初始化为虚函数表地址。需要注意的是，虚函数表不占用对象空间。

派生类继承基类时，也继承了基类的虚函数指针。当创建派生类对象时，派生类对象中的虚函数指针指向自己的虚函数表。在派生类的虚函数表中，派生类虚函数会覆盖基类的同名虚函数。当通过基类指针或基类引用操作派生类对象时，以操作的对象内存为准，从对象中获取虚函数指针，通过虚函数指针找到虚函数表，调用对应的虚函数。

下面结合代码分析虚函数实现多态的机制，示例代码如下：

```
class Base1                                  //定义基类 Base1
{
public:
    virtual void func();                     //声明虚函数 func()
    virtual void base1();                    //声明虚函数 base1()
    virtual void show1();                    //声明虚函数 show1()
};
class Base2                                  //定义基类 Base2
{
public:
    virtual void func();                     //声明虚函数 func()
    virtual void base2();                    //声明虚函数 base2()
    virtual void show2();                    //声明虚函数 show2()
};
```

```
//定义 Derive 类，公有继承 Base1 和 Base2
class Derive :public Base1, public Base2
{
public:
    virtual void func();                    //声明虚函数 func()
    virtual void base1();                   //声明虚函数 base1()
    virtual void show2();                   //声明虚函数 show2()
};
```

在上述代码中，基类 Base1 有 func()、base1()和 show1()三个虚函数；基类 Base2 有 func()、base2()和 show2()三个虚函数；派生类 Derive 公有继承 Base1 和 Base2，Derive 类声明了 func()、base1()和 show2()三个虚函数。Derive 类与 Base1 类和 Base2 类的继承关系如图 5-2 所示。

在编译时，编译器发现 Base1 类与 Base2 类有虚函数，就为两个类创建各自的虚函数表，并在两个类中添加虚函数指针。如果创建 Base1 类对象（如 base1）和 Base2 类对象（如 base2），则对象中的虚函数指针会被初始化为虚函数表的地址，即虚函数指针指向虚函数表。对象 base1 与对象 base2 的内存逻辑示意图如图 5-3 所示。

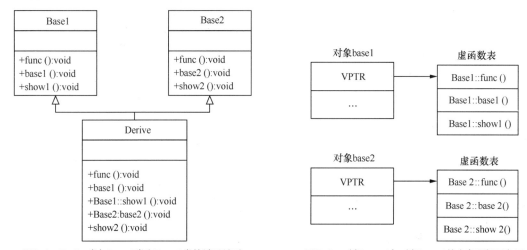

图5-2　Derive类与Base1类和Base2类的继承关系　　　图5-3　对象base1与对象base2的内存逻辑示意图

Derive 类继承自 Base1 类与 Base2 类，也会继承两个基类的虚函数指针。Derive 类的虚函数 func()、base1()和 show2()会覆盖基类的同名虚函数。如果创建 Derive 类对象（如 derive），则对象 derive 的内存逻辑示意图如图 5-4 所示。

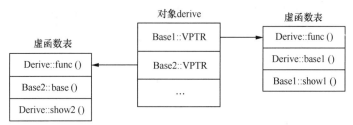

图5-4　对象derive的内存逻辑示意图

通过基类 Base1、基类 Base2 的指针或引用操作 Derive 类对象，在程序运行时，编译器从 Derive 类对象内存中获取虚函数指针，通过指针找到虚函数表，调用相应的虚函数。不同的类，其函数实现都不一样，在调用时就实现了多态。

## 5.2.3　虚析构函数

在 C++中不能声明虚构造函数，因为构造函数执行时，对象还没有创建，不能按照虚函数方式调用。

但是，在 C++中可以声明虚析构函数，虚析构函数的声明是在"～"符号前添加 virtual 关键字，格式如下所示：

```
virtual ~析构函数();
```

在基类中声明虚析构函数之后，基类的所有派生类的析构函数都自动成为虚析构函数。

在基类声明虚析构函数之后，使用基类指针或引用操作派生类对象，在析构派生类对象时，编译器会先调用派生类的析构函数释放派生类对象资源，然后再调用基类析构函数。如果基类没有声明虚析构函数，在析构派生类对象时，编译器只会调用基类析构函数，不会调用派生类析构函数，导致派生类对象申请的资源不能正确释放。

下面通过案例演示虚析构函数的定义与调用，如例 5-2 所示。

例 5-2　vdestructor.cpp

```
1   #include<iostream>
2   using namespace std;
3   class Base                              //基类 Base
4   {
5   public:
6       virtual ~Base();                    //虚析构函数
7   };
8   Base::~Base()
9   {
10      cout<<"Base 类析构函数"<<endl;
11  }
12  class Derive:public Base                //派生类 Derive，公有继承 Base 类
13  {
14  public:
15      ~Derive();                          //虚析构函数
16  };
17  Derive::~Derive()
18  {
19      cout<<"Derive 类析构函数"<<endl;
20  }
21  int main()
22  {
23      Base *pb=new Derive;                //基类指针指向派生类对象
24      delete pb;                          //释放基类指针
25      return 0;
26  }
```

例 5-2 运行结果如图 5-5 所示。

图5-5　例5-2运行结果

在例 5-2 中，第 3～7 行代码定义了 Base 类，该类声明了虚析构函数。第 12～16 行代码定义 Derive 类公有继承 Base 类。Derive 类中定义了析构函数，虽然析构函数前面没有添加关键字 virtual，但它仍然是虚析构函数。第 23～24 行代码，定义了 Base 类指针 pb 指向一个 Derive 类对象，然后使用 delete 运算符释放 pb 指向的空间。

由图 5-5 可知，程序先调用了 Derive 类析构函数，然后又调用了 Base 类析构函数。

虚析构函数的定义与用法很简单，但在 C++程序中却是非常重要的一个编程技巧。在编写 C++程序时，最好把基类的析构函数声明为虚析构函数，即使基类不需要析构函数，也要显式定义一个函数体为空的虚析构函数，这样所有派生类的析构函数都会自动成为虚析构函数。如果程序中通过基类指针释放派生类对象，编译器能够调用派生类的析构函数完成派生类对象的释放。

## 5.3 纯虚函数和抽象类

有时候在基类中声明函数并不是基类本身的需要，而是考虑到派生类的需求，在基类中声明一个函数，函数的具体实现由派生类根据本类的需求定义。例如，动物都有叫声，但不同的动物叫声不同，因此基类（动物类）并不需要实现描述动物叫声的函数，只需要声明即可，函数的具体实现在各派生类中完成。在基类中，这样的函数可以声明为纯虚函数。

纯虚函数也通过 virtual 关键字声明，但是纯虚函数没有函数体。纯虚函数在声明时，需要在后面加上"=0"，格式如下所示：

```
virtual 函数返回值类型 函数名（参数列表） = 0;
```

上述格式中，纯虚函数后面"=0"并不是函数的返回值为 0，它只是告诉编译器这是一个纯虚函数，在派生类中会完成具体的实现。

纯虚函数的作用是在基类中为派生类保留一个接口，方便派生类根据需要完成定义，实现多态。派生类都应该实现基类的纯虚函数，如果派生类没有实现基类的纯虚函数，则该函数在派生类中仍然是纯虚函数。

如果一个类中包含纯虚函数，这样的类称为抽象类。抽象类的作用主要是通过它为一个类群建立一个公共接口（纯虚函数），使它们能够更有效地发挥多态性。抽象类声明了公共接口，而接口的完整实现由派生类定义。

抽象类只能作为基类派生新类，不能创建抽象类的对象，但可以定义抽象类的指针或引用，通过指针或引用操作派生类对象。抽象类可以有多个纯虚函数，如果派生类需要实例化对象，则在派生类中需要全部实现基类的纯虚函数。如果派生类没有全部实现基类的纯虚函数，未实现的纯虚函数在派生类中仍然是纯虚函数，则派生类也是抽象类。

下面通过案例演示纯虚函数和抽象类的应用，如例 5–3 所示。

例 5-3    abstract.cpp

```
1  #include<iostream>
2  using namespace std;
3  class Animal                        //动物类 Animal
4  {
5  public:
6      virtual void speak()=0;         //纯虚函数 speak()
7      virtual void eat()=0;           //纯虚函数 eat()
8      virtual ~Animal();              //虚析构函数
9  };
10 Animal::~Animal()
11 {
12     cout<<"调用 Animal 析构函数"<<endl;
13 }
14 class Cat:public Animal             //猫类 Cat，公有继承 Animal 类
15 {
16 public:
17     void speak();                   //声明 speak()函数
18     void eat();                     //声明 eat()函数
19     ~Cat();                         //声明析构函数
20 };
21 void Cat::speak()                   //实现 speak()函数
22 {
23     cout<<"小猫喵喵叫"<<endl;
24 }
25 void Cat::eat()                     //实现 eat()函数
26 {
27     cout<<"小猫吃鱼"<<endl;
28 }
29 Cat::~Cat()                         //实现析构函数
30 {
```

```
31        cout<<"调用 Cat 析构函数"<<endl;
32 }
33 class Rabbit:public Animal              //兔子类 Rabbit，公有继承 Animal 类
34 {
35 public:
36      void speak();                       //声明 speak()函数
37      void eat();                         //声明 eat()函数
38      ~Rabbit();                          //声明析构函数
39 };
40 void Rabbit::speak()                     //实现 speak()函数
41 {
42        cout<<"小兔子咕咕叫"<<endl;
43 }
44 void Rabbit::eat()                       //实现 eat()函数
45 {
46        cout<<"小兔子吃白菜"<<endl;
47 }
48 Rabbit::~Rabbit()                        //实现析构函数
49 {
50        cout<<"调用 Rabbit 析构函数"<<endl;
51 }
52 int main()
53 {
54      Animal* pC=new Cat;                 //定义基类指针 pC 指向 Cat 类对象
55      pC->speak();                        //通过 pC 指针调用 Cat 类的 speak()函数
56      pC->eat();                          //通过 pC 指针调用 Cat 类的 eat()函数
57      delete pC;                          //释放 pC 指针指向的空间
58      Animal* pR=new Rabbit;              //定义基类指针 pR 指向 Rabbit 类对象
59      pR->speak();                        //通过 pR 指针调用 Rabbit 类的 speak()函数
60      pR->eat();                          //通过 pR 指针调用 Rabbit 类的 eat()函数
61      delete pR;                          //释放 pR 指针指向的空间
62      return 0;
63 }
```

例 5-3 运行结果如图 5-6 所示。

在例 5-3 中，第 3 ~ 9 行代码定义了动物类 Animal，该类提供了 speak()和 eat()两个纯虚函数。第 14 ~ 20 行代码定义了猫类 Cat 公有继承 Animal 类，Cat 类实现了 Animal 类的全部纯虚函数。第 33 ~ 39 行代码定义了兔子类 Rabbit 公有继承 Animal 类，Rabbit 类实现了 Animal 类的全部纯虚函数。第 54 ~ 57 行代码，在 main()函数中定义了 Animal 类指针 pC 指向一个 Cat 类对象，并通过 pC 指针调用 speak()函数和 eat()函数，之后使用 delete 运算符释放 pC 指针指向的空间。第 58 ~ 61 行代码，定义 Animal 类指针 pR 指向一个 Rabbit 类对象，并通过 pR 指针调用 speak()函数和 eat()函数，之后使用 delete 运算符释放 pR 指针指向的空间。

图5-6　例5-3运行结果

由图 5-6 可知，Cat 类和 Rabbit 类对象创建成功，并且通过基类指针 pC 和 pR 成功调用了各派生类的函数，实现了多态。在释放指针指向的空间时，先调用了派生类的析构函数，后调用了基类析构函数。

在例 5-3 中，Animal 类是抽象类，如果创建 Animal 类对象，编译器会报错，例如在 main()函数中添加如下代码：

```
Animal animal;
```

再次运行例 5-3 的程序，编译器会报错，如图 5-7 所示。

如果 Animal 类的某个派生类没有全部实现纯虚函数，则派生类也是抽象类，不能创建该派生类的对象。

图5-7　不能创建Animal类对象

# 【阶段案例】停车场管理系统

## 一、案例描述

停车场管理系统是模拟停车场进行车辆管理的系统，该系统分为汽车信息、普通用户和管理员用户三个模块。各个模块的具体功能如下所示。

### 1. 汽车信息模块

（1）添加汽车信息：添加汽车属性信息。

（2）删除汽车信息：输入停车场中存在的车牌号，删除汽车信息。

（3）查找汽车信息：输入停车场中存在的车牌号，显示汽车详细信息。

（4）修改汽车信息：输入停车场中存在的车牌号，修改汽车属性信息。

（5）停车时长统计：显示汽车在停车场中停留的时间。

（6）停车场信息显示：显示停车场所有汽车的属性信息。

（7）汽车信息保存：将汽车信息保存到本地文件中。

### 2. 普通用户模块

（1）显示汽车信息：查看汽车信息和停车费信息。

（2）查询汽车信息：查询汽车详细信息。

（3）停车时间统计：查看汽车停留时间。

（4）退出普通用户登录：返回主菜单。

### 3. 管理员用户模块

（1）添加汽车信息：添加新的汽车信息。

（2）显示汽车信息：显示所有汽车信息。

（3）查询汽车信息：通过车牌号查询汽车信息。

（4）修改汽车信息：修改汽车属性信息。

（5）删除汽车信息：删除指定车牌号的汽车信息。

（6）汽车信息统计：显示停车场中所有汽车停留时长。

（7）退出管理员用户登录：返回主菜单。

## 二、案例分析

通过停车场管理系统案例描述可知，停车场管理系统需要展现一个菜单界面，用户可以根据选项进入普通用户和管理员用户界面，普通用户只能查看汽车信息，只有管理员用户才能添加、修改、删除汽车的信息。普通用户和管理员用户具备返回主菜单的功能。下面根据模块的功能为每个模块设计类。

### 1. 汽车信息管理类设计

根据案例描述，针对汽车信息模块可以设计一个类 Car，汽车属性设计为成员变量，汽车信息模块的功能设计为成员函数。Car 类的详细设计如图 5-8 所示。

Car 类中的汽车信息属性包括汽车牌号、汽车类型、汽车颜色和进入停车场的时间。其中，车牌号、汽车类型和汽车颜色定义为 string 类型，汽车进入停车场的时间定义为 time_t 类型。Car 类的成员函数分别如下所示：

（1）添加汽车信息——addCar()

添加汽车属性信息，当有汽车入库时需要对车辆信息进行录入，即存储车牌号、汽车类型、汽车颜色和汽车进入停车场的时间。停车场中的车辆信息以文件的形式进行存储，添加完成后，保存文件。

（2）删除汽车信息——delCar()

删除停车场的汽车信息，通过输入车牌号查找到车辆并删除该车的信息。delCar() 函数的实现是通过读取保存汽车信息的文件，在读文件时，不删除的汽车信息被写入一个临时文件，而被删除的汽车信息不写入。文件读写完毕，再将临时文件中的数据写入原文件。

```
             Car
-carNum:string
-carType:string
-color:string
-allTime:time_t
+addCar():void
+delCar():void
+findCar():void
+modCar():void
+timeAmount():void
+showInfor():void
+saveInfor():void
```

图 5-8　Car 类详细设计

（3）查找汽车信息——findCar()

查找汽车信息通过输入车牌号进行，读取本地存储的汽车信息文件后，若找到与输入的车牌号匹配的记录，则显示要查找的汽车信息。

（4）修改汽车信息——modCar()

修改汽车信息需要输入车牌号进行，以修改文件的形式完成。modCar() 函数的实现也是通过读取保存车辆信息的文件，在读文件时，将文件信息连同修改后的汽车信息写入一个临时文件。文件读写完毕，再将临时文件中的数据写入原文件。

（5）停车时长统计——timeAmount()

在添加汽车信息的时候将系统当前时间写入文件中，再次查看时，利用系统当前时间减去写入文件时的时间得到停车时长。根据停车时长分别计算停车超过一天和停车不足一天的车辆数。

（6）停车场信息显示——showInfor()

通过读取文件的方式显示停车场所有的汽车信息，并显示停车费用。

（7）汽车信息保存——saveInfor()

将新添加的汽车信息保存到文件中。

### 2. 普通用户类设计

普通用户只能查看停车场的汽车信息，不具备修改汽车信息的权限。针对普通用户模块可以设计一个普通用户类 User，User 类的详细设计如图 5-9 所示。

普通用户通过菜单选择要查看的信息，用户可以执行的操作分别是显示所有汽车信息、查询汽车信息、统计汽车信息和返回主菜单的功能。通过输入不同的选项值执行不同的操作。

### 3. 管理员用户类设计

管理员用户除了具备普通用户的功能，还具备修改、添加、删除汽车信息的功能。针对管理员用户模块可以设计一个管理员用户类 Admin，Admin 类的详细设计如图 5-10 所示。

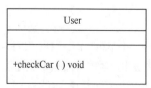

图 5-9　User 类详细设计

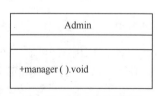

图 5-10　Admin 类详细设计

### 三、案例实现

#### 1. 实现思路

面向对象的核心思想之一就是对事物进行抽象，将事物封装成为类。对案例需求进行详细分析后，将需求抽象成三个具体的类。首先抽象出汽车类 Car，专门用于存储汽车属性信息、实现汽车信息的删除和查找等功能；其次抽象出普通用户类 User，普通用户只具有对停车场信息查询的权限；最后抽象出管理员类 Admin，管理员用户对停车场中的汽车信息可以进行修改、添加、删除等操作。

（1）根据需求分析中的类设计图，分别实现汽车类 Car、普通用户类 User 和管理员类 Admin。

（2）在主函数 main() 中，绘制系统主菜单，通过提示输入选项进行不同的操作，可以选择普通用户和管理员用户。

#### 2. 完成代码

请扫描右侧二维码，查看停车场管理系统的具体实现。

## 5.4 本章小结

本章主要讲解了多态与虚函数的相关知识，首先讲解了多态的概念与实现条件；其次讲解了虚函数实现多态，包括虚函数的概念与作用、虚函数实现多态的机制和虚析构函数；然后讲解了纯虚函数和抽象类；最后综合前面几章所学知识开发了一个停车场管理系统，强化读者对 C++ 基础知识的掌握，并加深读者对面向对象程序设计思想的理解。学习完本章内容，读者已经了解了面向对象程序设计中的封装、继承、多态三大机制，初窥了面向对象程序设计思想的精髓，通过本章的学习必将开启探索更高层次知识的大门。

## 5.5 本章习题

### 一、填空题

1. 虚函数使用_____关键字声明。
2. 关键字_____可以检测派生类对基类虚函数的重写是否正确。
3. C++中的多态包括_____和_____两种。
4. 声明了纯虚函数的类称为_____。

### 二、判断题

1. 函数重载也是 C++ 中的一种多态实现形式。　　　　　　　　　　　　（　　）
2. 构造函数可以声明为虚函数。　　　　　　　　　　　　　　　　　　（　　）
3. 虚函数可以声明为类的静态成员函数。　　　　　　　　　　　　　　（　　）
4. 虚函数实现的多态是在编译时期确定的。　　　　　　　　　　　　　（　　）
5. 纯虚函数要在类内声明，类外实现。　　　　　　　　　　　　　　　（　　）
6. 声明了纯虚函数的类可以创建对象。　　　　　　　　　　　　　　　（　　）

### 三、选择题

1. 关于多态，下列说法中错误的是（　　　）。
   A. 继承中的多态是动态多态　　　　　　B. 多态的本质是指函数的多种实现形态
   C. 由重载函数实现的多态是编译时多态　　D. 动态多态是由纯虚函数实现的
2. 关于虚函数，下列说法中错误的是（　　　）。
   A. 虚函数是运行时多态
   B. 声明虚函数的方法就是在成员函数原型前添加 virtual 关键字

    C.　虚函数只能是类中的成员函数，但不可以是静态成员函数

    D.　派生类对基类虚函数重写时，可以不必与基类中虚函数的原型完全一致

3.　关于虚函数实现多态的机制，下列说法中错误的是（　　　）。

    A.　虚函数是通过动态绑定实现多态的

    B.　在编译包含虚函数的类时，编译器会在类中添加一个隐藏的虚函数指针，指向虚函数表

    C.　创建对象时，虚函数指针不占用对象内存空间

    D.　在继承时，派生类会继承基类的虚函数指针

4.　阅读下列程序：

```cpp
#include<iostream>
using namespace std;
class A {
public:
    A() { cout << 'A'; }
    ~A() { cout << 'C'; }
};
class B : public A {
public:
    B() { cout << 'G'; }
    ~B() { cout << 'T'; }
};
int main()
{
    B obj;
    return 0;
}
```

程序的运行结果为（　　　）。

    A.　GATC　　　　　　　　B.　AGTC　　　　　　　　C.　GACT　　　　　　　　D.　AGCT

5.　关于虚析构函数，下列说法中错误的是（　　　）。

    A.　虚析构函数的声明形式也是在析构函数声明前使用 virtual 关键字

    B.　在基类中声明虚析构函数之后，基类的所有派生类的析构函数都自动成为虚析构函数

    C.　声明虚析构函数之后，析构派生类对象时，会先调用基类虚析构函数再调用派生类析构函数

    D.　虚析构函数的名称可以与类名不相同

**四、简答题**

1.　简述一下 C++中的多态。

2.　简述一下虚函数实现多态的原理。

**五、编程题**

请设计一个描述形状的类 Shape，Shape 类中有两个成员函数：

（1）getArea()函数：用于计算形状的面积。

（2）getLen()函数：用于计算形状的周长。

Shape 类有两个派生类：

（1）Rectangle 类：表示矩形。

（2）Circle 类：表示圆形。

请编写程序实现以下功能：

（1）计算不同边长的矩形的面积和周长。

（2）计算不同半径的圆的面积和周长。

# 第6章

# 模 板

**学习目标**

★ 掌握模板的概念
★ 掌握函数模板的定义与实例化
★ 掌握函数模板重载
★ 掌握类模板的定义与实例化
★ 掌握类模板的派生
★ 掌握模板类与友元函数
★ 掌握模板的参数
★ 了解模板特化

模板是 C++支持参数化多态的工具，是泛型编程的基础。模板可以实现类型参数化，即把类型定义为参数，真正实现了代码的可重用性，减少了编程及维护的工作量，并且降低了编程难度。模板是类或函数在编译时定义所需处理和返回的数据类型。一个模板是类或函数的描述，即模板分为函数模板和类模板，本章将针对函数模板和类模板的相关知识进行详细讲解。

## 6.1 模板的概念

在 C++程序中，声明变量、函数、对象等实体时，程序设计者需要指定数据类型，让编译器在程序运行之前进行类型检查并分配内存，以提高程序运行的安全性和效率。但是这种强类型的编程方式往往会导致程序设计者为逻辑结构相同而具体数据类型不同的对象编写模式一致的代码。例如，定义一个求和函数 add(int,int)，add()函数可以计算两个 int 类型数据的和，但是对于 double 类型的数据就无能为力了，此时，程序设计者还需要定义一个函数 add(float,float)，计算两个 double 类型的数据之和，但是这样不利于程序的扩充和维护。

为此，C++标准提供了模板机制，用于定义数据类型不同但逻辑结构相同的数据对象的通用行为。在模板中，运算对象的类型不是实际的数据类型，而是一种参数化的类型。带参数类型的函数称为函数模板，带参数类型的类称为类模板。例如，定义函数 add()，计算两个数之和，可以将类型参数化，如 add(T,T)，其中，T 就是参数化的类型，在调用 add()函数时，可以传入任意类型的数据，函数可以根据传入的数据推导出 T 的值是哪种数据类型，从而进行相应的计算。这样程序设计者就可以专注于逻辑代码的编写，而不用关心实际具体的数据类型。模板就像生产模具，例如，中秋生产月饼，生产月饼的模具就是模板，在做模具时，只关心做出什么样式的月饼，而不用关心月饼具体的原料是什么（如面粉、糯米粉、玉米粉等）。

程序运行时，模板的参数由实际参数的数据类型决定，编译器会根据实际参数的数据类型生成相应的一段可运行代码，这个过程称为模板实例化。函数模板生成的实例称为模板函数，类模板生成的实例称为模板类。

# 6.2   函数模板

函数模板是函数的抽象，它与普通函数相似，唯一的区别就是函数参数的类型是不确定的，函数参数的类型只有在调用过程中才被确定。本节将针对函数模板的用法进行详细讲解。

## 6.2.1   函数模板的定义

如果定义一个实现两个数相加的函数 add()，要实现 int、float、double 等多种类型的数据相加，则要定义很多个函数，这样的程序就会显得非常臃肿。但使用模板就无须关心数据类型，只定义一个函数模板就可以。定义函数模板的语法格式如下所示：

```
template<typename 类型占位符>
返回值类型 函数名(参数列表)
{
    //函数体；
}
```

上述语法格式中，template 是声明模板的关键字，<>中的参数称为模板参数；typename 关键字用于标识模板参数，可以用 class 关键字代替，class 和 typename 并没有区别。模板参数不能为空，一个函数模板中可以有多个模板参数，模板参数和普通函数参数相似。template 下面是定义的函数模板，函数模板定义方式与普通函数定义方式相同，只是参数列表中的数据类型要使用<>中的参数名表示。

下面通过案例演示函数模板的用法，如例 6-1 所示。

例 6-1   templateFunc.cpp

```
1   #include<iostream>
2   using namespace std;
3   template<typename T>                    //定义函数模板
4   T add(T t1,T t2)
5   {
6       return t1+t2;
7   }
8   int main()
9   {
10      cout<<add(1,2)<<endl;               //传入 int 类型参数
11      cout<<add(1.2,3.4)<<endl;           //传入 double 类型参数
12      return 0;
13  }
```

例 6-1 运行结果如图 6-1 所示。

图6-1   例6-1运行结果

在例 6-1 中，第 3~7 行代码定义了函数模板 add()，用于实现两个数据相加。第 10~11 行代码调用 add() 函数，分别传入两个 int 类型数据和两个 double 类型数据。

由图 6-1 可知，当调用 add() 函数传入 int 类型参数 1 和 2 时，参数 T 被替换成 int，得到结果为 3；当传入 double 类型参数 1.2 和 3.4 时，参数 T 被替换成 double 类型，得到结果为 4.6。这就避免了为 int 类型数据定义一个求和函数，再为 double 类型数据定义一个求和函数的问题，实现了代码复用。

需要注意的是，不能在函数调用的参数中指定模板参数的类型，对函数模板的调用应使用实参推演。例如，只能进行 add(2,3) 这样的调用，或者定义整型变量 int a=2, b=3，再将变量 a、b 作为参数，进行 add(a,b) 这样的调用，编译器会根据传入的实参推演出 T 为 int 类型，而不能使用 add(int,int) 方式，直接将类型传入进行调用。

## 6.2.2　函数模板实例化

函数模板并不是一个函数，它相当于一个模子，定义一次即可使用不同类型的参数来调用该函数模板，这样做可以减少代码的书写，提高代码的复用性和效率。需要注意的是，函数模板不会减少可执行程序的大小，因为编译器会根据调用时的参数类型进行相应的实例化。所谓实例化，就是用类型参数替换模板中的模板参数，生成具体类型的函数。实例化可分为隐式实例化与显式实例化，下面分别介绍这两种实例化方式。

### 1. 隐式实例化

隐式实例化是根据函数调用时传入的参数的数据类型确定模板参数 T 的类型，模板参数的类型是隐式确定的，如例 6-1 中函数模板 add() 的调用过程。

在例 6-1 中第一次调用 add() 函数模板时，传入的是 int 类型数据 1 和 2，编译器根据传入的实参推演出模板参数类型是 int，就会根据函数模板实例化出一个 int 类型的函数，如下所示：

```
int add(int t1,int t2)
{
    return t1 + t2;
}
```

编译器生成具体类型函数的这一过程就称为实例化，生成的函数称为模板函数。生成 int 类型的函数后，再传入实参 1 和 2 进行运算。同理，当传入 double 类型的数据时，编译器先根据模板实例化出如下形式的函数：

```
double add(double t1,double t2)
{
    return t1 + t2;
}
```

这样，每一次调用时都会根据不同的类型实例化出不同类型的函数，最终的可执行程序的大小并不会减少，只是提高了代码的复用性。

### 2. 显式实例化

隐式实例化不能为同一个模板参数指定两种不同的类型，如 add(1,1.2)，函数参数类型不一致，编译器便会报错。这就需要显式实例化解决类型不一致的问题。显式实例化需要指定函数模板中的数据类型，语法格式如下所示：

```
template 函数返回值类型 函数名<实例化的类型>(参数列表);
```

在上述语法格式中，<>中是显式实例化的数据类型，即要实例化出一个什么类型的函数。例如，显示实例化为 int 类型，则在调用时，不是 int 类型的数据会转换为 int 类型再进行计算，如将例 6-1 中的 add() 函数模板显式实例化为 int 类型，代码如下所示：

```
template int add<int>(int t1, int t2);
```

下面通过案例演示函数模板 add() 显式实例化的用法，如例 6-2 所示。

例 6-2　explicit.cpp

```
1   #include<iostream>
2   using namespace std;
3   template< typename T>
4   T add(T t1,T t2)
5   {
6       return t1+t2;
7   }
```

```
8   template int add<int>(int t1,int t2);          //显式实例化为int类型
9   int main()
10  {
11      cout<<add<int>(10,'B')<< endl;             //函数模板调用
12      cout<<add(1.2,3.4)<< endl;
13      return 0;
14  }
```

例6-2运行结果如图6-2所示。

图6-2    例6-2运行结果

在例6-2中，第8行代码显式声明add()函数模板，指定模板参数类型为int。在调用int类型模板函数时，传入了一个字符'B'，则编译器会将字符类型的'B'转换为对应的ASCII码值，然后再与10相加得出结果。实际上就是隐式的数据类型转换。

需要注意的是，对于给定的函数模板，显式实例化声明在一个文件中只能出现一次，并且在这个文件中必须给出函数模板的定义。由于C++编译器的不断完善，模板实例化的显式声明可以省略，在调用时用<>显式指定要实例化的类型即可，如例6-2中如果add(1.2,3.4)函数调用改为add<int>(1.2,3.4)调用，则会得出结果4。

### 多学一招：显式具体化

函数模板的显式具体化是对函数模板的重新定义，具体格式如下所示：

```
template< > 函数返回值类型 函数名<实例化类型>(参数列表)
{
    //函数体重新定义
}
```

显式实例化只需要显式声明模板参数的类型而不需要重新定义函数模板的实现，而显式具体化需要重新定义函数模板的实现。例如，定义交换两个数据的函数模板，示例代码如下：

```
template<typename T>
void swap(T& t1,T& t2)
{
    T temp = t1;
    t1 = t2;
    t2 = temp;
}
```

但现在有如下结构体定义，示例代码如下：

```
struct Student
{
    int id;
    char name[40];
    float score;
};
```

现在要调换两个学生的id编号，但是又不想交换学生的姓名、成绩等其他信息，那么此时就可以用显式具体化解决这个问题，重新定义函数模板只交换结构体的部分数据成员。显式具体化的代码如下所示：

```
template<> void swap<Student>(Student& st1, Student& st2)
{
    int temp = st1.id;
    st1.id = st2.id;
    st2.id = temp;
}
```

如果函数有多个原型，则编译器在选择函数调用时，非模板函数优先于模板函数，显式具体化模板优先

于函数模板，例如下面三种定义：

```
void swap(int&, int&);                    //直接定义
template<typename T>                       //模板定义
void swap(T& t1, T& t2);
template<> void swap<int>(int&, int&);     //显式具体化
```

对于 int a，int b，如果存在 swap(a,b)的调用，则优先调用直接定义的函数；如果没有，则优先调用显式具体化，如果两者都没有才会调用函数模板。

### 6.2.3 函数模板重载

函数模板可以进行实例化，以支持不同类型的参数，不同类型的参数调用会产生一系列重载函数。如例 6-1 中两次调用 add()函数模板，编译器会根据传入参数不同实例化出两个函数，如下所示：

```
int add(int t1,int t2)                    //int 类型参数实例化出的函数
{
    return t1 + t2;
}
double add(double t1,double t2)           //double 类型参数实例化出的函数
{
    return t1+t2;
}
```

此外，函数模板本身也可以被重载，即名称相同的函数模板可以具有不同的函数模板定义，当进行函数调用时，编译器根据实参的类型与个数决定调用哪个函数模板实例化函数。

下面通过案例演示函数模板重载的用法，如例 6-3 所示。

例6-3　templateFunc.cpp

```
1  #include<iostream>
2  using namespace std;
3  int max(const int& a,const int& b)      //非模板函数，求两个 int 类型数据的较大值
4  {
5      return a>b ? a:b;
6  }
7  template< typename T>                    //定义求两个任意类型数据的较大值
8  T max(const T& t1,const T& t2)
9  {
10     return t1>t2 ? t1:t2;
11 }
12 template<typename T>                     //定义求三个任意类型数据的最大值
13 T max(const T& t1,const T& t2,const T& t3)
14 {
15     return max(max(t1,t2),t3);
16 }
17 int main()
18 {
19     cout<<max(1,2)<<endl;                //调用非模板函数
20     cout<<max(1,2,3)<<endl;              //调用三个参数的函数模板
21     cout<<max('a','e')<<endl;            //调用两个参数的函数模板
22     cout<<max(6,3.2)<<endl;              //调用非模板函数
23     return 0;
24 }
```

例 6-3 运行结果如图 6-3 所示。

图6-3　例6-3运行结果

在例 6-3 中，第 3 ~ 6 行代码定义了一个函数 max()，用于比较两个 int 类型数据的大小。第 7 ~ 11 行代码定义了函数模板 max()，用于比较两个数的大小。第 12 ~ 16 行代码定义了函数模板 max()，用于比较三个数的大小。第 19 ~ 22 行代码分别传入不同的参数调用函数 max()。

在调用的过程中，如果参数相同，那么优先调用非模板函数而不会用模板产生实例。例如，第 19 行代码调用 max() 函数，传入两个 int 类型参数，很好地匹配了非模板函数。

如果函数模板能够实例化出一个更匹配的函数，则调用时将选择函数模板。例如，第 21 行代码调用 max() 函数，利用函数模板实例化一个带有两个 char 类型参数的函数，而不会调用非模板函数 max(int,int)。

需要注意的是，模板不允许自动类型转化，如果有不同类型参数，只允许使用非模板函数，因为普通函数可以进行自动类型转换，所以第 22 行代码调用 max() 函数时，调用的是非模板函数，将 3.2 转换成了 int 类型再与 6 进行比较。

### 脚下留心：使用函数模板要注意的问题

函数模板虽然可以极大地解决代码重用的问题，但读者在使用时仍需注意以下几个方面：

（1）<>中的每一个类型参数在函数模板参数列表中必须至少使用一次。例如，下面的函数模板声明是不正确的。

```
template<typename T1, typename T2>
void func(T1 t)
{
}
```

函数模板声明了两个参数 T1 与 T2，但在使用时只使用了 T1，没有使用 T2。

（2）全局作用域中声明的与模板参数同名的对象、函数或类型，在函数模板中将被隐藏。例如：

```
int num;
template<typename T>
void func(T t)
{
    T num;
    cout<<num<<endl;                //输出的是局部变量 num，全局 int 类型的 num 被屏蔽
}
```

在函数体内访问的 num 是 T 类型的变量 num，而不是全局 int 类型的变量 num。

（3）函数模板中声明的对象或类型不能与模板参数同名。例如：

```
template<typename T>
void func(T t)
{
    typedef float T;                //错误，定义的类型与模板参数名相同
}
```

（4）模板参数名在同一模板参数列表中只能使用一次，但可在多个函数模板声明或定义之间重复使用。例如：

```
template<typename T, typename T> //错误，在同一个模板中重复定义模板参数
void func1(T t1, T t2){}
template<typename T>
void func2(T t1){}
template<typename T>                //在不同函数模板中可重复使用相同的模板参数名
void func3(T t1){}
```

（5）模板的定义和多处声明所使用的模板参数名不是必须相同。例如：

```
//模板的前向声明
template<typename T>
void func1(T t1, T t2);
//模板的定义
template<typename U>
void func1(U t1, U t2)
{
}
```

（6）如果函数模板有多个模板参数，则每个模板参数前都必须使用关键字 class 或 typename 修饰。例如：

```
template<typename T, typename U>        //两个关键字可以混用
void func(T t, U u){}
```

```
template<typename T,U>                  //错误，每一个模板参数前都必须有关键字修饰
void func(T t, U u){}
```

## 6.3　类模板

　　类也可以像函数一样被不同的类型参数化，如 STL 中的 vector 容器就是典型的例子，使用 vector 不需要关心容器中的数据类型，就可以对数据进行操作。

### 6.3.1　类模板定义与实例化

　　函数可以定义函数模板，同样地，对于类来说，也可以定义一个类模板。类模板是针对成员数据类型不同的类的抽象，它不是一个具体实际的类，而是一个类型的类，一个类模板可以生成多种具体的类。类模板的定义格式如下所示：

```
template<typename 类型占位符>
class 类名
{
}
```

　　类模板中的关键字含义与函数模板相同。需要注意的是，类模板的模板参数不能为空。一旦声明类模板，就可以用类模板的参数名声明类中的成员变量和成员函数，即在类中使用数据类型的地方都可以使用模板参数名来声明。定义类模板示例代码如下所示：

```
template<typename T>
class A
{
public:
    T a;
    T b;
    T func(T a, T b);
};
```

　　上述代码中，在类 A 中声明了两个 T 类型的成员变量 a 和 b，还声明了一个返回值类型为 T 并带两个 T 类型参数的成员函数 func()。

　　定义了类模板就要使用类模板创建对象以及实现类中的成员函数，这个过程其实也是类模板实例化的过程，实例化出的具体类称为模板类。如果用类模板创建类的对象，例如，用上述定义的类模板 A 创建对象，则在类模板 A 后面加上一个<>，并在里面表明相应的类型，示例代码如下所示：

```
A<int> a;
```

　　这样类 A 中凡是用到模板参数的地方都会被 int 类型替换。如果类模板有多个模板参数，创建对象时，多个类型之间要用逗号分隔开。例如，定义一个有两个模板参数的类模板 B，然后用 B 创建类对象，示例代码如下所示：

```
template<typename T1, typename T2>
class B
{
public:
    T1 a;
    T2 b;
    T1 func(T1 a, T2& b);
};
B<int,string> b; //创建模板类 B<int,string>的对象b
```

　　使用类模板时，必须要为模板参数显式指定实参，不存在实参推演过程，也就是说不存在将整型值 10 推演为 int 类型再传递给模板参数的过程，必须要在<>中指定 int 类型，这一点与函数模板不同。

　　下面通过案例演示类模板的实例化，如例 6-4 所示。

例 6-4　classTemplate.cpp

```
1   #include<iostream>
2   using namespace std;
3   template< typename T>                    //类模板的定义
```

```
4   class Array
5   {
6   private:
7       int _size;
8       T* _ptr;
9   public:
10      Array(T arr[], int s);
11      void show();
12  };
13  template<typename T>                        //类模板外定义其成员函数
14  Array<T>::Array(T arr[], int s)
15  {
16      _ptr = new T[s];
17      _size = s;
18      for (int i=0;i<_size; i++)
19      {
20          _ptr[i]=arr[i];
21      }
22  }
23  template<typename T>                        //类模板外定义其成员函数
24  void Array<T>::show()
25  {
26      for(int i=0;i<_size;i++)
27          cout<<*(_ptr + i)<<" ";
28      cout<<endl;
29  }
30  int main()
31  {
32      char cArr[] = { 'a', 'b', 'c', 'd', 'e' };
33      Array<char> a1(cArr, 5);                //创建类模板的对象
34      a1.show();
35      int iArr[10] = { 1, 2, 3, 4, 5, 6 };
36      Array<int> a2(iArr, 10);
37      a2.show();
38      return 0;
39  }
```

例6-4运行结果如图6-4所示。

图6-4　例6-4运行结果

在例6-4中，第3～12行代码定义了一个类模板 Array，Array 的构造函数有一个数组类型参数。第33行代码在创建类对象 a1 时，用 char 类型的数组去初始化，调用 show()函数输出数组元素。第36行代码创建对象 a2 时，用 int 类型的数组去初始化，调用 show()函数输出数组元素。由图6-4可知，两个数组的元素都成功输出。

需要注意的是，类模板在实例化时，带有模板参数的成员函数并不会跟着实例化，这些成员函数只有在被调用时才会被实例化。

### 6.3.2　类模板的派生

类模板和普通类一样也可以继承和派生，以实现代码复用。类模板的派生一般有三种情况：类模板派生普通类、类模板派生类模板、普通类派生类模板。这三种派生关系可以解决很多实际问题。下面针对这三种派生关系进行讲解。

#### 1. 类模板派生普通类

在 C++中，可以从任意一个类模板派生一个普通类。在派生过程中，类模板先实例化出一个模板类，这

个模板类作为基类派生出普通类。类模板派生普通类的示例代码如下所示：

```
template<typename T>
class Base                              //类模板 Base
{
private:
    T x;
    T y;
public:
    Base();
    Base(T x, T y);
    Base getx();
    Base gety();
    ~ Base();
};
class Derive:public Base<double>        //普通类 Derive 公有继承类模板 Base
{
private:
    double num;
public:
    Derive(double a, double b, double c):num(c), Base<double>(a, b){}
};
```

在上述代码中，类模板 Base 派生出了普通类 Derive，其实在这个派生过程中类模板 Base 先实例化出了一个 double 类型的模板类，然后由这个模板类派生出普通类 Derive，因此在派生过程中需要指定模板参数类型。

### 2. 类模板派生类模板

类模板也可以派生出一个新的类模板，它和普通类之间的派生几乎完全相同。但是，派生类模板的模板参数受基类模板的模板参数影响。例如，由类模板 Base 派生出一个类模板 Derive，示例代码如下：

```
template<typename T>
class Base
{
public:
    T _a;
public:
    Base(T n):_a(n) {}
    T get() const { return _a; }
};
template<typename T, typename U>
class Derive:public Base<U>
{
public:
    U _b;
public:
    Derive(T t, U u):Base<T>(t), _b(u) {}
    U sum() const { return _b + U(Base::get()); }
};
```

上述代码中，类模板 Derive 由类模板 Base 派生，Derive 的部分成员变量和成员函数类型由类模板 Base 的参数 U 确定，因此 Derive 仍然是一个模板。类模板派生类模板技术可以用来构建类模板的层次结构。

### 3. 普通类派生类模板

普通类也可以派生类模板，普通类派生类模板可以把现存类库中的类转换为通用的类模板，但在实际编程中，这种派生方式并不常用，本书只对它作一个简单示例，读者只需要了解即可。普通类派生类模板示例代码如下所示：

```
class Base
{
    int _a;
public:
    Base(int n):_a(n){}
    int get() const {return _a;}
};
template<typename T>
class Derive: public Base
```

```
{
    T _b;
public:
    Derive(int n, T t):Base(n), _b(t){}
    T sum() const {return _b + (T)get();}
};
```

在上述代码中，类 Base 是普通类，类模板 Derive 继承了普通类 Base。利用这种技术，程序设计者能够从现存类中创建类模板，由此可以创建基于非类模板库的类模板。

### 6.3.3　类模板与友元函数

在类模板中声明友元函数有三种情况：非模板友元函数、约束模板友元函数和非约束模板友元函数。接下来，将针对这三种友元函数进行详细讲解。

#### 1. 非模板友元函数

非模板友元函数就是将一个普通函数声明为友元函数。例如，在一个类模板中声明一个友元函数，示例代码如下：

```
template<typename T>
class A
{
    T _t;
public:
    friend void func();
};
```

在类模板 A 中，将普通函数 func()声明为友元函数，则 func()函数是类模板 A 所有实例的友元函数。上述代码中，func()函数为无参函数。除此之外，还可以将带有模板类参数的函数声明为友元函数，示例代码如下：

```
template<typename T>
class A
{
    T _t;
public:
    friend void show(const A<T>& a);
};
```

在上述代码中，show()函数并不是函数模板，只是有一个模板类参数。调用带有模板类参数的友元函数时，友元函数必须显式具体化，指明友元函数要引用的参数的类型，例如：

```
void show(const A<int>& a);
void show(const A<double>& a);
```

上述代码中，模板参数为 int 类型的 show()函数是 A<int>类的友元函数，模板参数为 double 类型的 show()函数是 A<double>类的友元函数。

下面通过案例演示非模板友元函数的用法，如例 6-5 所示。

例 6-5　friendTeleplate.cpp

```
1   #include<iostream>
2   using namespace std;
3   template<typename T>
4   class A
5   {
6       T _item;
7       static int _count;                    //静态变量
8   public:
9       A(const T& t) : _item(t){ _count++; }
10      ~A(){ _count--; }
11      friend void func();                   //无参友元函数 func()
12      friend void show(const A<T>& a);      //有参友元函数 show()
13  };
14  template<typename T>
15  int A<T>::_count = 0;                      //初始化静态变量
```

```
16  void func()                              //func()函数实现
17  {
18      cout<<"int count:"<<A<int>::_count<<";";
19      cout<<"double count:"<<A<double>::_count<<";"<<endl;
20  }
21  //模板参数为int 类型
22  void show(const A<int>& a){cout<<"int:"<<a._item<<endl;}
23  void show(const A<double>& a){cout<<"double:"<<a._item<<endl;}
24  int main()
25  {
26      func();                              //调用无参友元函数
27      A<int> a(10);                        //创建int 类型对象
28      func();
29      A<double> b(1.2);
30      show(a);                             //调用有参友元函数
31      show(b);
32      return 0;
33  }
```

例 6-5 运行结果如图 6-5 所示。

在例 6-5 中，第 3～13 行代码定义了类模板 A，在类模板 A 中声明了两个友元函数 func()和 show()。其中，func()函数为无参友元函数，show()函数有一个模板类对象作为参数。此外，类模板 A 还声明了静态成员变量_count，用于记录每一种模板类创建的对象个数。

第 16～20 行代码是 func()函数的定义，func()函

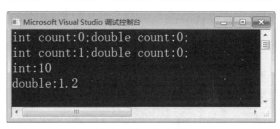

图6-5　例6-5运行结果

数的作用是输出 A<int>类对象和 A<double>类对象的个数。第 22～23 行代码分别定义了 show(const A<int>& a) 函数和 show(const A<double>& a)函数，用于分别输出 A<int>类对象和 A<double>类对象的值。

在 main()函数中，第 26 行代码调用 func()函数，此时还未创建任何模板类对象，由图 6-5 可知，A<int>类对象和 A<double>类对象的个数均为 0。第 27 行代码创建了 A<int>模板类对象 a，初始化值为 10。第 28 行再次调用 func()函数，由图 6-5 可知，A<int>类对象的个数为 1，A<double>类对象的个数为 0。第 29 行代码创建 A<double>模板类对象 b，初始化值为 1.2。第 30～31 行代码调用 show()函数，分别传入对象 a 和对象 b 作为参数，由图 6-5 可知，程序成功输出了对象 a 和对象 b 的值。

### 2. 约束模板友元函数

约束模板友元函数是将一个函数模板声明为类的友元函数。函数模板的实例化类型取决于类模板被实例化时的类型，类模板实例化时会产生与之匹配的具体化友元函数。

在使用约束模板友元函数时，首先需要在类模板定义的前面声明函数模板。例如，有两个函数模板声明，示例代码如下：

```
template<typename T>
void func();
template<typename T>
void show(T& t);
```

声明函数模板之后，在类模板中将函数模板声明为友元函数。在声明友元函数时，函数模板要实现具体化，即函数模板的模板参数要与类模板的模板参数保持一致，以便类模板实例化时产生与之匹配的具体化友元函数。示例代码如下所示：

```
template<typename U>                         //类模板的定义
class A
{
...                                          //其他成员
    friend void func<U>();                   //声明无参友元函数 func()
    friend void show<>(A<U>& a);             //声明有参友元函数 show()
...                                          //其他成员
};
```

　　在上述代码中，将函数模板 func() 与 show() 声明为类的友元函数，在声明时，func() 与 show() 的模板参数受类模板 A 的模板参数约束，与类模板的模板参数相同。当生成 A<int> 模板类时，会生成与之匹配的 func<int>() 函数和 show<int>() 函数作为友元函数。需要注意的是，在上述代码中，func() 函数模板没有参数，必须使用<>指定具体化的参数类型。show() 函数模板有一个模板类参数，编译器可以根据函数参数推导出模板参数，因此 show() 函数模板具体化中<>可以为空。

　　下面通过案例演示约束模板友元函数的用法，如例 6-6 所示。

例 6-6　bindTemplate.cpp

```
1   #include<iostream>
2   using namespace std;
3   template<typename T>                      //声明函数模板 func()
4   void func();
5   template<typename T>                      //声明函数模板 show()
6   void show(T& t);
7   template<typename U>                      //类模板的定义
8   class A
9   {
10  private:
11      U _item;
12      static int _count;
13  public:
14      A(const U& u):_item(u){_count++;}
15      ~A(){_count--;}
16      friend void func<U>();                //声明友元函数 func()
17      friend void show<>(A<U>& a);          //声明友元函数 show()
18  };
19  template<typename T>
20  int A<T>::_count = 0;
21  template<typename T>                      //函数模板 func() 的定义
22  void func()
23  {
24      cout<<"template size:"<<sizeof(A<T>)<<";";
25      cout<<"template func():"<<A<T>::_count<<endl;
26  }
27  template<typename T>                      //函数模板 show() 的定义
28  void show(T& t){cout<< t._item<<endl;}
29  int main()
30  {
31      func<int>();                          //调用 int 类型的函数模板实例，int 类型，其大小为 4 字节
32      A<int> a(10);                         //定义 A<int>类对象 a
33      A<int> b(20);                         //定义 A<int>类对象 b
34      A<double> c(1.2);                     //定义 A<double>类对象 c
35      show(a);                              //调用 show() 函数，输出类对象 a 的值
36      show(b);                              //调用 show() 函数，输出类对象 b 的值
37      show(c);                              //调用 show() 函数，输出类对象 c 的值
38      cout<<"func<int>output:\n";
39      func<int>();                          //运行到此，已经创建了两个 int 类型对象
40      cout<<"func<double>()output:\n";
41      func<double>();
42      return 0;
43  }
```

　　例 6-6 运行结果如图 6-6 所示。

　　在例 6-6 中，第 3～7 行代码声明函数模板 func() 和 show()。第 16～17 行代码分别将函数模板 func() 与 show() 声明为类的友元函数。第 21～26 行代码是函数模板 func() 的定义，用于输出某一类型模板类的大小及对象个数。第 27～28 行代码是函数模板 show() 的定义，用于输出模板类对象的值。

　　在 main() 函数中，第 31 行代码调用 func<int>()，即输出 A<int> 类的大小及对象个数。由图 6-6 可知，A<int> 类的大小为 4，对象个数为 0。第 32～34 行代码分别定义 A<int> 类对象 a 和 b，A<double> 类对象 c。第 35～37 行代码调用 show() 函数，分别传入对象 a、b、c 作为参数，输出各对象的值。由图 6-6 可知，show()

函数三次调用成功输出了各对象的值。第 39 行代码调用 func<int>()函数，由于此时已经创建了两个 A<int> 类对象 a 和 b，因此输出的对象个数应当为 2。由图 6–6 可知，A<int>类大小为 4，对象个数为 2。第 41 行 代码调用 func<double>()函数，由于此时已经创建了一个 A<double>类对象 c，因此输出的对象个数应当为 1。 由图 6–6 可知，A<double>类的大小为 8，对象个数为 1。

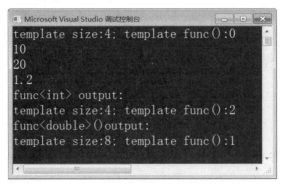

图6–6 例6–6运行结果

### 3. 非约束模板友元函数

非约束模板友元函数是将函数模板声明为类模板的友元函数，但函数模板的模板参数不受类模板影响， 即友元函数模板的模板参数与类模板的模板参数是不同的。

声明非约束模板友元函数示例代码如下所示：

```
template<typename T>
class A
{
    template<typename U, typename V>
    friend void show(U& u, V& v);
};
```

在上述代码中，类模板 A 将函数模板 show()声明为友元函数，但 show()的模板参数 U、V 不受类模板 A 的模板参数 T 影响，则函数模板 show()就是类模板 A 的非约束友元函数。函数模板 show()的每个模板函数都 是类模板 A 每个模板类的友元函数。

下面通过案例演示非约束模板友元函数的用法，如例 6–7 所示。

例6-7 freeTemplate.cpp

```
1   #include<iostream>
2   using namespace std;
3   template<typename T>                    //定义类模板A
4   class A
5   {
6   private:
7       T _item;
8   public:
9       A(const T& t) : _item(t){}
10      template<class U, class V>          //声明非约束模板友元函数
11      friend void show(U& u, V& v);
12  };
13  template<typename U, typename V>        //函数模板 show()的定义
14  void show(U& u, V& v){cout<<u._item<<","<<v._item<<endl;}
15  int main()
16  {
17      A<int> a(10);                       //定义 A<int>类对象 a
18      A<int> b(20);                       //定义 A<int>类对象 b
19      A<double> c(1.2);                   //定义 A<int>类对象 c
20      cout<<"a,b: ";
21      show(a, b);                         //调用 show()函数，传入对象 a、b 作为实参
22      cout<<"a,c:";
```

```
23    show(a, c);                        //调用show()函数，传入对象a、c作为实参
24    return 0;
25 }
```

例6-7运行结果如图6-7所示。

图6-7　例6-7运行结果

在例6-7中，第3～12行代码定义类模板A，在类模板中将函数模板show()声明为非约束友元函数。第13～14行代码是函数模板show()的定义。第17～19行代码分别定义A<int>类对象a和b，A<double>类对象c。第21行代码调用show()函数，传入对象a、b作为实参；第23行代码调用show()函数，传入对象a、c作为实参。由图6-7可知，两次show()函数调用都成功输出了各个对象的值。由此可知，非约束模板友元函数的模板参数与类模板的模板参数不相关，它可以接受任何类型的参数。

## 6.4　模板的参数

模板是C++支持参数化多态的工具，模板的参数有三种类型：类型参数、非类型参数和模板类型参数。本节就针对这三种模板参数进行详细讲解。

### 1. 类型参数

由class或者typename标记的参数，称为类型参数。类型参数是使用模板的主要目的。例如，下列模板声明：

```
template<typename T>
T add(T t1,T t2);
```

上述代码中，T就是一个类型参数，类型参数的名称由用户自行确定，表示的是一个未知类型。模板的类型参数可以作为类型说明符用在模板中的任何地方，与内置类型说明符或类类型说明符的使用方式完全相同。可以为模板定义多个类型参数，也可以为类型参数指定默认值，示例代码如下所示：

```
template<typename T, typename U = int>
class A
{
public:
    void func(T, U);
};
```

在上述代码中，设置类型参数U的默认值为int类型，类模板的类型参数默认值和普通函数默认参数规则一致。

### 2. 非类型参数

非类型参数是指内置类型参数。例如，定义如下模板：

```
template<typename T, int a>
class A
{
};
```

上述代码中，int a就是非类型的模板参数，非类型模板参数为函数模板或类模板预定义一些常量，在模板实例化时，也要求实参必须是常量，即确切的数据值。需要注意的是，非类型参数只能是整型、字符型或枚举、指针、引用类型。

非类型参数在所有实例中都具有相同的值，而类型参数在不同的实例中具有不同的值。

下面通过案例演示非类型参数的用法，如例6-8所示。

例 6-8　typeTemplate.cpp

```
1   #include<iostream>
2   using namespace std;
3   template<typename T, unsigned len>        //非类型参数 unsigned len
4   class Array
5   {
6   public:
7       T& operator[](unsigned i)             //重载 "[]" 运算符
8       {
9           if(i >= len)
10                  cout << "数组越界" << endl;
11          else
12                  return arr[i];
13      }
14  private:
15      T arr[len];
16  };
17  int main()
18  {
19      Array<char, 5> arr1;                  //定义一个长度为 5 的 char 类型数组
20      Array<int, 10> arr2;                  //定义一个长度为 10 的 int 类型数组
21      arr1[0]= 'A';
22      cout<<arr1[0]<<endl;
23      for(int i = 0; i < 10; i++)           //为 int 类型数组 arr2 赋值并输出
24          arr2[i] = i + 1;
25      for(int i = 0; i < 10; i++)
26          cout<<arr2[i]<< " ";
27          cout<<endl;
28      return 0;
29  }
```

例 6-8 运行结果如图 6-8 所示。

图6-8　例6-8运行结果

在例6-8中，第3~16行代码定义了类模板 Array，类模板 Array 的第二个参数为非类型参数 unsigned len。第7~10行代码重载了 "[]" 运算符，用于遍历数组元素。在 main()函数中，第19~20行代码实例化类模板 Array 时，分别定义了长度为 5 和 10 的两个数组。第二个参数都是具体的数值，解决了常量参数只能固定大小的问题。当需要为同一算法或类定义不同常量时，最适合用非类型参数实现。

使用非类型参数时，有以下几点需要注意。

（1）调用非类型参数的实参必须是常量表达式，即必须能在编译时计算出结果。

（2）任何局部对象、局部变量的地址都不是常量表达式，不能用作非类型的实参，全局指针类型、全局变量也不是常量表达式，也不能用作非类型的实参。

（3）sizeof()表达式结果是一个常量表达式，可以用作非类型的实参。

（4）非类型参数一般不用于函数模板。

### 3. 模板类型参数

模板类型参数就是模板的参数为另一个模板，声明格式如下所示：

```
template<typename T, template<typename U, typename Z> class A>
class Parameter
{
    A<T,T> a;
};
```

上述代码中，类模板 Parameter 的第二个模板参数就是一个类模板。需要注意的是，只有类模板可以作为模板参数，参数声明中必须要有关键字 class。

# 6.5　模板特化

特化就是将泛型的东西具体化，模板特化就是为已有的模板参数进行具体化的指定，使得不受任何约束的模板参数受到特定约束或完全被指定。

通过模板特化可以优化基于某种特定类型的实现，或者克服某种特定类型在实例化模板时出现的不足，如该类型没有提供某种操作。例如，有以下类模板定义：

```cpp
template<typename T>
class Special
{
public:
    Special(T a, T b)
    {
        _a = a;
        _b = b;
    }
    T compare()
    {
        return _a > _b ? _a : _b;
    }
private:
    T _a;
    T _b;
};
```

上述代码中，类模板 Special 定义了一个成员函数 compare()，用于比较两个成员变量_a 和_b 的大小。如果实例化为 Special<string>类和 Special<const char*>类，则目的都是比较两个字符串的大小。但是，由于 const char*类型没有提供“>”运算操作，因此，Special<const char*>类对象调用 compare ()函数时，比较的是两个字符串的地址大小，这显然是没有意义的。为了解决 const char*特殊类型所产生的问题，可以将类模板特化。

模板特化可分为全特化与偏特化，下面分别进行介绍。

### 1. 全特化

全特化就是将模板中的模板参数全部指定为确定的类型，其标志就是产生出完全确定的东西。对于类模板，包括类的所有成员函数都要进行特化。进行类模板特化时，需要将类的成员函数重新定义为普通成员函数。

在全特化时，首先使用template<>进行全特化声明，然后重新定义需要全特化的类模板，并指定特化类型。下面通过案例演示类模板的全特化，如例 6-9 所示。

例 6-9　specTemplate.cpp

```cpp
1  #include<iostream>
2  using namespace std;
3  //类模板
4  template<typename T>
5  class Special
6  {
7  public:
8      Special(T a, T b)
9      {
10         _a = a;
11         _b = b;
12     }
13     T compare()
14     {
```

```
15              cout<< "类模板" << endl;
16              return _a > _b ? _a : _b;
17      }
18 private:
19      T _a;
20      T _b;
21 };
22 //类模板全特化
23 template<>
24 class Special<const char*>              //指定特化类型为 const char*
25 {
26 public:
27      Special(const char* a, const char* b)
28      {
29          _a = a;
30          _b = b;
31      }
32      const char* compare()              //重新定义成员函数 compare()
33      {
34          cout<< "类模板特化" << endl;
35          if (strcmp(_a, _b)>0)
36              return _a;
37          else
38              return _b;
39      }
40 private:
41      const char* _a;
42      const char* _b;
43 };
44 int main()
45 {
46      //创建 Special<string>类对象 s1
47      Special<string> s1("hello", "nihao");
48      cout<< s1.compare() << endl;
49      //创建 Special<const char*>类对象 s2
50      Special<const char*> s2("hello", "nihao");
51      cout<< s2.compare() << endl;
52      return 0;
53 }
```

例 6-9 运行结果如图 6-9 所示。

图6-9  例6-9运行结果

在例 6-9 中, 第 4 ~ 21 行代码定义了类模板 Special。第 23 ~ 43 行代码是类模板 Special 针对 const char* 数据类型的全特化, 其中的第 32 ~ 39 行代码重新定义成员函数 compare() 为普通成员函数, 实现 const char* 类字符串的比较。第 47 ~ 48 行代码定义 Special<string>类对象 s1, 并调用 compare() 函数比较两个字符串大小; 第 50 ~ 51 行代码定义 Special<const char*>类对象 s2, 并调用 compare() 函数比较两个字符串大小。由图 6-9 可知, 对象 s1 调用的是类模板实例化出的 compare() 函数, 对象 s2 调用的是全特化之后的 compare() 函数。

### 2. 偏特化

偏特化就是模板中的模板参数没有被全部指定, 需要编译器在编译时进行确定。例如, 定义一个类模板, 示例代码如下所示:

```
template<typename T, typename U>
class A
{
};
```

将其中一个模板参数特化为 int 类型，另一个参数由用户指定，示例代码如下所示：

```
template<typename T>
class A<T, int>
{
};
```

关于模板，读者只有多加实践才能真正掌握其要领，体会到它带来的极大方便。C++中的标准模板库就是基于模板完成的，理解、掌握好模板也能为学习标准模板库打下坚实的基础。

## 6.6  本章小结

本章首先讲解了模板的概念，然后对函数模板与类型模板分别进行了讲解。函数模板中讲解了函数模板的定义、实例化和函数模板的重载；类模板中讲解了类模板的定义、实例化、类模板与友元函数、类模板与派生。最后讲解了模板的特化，包括全特化与偏特化。模板是 C++语言中非常重要的内容，它与 C++的标准模板库联系紧密，学好模板，对以后学习 STL 非常重要。

## 6.7  本章习题

### 一、填空题

1. 函数模板的实例化分为_____、_____两种形式。
2. 模板的特化包括_____、_____两种形式。
3. 约束模板友元函数实例化类型取决于_____实例化时的类型。
4. 关键字_____用于声明模板。
5. 把普通函数声明为类模板的友元函数，这样的友元函数称为_____。

### 二、判断题

1. 函数模板可以像函数一样进行重载。                                      （      ）
2. 类模板派生时需要指定模板参数类型，根据模板参数类型创建具体的类作为基类。（      ）
3. 类模板的派生类对象初始化与普通类一致。                              （      ）
4. 函数模板中声明的对象或变量不能与模板参数同名。                      （      ）
5. 模板参数名在同一模板参数列表中只能使用一次。                        （      ）

### 三、选择题

1. 关于函数模板，下列描述错误的是（      ）（多选）。
   A. 函数模板必须由程序员实例化为可执行的模板函数
   B. 函数模板的实例化由编译器实现
   C. 一个类中，只要有一个函数模板，这个类就是类模板
   D. 类模板的成员函数都是函数模板，类模板实例化后，成员函数也随之实例化
2. 下列模板声明中，正确的是（      ）。
   A. template<typename T1,T2>          B. template<class T1,T2>
   C. template< T1, T2>                 D. template<typename T1, typename   T2>
3. 若定义如下函数模板：

```
Template<typename T>
Max(T a,T b,T &c)
{
```

```
  c=a+b;
}
```

则下列 Max()函数模板能够调用成功的选项是（　　　）。

    A．int x,y;char z;Max(x,y,z);　　　　　　B．double x,y,z; Max(x,y,z);

    C．int x,y;float z; Max(x,y,z);　　　　　　D．float x;double y,z; Max(x,y,z);

4．关于类模板的模板参数，下列说法错误的是（　　　）。

    A．可以作为数据成员类型　　　　　　　B．可以作为成员函数的返回类型

    C．可以作为成员函数的参数类型　　　　D．以上说法都正确

5．类模板的使用实际上是将类模板实例化成为一个（　　　）。

    A．函数　　　　　　　B．对象　　　　　　C．类　　　　　　　D．抽象类

## 四、简答题

1．简述什么是模板。

2．简述什么是模板特化。

3．简述类模板的友元函数有哪几种。

## 五、编程题

1．已知一个有若干元素的数组 arr，使用函数模板求该数组的最大值。

2．编写一个类模板对数组元素进行排序、求和。

# 第 7 章

# STL

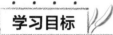

**学习目标**

★ 了解 STL 组件构成

★ 掌握序列容器

★ 掌握关联容器

★ 掌握容器适配器

★ 了解常见的迭代器

★ 了解迭代器适配器

★ 掌握常用的算法

标准模板库（Standard Template Library，STL）是所有 C++ 编译器和操作系统平台都支持的一种模板库。STL 提供了大量的复用软件组织，能让 C++ 程序设计者快速而高效地进行开发。本章将针对 STL 中的容器、迭代器、算法等核心内容进行讲解。

## 7.1 STL 组成

STL 是惠普实验室开发的一系列标准化组件的统称。它是由 Alexander Stepanov、Meng Lee 和 David R. Musser 在惠普实验室工作时开发出来的。在 1994 年，STL 被纳入 C++ 标准，成为 C++ 库的重要组成部分。

STL 主要由六个部分组成：空间配置器（Allocator）、适配器（Adapters）、容器（Containers）、迭代器（Iterator）、仿函数（Functors）和算法（Algorithm）。STL 的一个基本理念就是将数据和操作分离，数据由容器加以管理，操作则由可定制的算法完成，迭代器在两者之间充当"黏合剂"。STL 的组件结构图如图 7-1 所示。

图 7-1 展示了 STL 各组件之间的关系，STL 中的每个组件都有其特定功能，组件之间又密切关联。下面分别对每个组件进行简单介绍。

### 1. 容器

容器是存储其他对象的对象，它存储的对象可以是自定义数据类型的对象，也可以是内置数据类型的对象。这些被存储的对象必须是同一种数据类型，它们归容器所有，称为容器的元素。当容器失效时，容器中的元素也会失效。容器本身包含了处理这些数据的方法。STL 中的容器共有 13 种，如表 7-1 所示。

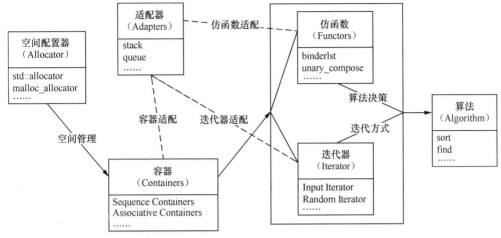

图7-1　STL组件结构图

表 7-1　STL 容器的分类

| 序列容器 | 关联容器 | 无序容器 |
| --- | --- | --- |
| vector | set | unordered_set (C++11) |
| list | multiset | unordered_ multiset(C++11) |
| deque | map | multiset_ map(C++11) |
| array(C++11) | multimap | unordered_ multimap(C++11) |
| forward_list(C++11) | | |

### 2. 空间配置器

C++标准库采用了空间配置器实现对象内存空间的分配和归还，空间配置器是特殊的内存模型。例如，使用 vector 容器，存储数据的空间由空间配置器完成内存的分配和资源回收。空间配置器本质上是对 new 和 delete 运算符再次封装而成的类模板，对外提供可用的接口，实现内存资源的自动化管理。

### 3. 适配器

适配器主要指容器适配器。容器适配器也是一类容器，它除了能存储普通数据，还可以存储 list、vector、deque 等容器。容器适配器采用特定的数据管理策略，能够使容器在操作数据时表现出另一种行为。例如，使用容器适配器 stack 封装一个 vector<int>容器，使 vector<int>容器在处理数据时，表现出栈这种数据结构的特点（先进后出）。STL 提供了三个容器适配器：stack（栈）、queue（队列）和 priority_queue（优先队列）。适配器体现了 STL 设计的通用性，极大提高了编程效率。

### 4. 迭代器

迭代器是 STL 提供的用于操作容器中元素的类模板，STL 算法利用迭代器遍历容器中的元素，迭代器本身也提供了操作容器元素的方法，使容器元素访问更便捷。迭代器将容器与算法联系起来，起到了"黏合剂"的作用，STL 提供的算法几乎都通过迭代器实现元素访问。

STL 提供了输入迭代器、输出迭代器、正向迭代器、双向迭代器和随机访问迭代器五种类型的迭代器，使用迭代器访问容器元素更简单、易用，且代码更加紧凑、简洁。

### 5. 仿函数

在前面 3.4 节我们学习了仿函数，仿函数通过重载()运算符实现，使类具有函数一样的行为。仿函数也称为函数对象，是 STL 很重要的组成部分，它使 STL 的应用更加灵活方便，增强了算法的通用性。大多数 STL 算法可以使用一个仿函数作为参数，以达到某种数据操作的目的。例如，在排序算法中，可以使用仿函数 less 或 greater 作为参数，以实现数据从大到小或从小到大的排序。

### 6. 算法

算法是 STL 定义的一系列函数模板，是 STL 非常重要的一部分内容。算法可以对容器中的元素施加特定操作。STL 算法不依赖于容器的实现细节，只要容器的迭代器符合算法要求，算法就可以通过迭代器处理容器中的元素。

## 7.2　序列容器

序列容器（Sequence Containers）也叫作顺序容器，序列容器各元素之间有顺序关系，每个元素都有固定位置，除非使用插入或删除操作改变这个元素的位置。序列容器是一种线性结构的有序群集，它最重要的特点就是可以在容器一端添加、删除元素。对于双向序列容器，允许在两端添加和删除元素。序列容器有连续存储和链式存储两种存储方式，如图 7-2 所示。

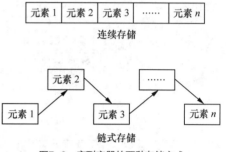

STL 提供的基本序列容器包括 vector、deque、list、array 和 forward_list 五种，在使用这五种容器时分别需要包含相应的头文件，示例代码如下：

图7-2　序列容器的两种存储方式

```
#include<vector>
#include<deque>
#include<list>
#include<array>
#include<forward_list>
```

### 7.2.1　vector

vector 容器与动态数组相同，在插入或删除元素时能够自动调整自身大小，即 vector 容器能够自动处理存储数据所需的空间。vector 容器中的元素放置在连续的内存空间中，可以使用迭代器对其进行访问和遍历。vector 容器的存储结构如图 7-3 所示。

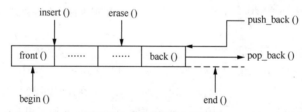

图7-3　vector容器的存储结构

vector 容器在插入元素时，插入位置之后的元素都要被顺序地向后移动，因此，在总体上 vector 容器插入操作效率并不高。插入位置越靠前，执行插入所需的时间就越多，但在 vector 容器尾部插入元素的效率比较高。

删除 vector 容器中的元素时，被删除元素后面的元素会顺序向前移动，将被删除元素留下的空位补上。删除操作的效率和插入类似，被删除元素越靠前，删除操作所需的时间就越多。

下面讲解 vector 容器的常见用法。

### 1. 创建 vector 容器

vector 模板中定义了多个重载构造函数，因此 vector 容器的创建与初始化也有多种方式。vector 容器的创建方式主要有四种。

（1）指定容器大小

指定容器大小的格式如下：

```
vector<元素类型> 对象名 (容器大小);
```

在上述格式中，"<>"中的元素类型名表示容器中元素的类型，如 int 表示容器中存储的是 int 类型的数据。"()"中指定容器大小。示例代码如下所示：

```
vector<int> v1(10);
vector<string> v2(5);
```

上述代码中，第一行代码创建了一个存储 int 类型数据的容器 v1，容器大小为 10；第二行代码创建了一个存储 string 类型数据的容器 v2，容器大小为 5。需要注意的是，vector 对象在定义后所有元素都会被初始化，如果是基本数据类型的容器，则都会被初始化为 0；如果是其他类型容器，则由类的默认构造函数初始化。

（2）指定初始值

在创建 vector 容器时，可以同时指定 vector 容器大小和初始值，格式如下所示：

```
vector<元素类型> 对象名（容器大小，元素初始值）;
```

按照上述格式创建 vector 容器，示例代码如下所示：

```
vector<int> v1(10, 1);
vector<string> v3(3, "aa");
```

上述代码中，第一行代码创建存储 int 类型数据的容器 v1，容器大小为 10，10 个元素的初始值均为 1。第二行代码创建存储 string 类型数据的容器 v2，容器大小为 3，3 个元素的初始值均为"aa"。

（3）列表初始化

C++11 新标准还提供了另外一种 vector 容器初始化方式，即用值的列表初始化，示例代码如下所示：

```
vector<int> v1{1, 2};                      //v1 有两个元素
vector<string> v2 = { "a", "b", "c" };     //v2 有三个元素
```

使用列表初始化时，带 "=" 符号与不带 "=" 符号均可。

（4）初始化状态为空

初始化状态为空，即创建 vector 对象时不指定大小也不指定初始值，示例代码如下所示：

```
vector<int> v1;                            //创建存储 int 类型数据的容器 v1
```

除了上述方式，vector 容器还可以用另外一个 vector 容器完成初始化，示例代码如下所示：

```
vector<int> v1(10, 1);
vector<int> v2(v1);                        //用容器 v1 初始化容器 v2
vector<int> v3 = v2;                       //用容器 v2 给容器 v3 赋值
```

需要注意的是，用一个 vector 容器初始化另一个容器或相互赋值时，两个 vector 容器的元素类型必须相同。

### 2．获取容器容量和实际元素个数

vector 容器的容量与容器实际元素个数并不一定相同，容器容量指容器最多可以存储的元素个数，是容器预分配的内存空间。而容器实际元素个数可能小于容器容量。vector 提供了两个函数 capacity()和 size()，分别用于获取容器容量和容器实际元素个数，这两个函数的调用形式如下所示：

```
v.capacity();
v.size();
```

在上述代码中，v 是创建的 vector 容器，如无特殊说明，后续讲解的 vector 容器的函数调用，其中 v 均指 vector 容器。capacity()函数返回容器的容量，size()函数返回容器实际元素个数。

### 3．访问容器中的元素

由于 vector 重载了 "[]" 运算符，因此可以使用索引方式访问 vector 容器中的元素。此外，vector 容器还提供了一个成员函数 at()，用于随机访问容器中的元素。at()函数调用形式如下所示：

```
v.at(int idx);
```

在上述 at()函数的调用形式中，参数 idx 表示索引。at()函数返回值为索引指向的数据。

### 4．赋值函数

vector 容器中的元素可以在创建容器时指定，也可以通过 "[]" 运算符完成赋值。除此之外，vector 容器还提供了一个成员函数 assign()，用于给空的 vector 容器赋值。assign()函数有两种重载形式，分别如下所示：

```
v.assign(n, elem);             //将 n 个 elem 元素赋值给容器
v.assign(begin, end);          //将[begin, end]区间中的元素赋值给容器
```

assign()函数的两种重载形式都可以完成容器元素赋值：第一种形式给元素赋同样的数据值；第二种形式以指定区间给元素赋值。需要注意的是，区间是左闭右开，即第一个区间值可以使用，最后一个区间值不可以使用。

### 5. 获取头部和尾部元素

vector 容器提供了 front()函数与 back()函数，分别用于获取容器的头、尾元素。front()函数和 back()函数调用形式如下所示：

```
v.front();                              //获取容器头部元素（第一个元素）
v.back();                               //获取容器尾部元素（最后一个元素）
```

### 6. 从尾部插入和删除元素

vector 容器提供了一对函数 push_back()与 pop_back()，分别用于从尾部添加元素和删除尾部元素。push_back()函数和 pop_back()函数调用形式如下所示：

```
v.push_back(type elem& t);
v.pop_back();
```

下面通过案例演示 vector 容器的用法，如例 7-1 所示。

例7-1　element.cpp

```
1   #include<iostream>
2   #include<vector>
3   using namespace std;
4   int main()
5   {
6       vector<int> v;                      //创建一个空的vector 容器v
7       for(int i=0;i<10;i++)
8           v.push_back(i+1);               //从尾部向容器v中插入10个元素
9       for(int i=0;i<10;i++)
10          cout<<v[i]<<" ";                //输出容器v中的元素
11      cout<<endl;
12      v.pop_back();                       //删除尾部元素
13      for(int i=0;i<9;i++)                //此时元素个数为9
14          cout<<v[i]<<" ";                //输出容器v中的元素
15      cout<<endl;
16      return 0;
17  }
```

例 7-1 运行结果如图 7-4 所示。

图7-4　例7-1运行结果

在例 7-1 中，第 6 行代码创建了一个空的 vector 容器 v。第 7～10 行代码在 for 循环中调用 push_back() 函数向容器尾部添加元素，并输出容器 v 中元素。由图 7-4 可知，10 个元素均添加成功，且成功输出了 10 个元素。第 12 行代码调用 pop_back()函数删除了末尾的元素 10。第 13～14 行代码在 for 循环中输出容器 v 中的元素。由图 7-4 可知，末尾元素 10 删除成功。

### 7. 容器的迭代器

vector 容器提供了迭代器，通过迭代器可以访问、修改容器中的元素。vector 容器提供了 iterator、const_iterator、reverse_iterator 和 const_reverse_iterator 四种迭代器，这四种迭代器作用分别如下。

- iterator：正向遍历容器元素。
- reverse_iterator：反向遍历容器元素。
- const_iterator：正向遍历容器元素，但通过 const_iterator 只能访问容器元素，不能修改元素的值。
- const_reverse_iterator：反向遍历容器元素，但通过 const_reverse_iterator 只能访问容器元素，不能修改元素的值。

在使用迭代器之前，必须先定义迭代器对象，vector 容器迭代器对象的定义格式如下所示：

```
vector<元素类型> 迭代器 迭代器对象名称;
```

在实际编程中，通常将创建的迭代器对象简称为迭代器。迭代器可以执行++、--、与整数相加减等算术运算，以达到遍历容器元素的目的。

vector 提供了获取上述四种迭代器的成员函数，如表 7-2 所示。

表 7-2　vector 容器获取迭代器的函数

| 函数 | 含义 |
|------|------|
| begin() | 返回容器的起始位置的迭代器 iterator |
| end() | 返回迭代器的结束位置的迭代器 iterator |
| rbegin() | 返回容器结束位置作为起始位置的反向迭代器 reverse_iterator |
| rend() | 返回反向迭代的最后一个元素之后的位置的反向迭代器 reverse_iterator |
| cbegin() | 返回容器中起始位置的常量迭代器 const_iterator，不能修改迭代器指向的内容(C++11) |
| cend() | 返回迭代器的结束位置的常量迭代器 const_iterator，不能修改迭代器指向的内容(C++11) |
| crbegin() | 返回容器结束位置作为起始位置的迭代器 const_reverse_iterator(C++11) |
| crend() | 返回第一个元素之前位置的常量迭代器 const_iterator (C++11) |

需要注意的是，迭代器遍历容器到达尾部时，指向最后一个元素的后面，而不是指向最后一个元素，即使用 end()函数、rend()函数、cend()函数和 crend()函数获取的迭代器，指向最后一个元素后面的位置，而不是指向最后一个元素。

下面通过案例演示迭代器的用法，如例 7-2 所示。

例 7-2　iterator.cpp

```
1   #include<iostream>
2   #include<vector>
3   using namespace std;
4   int main()
5   {
6       vector<int> c={1,2,3};                   //创建 vector 容器 c
7       vector<int>::iterator pos;               //定义 iterator 迭代器 pos
8       vector<int>::reverse_iterator pos_r;     //定义 reverse_iterator 迭代器 pos_r
9       cout<<"iterator 迭代器:";
10      for(pos=c.begin();pos!=c.end();++pos)    //使用迭代器 pos 遍历容器 c 中的元素
11      {
12          cout<<*pos<<" ";
13      }
14      cout<<endl<<"reverse_iterator 迭代器:";
15      //使用迭代器 pos_r 反向遍历容器 c 中的元素
16      for(pos_r=c.rbegin();pos_r!=c.rend();++pos_r)
17      {
18          cout<<*pos_r<<" ";
19      }
20      return 0;
21  }
```

例 7-2 运行结果如图 7-5 所示。

图7-5　例7-2运行结果

在例 7-2 中，第 6 行代码创建了一个 vector 容器 c；第 7~8 行代码分别创建了 iterator 迭代器对象 pos 和 reverse_iterator 迭代器对象 pos_r。第 10~13 行代码通过 for 循环使用迭代器 pos 遍历容器 c 中的元素并输出。

由图 7–5 可知，使用迭代器 pos 成功遍历了容器 c 中的元素。第 16~19 行代码通过 for 循环使用迭代器 pos_r 遍历容器 c。由图 7–5 可知，迭代器 pos_r 反向遍历容器 c 中的元素。

**▌▌▌ 小提示：迭代器失效**

vector 容器是一个顺序容器，在内存中是一块连续的内存，当插入或删除一个元素后，内存中的数据会移动，从而保证数据的连续。当插入或删除数据后，其他数据的地址可能会发生变化，迭代器获取容器位置信息的数据不正确，即迭代器失效，会导致访问出错。

**8. 在任意位置插入和删除元素**

vector 提供了一对向容器任意位置插入和删除元素的函数 insert() 与 erase()。其中，insert() 函数用于向容器中插入元素，它有三种重载形式，分别如下所示：

```
v.insert(pos, elem);                    //在 pos 位置插入元素 elem
v.insert(pos, n, elem):                 //在 pos 位置插入 n 个 elem 元素
v.insert(pos, begin, end);              //在 pos 位置插入[begin, end]区间的数据
```

erase() 函数用于删除容器中的元素，它有两种重载形式，分别如下所示：

```
v.erase(pos);                           //删除 pos 位置上的元素
v.erase(begin, end);                    //删除[begin, end]区间的数据
```

insert() 函数与 erase() 函数中的位置参数只能由 begin()、end() 等函数返回的迭代器指示，不能用纯粹的数字。下面通过案例演示这两个函数的用法，如例 7–3 所示。

例 7-3  randomInsert.cpp

```
1   #include<iostream>
2   #include<vector>
3   using namespace std;
4   int main()
5   {
6       vector<char> v;                     //创建空的 vector 容器 v
7       v.insert(v.begin(), 'a');           //在头部位置插入元素 a
8       v.insert(v.begin(), 'b');           //在头部位置插入元素 b
9       v.insert(v.begin(), 'c');           //在头部位置插入元素 c
10      v.insert(v.begin() + 1, 5, 't');    //在 v.begin()+1 位置插入 5 个元素 t
11      for(int i = 0; i < 8; i++)          //输出容器 v 中的元素
12          cout << v[i] << " ";
13      cout << endl;
14      cout << "after erase elems:\n";
15      //删除 begin()+1 到 begin()+6 区间的 5 个元素
16      v.erase(v.begin() + 1, v.begin() + 6);
17      for(int i = 0; i <3; i++)           //输出容器 v 中的元素
18          cout << v[i] << " ";
19      cout << endl;
20      return 0;
21  }
```

例 7–3 运行结果如图 7–6 所示。

在例 7–3 中，第 6 行代码创建了一个存储 char 类型数据的空容器 v。第 7~9 行代码调用 insert() 函数在容器 v 头部分别插入元素 a、b、c；第 10 行代码调用 insert() 函数在容器第 2 个位置插入 5 个元素 t，此时，元素 b 和元素 a 会依次向后移动 5 个位置。第 11~12 行代码通过 for 循环遍历输出容器 v 中的元素，由图 7–6 可知，调用 insert() 函数成功插入了

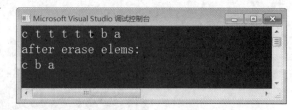

图7–6  例7–3运行结果

各个元素。第 16 行代码调用 erase() 函数删除第 2 个位置到第 6 个位置之间的 5 个元素。需要注意的是，删除区间元素时，区间是左闭右开，即第 2 个位置上的元素会删除，而第 6 个位置上的元素不会删除。由图 7–6 可知，erase() 函数删除了 5 个元素 t。

**多学一招：deque容器**

deque 容器与 vector 容器非常相似，采用动态内存管理的方式存储元素。与 vector 不同的是，deque 是两端开口的，支持从两端插入、删除数据，并支持元素的随机访问。deque 容器的存储结构如图 7-7 所示。

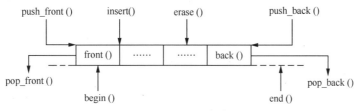

图7-7　deque容器的存储结构

deque 的操作方法和 vector 容器几乎相同。最大的区别是 deque 容器不支持 vector 容器中的 reserve()函数、capacity()函数和 data()函数，并且新增了 pop_front()、push_front()函数，用于从队首弹出、插入元素。

## 7.2.2　array

array 是 C++11 标准新增加的容器，它也是一个序列容器，只是 array 的大小是固定的，一旦分配了 array 容器，其大小就不能再改变，不允许向 array 容器插入元素或从 array 容器中删除元素，即 array 容器不支持插入、删除操作。array 容器的存储结构如图 7-8 所示。

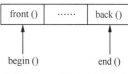

由图 7-8 可知，array 容器的存储结构和数组的存储结构一致，但是它比数组更灵活。下面分别讲解 array 容器的常见用法。

图7-8　array容器的存储结构

### 1. 创建 array 容器

创建 array 容器的时候需要指定元素类型和元素个数，示例代码如下：

```
array<int,3>a1;                           //定义大小为 3 的 array 容器 a1
array<int,3>a2={1,2,3};                   //定义 array 容器 a2
```

### 2. 修改容器元素

array 提供了 fill()函数和 swap()函数用于修改元素。fill()函数使用指定的数据填充容器；swap()函数用于交换两个容器的元素。fill()函数和 swap()函数的调用形式如下所示：

```
fill(val);                                //使用 val 填充容器
a1.swap(a2);                              //交换容器 a1 和容器 a2 的元素
```

下面通过案例演示 array 容器的使用，如例 7-4 所示。

例 7-4　array.cpp

```
1   #include<iostream>
2   #include<array>
3   using namespace std;
4   int main()
5   {
6       array<int,3>c={1,2,3};                //创建 array 容器 c
7       array<int,3>c1={2,3,4};               //创建 array 容器 c1
8       array<int,3>::iterator pos;           //定义 iterator 迭代器 pos
9       c.swap(c1);                           //交换容器 c 和容器 c1 的元素
10      for(pos=c.begin();pos!=c.end();++pos) //使用迭代器 pos 遍历容器 c 中的元素
11      {
12          cout<<*pos<<" ";
13      }
14      return 0;
15  }
```

例 7-4 运行结果如图 7-9 所示

在例 7-4 中，第 6、7 行代码创建了两个 array 容器 c 和 c1。第 8 行代码定义了 array 容器的 iterator 迭代器 pos。第 9 行代码调用 swap()函数交换容器 c 和容器 c1 的元素。第 10～13 行代码在 for 循环中使用迭代器 pos 遍历容器 c，并输出元素。由图 7-9 可知，容器 c 和容器 c1 交换成功，并且使用迭代器 pos 成功遍历了容器 c。

图7-9　例7-4运行结果

### 7.2.3　list

list 容器以双向链表形式实现，list 容器通过指针将前面的元素和后边的元素链接到一起。list 容器的存储结构如图 7-10 所示。

与 vector 容器和 deque 容器相比，list 容器只能通过迭代器访问元素，不能通过索引方式访问元素。因为同为序列容器，list 容器的接口大部分与 vector 和 deque 容器都相同，所以读者学习起来也比较容易。下面讲解 list 容器的常见用法。

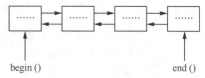

图7-10　list容器的存储结构

#### 1. 创建 list 容器

list 类模板中也实现了多个重载构造函数，因此 list 容器的创建也有多种方式。创建 list 容器的几种常见方式如下所示：

```
list<T> lt;                  //创建一个空的 list 容器 lt
list<T> lt(n);               //创建一个 list 容器 lt，大小为 n
list<T> lt(n, elem);         //创建一个 list 容器 lt，包含 n 个 elem 元素
list<T> lt(begin, end);      //创建一个 list 容器 lt，用[begin, end)区间的值为元素赋值
list<T> lt(lt1);             //创建一个 list 容器 lt，用容器 lt1 初始化
```

#### 2. 赋值

list 容器也提供了 assign()函数为容器元素赋值，assign()函数有两种重载形式，分别如下所示：

```
lt.assign(n, elem);          //将 n 个 elem 元素的值赋给 lt
lt.assign(begin, end);       //用[begin, end)区间的值给 lt 中的元素赋值
```

在 list 容器中，assign()函数的用法和 vector 中的 assign()函数用法一样，这里不再举例说明。

#### 3. 元素访问

因为 list 容器是由链表实现的，内存区域并不连续，所以无法用"[]"运算符访问元素，也没有可随机访问元素的 at()方法，但 list 容器提供了 front()函数和 back()函数用于获取头部元素和尾部元素。此外，list 容器也支持迭代器访问元素，提供了 iterator、const_iterator、reverse_iterator 和 const_reverse_iterator 四种迭代器，还提供了获取这四种迭代器的成员函数。list 迭代器的用法与 vector 迭代器相同，这里不再举例演示。

#### 4. 插入元素和删除元素

list 容器提供了多个函数用于向容器中添加元素，这些函数调用形式如下所示：

```
lt.push_back();              //在尾部插入元素
lt.push_front();             //在头部插入元素
lt.insert(pos, elem);        //在 pos 位置插入元素 elem
lt.insert(pos, n, elem);     //在 pos 位置插入 n 个元素 elem
lt.insert(pos, begin, end);  //在 pos 位置插入[begin, end)区间的值作为元素
```

上述函数的用法与 deque 容器中的函数用法一样，即 list 容器可以从头尾两端添加元素，也可以从中间添加元素。list 容器也提供了多个函数用于删除元素，可以从头尾两端删除元素，也可以删除中间任意一个元素。list 各个删除函数调用形式如下所示：

```
lt.pop_back();               //从尾部删除元素
lt.pop_front();              //从头部删除元素
lt.erase(pos);               //从中间删除元素
lt.erase(begin, end);        //删除[begin, end)区间的元素
lt.remove(elem);             //从容器中删除所有与 elem 匹配的元素
```

下面通过案例演示 list 容器的使用，如例 7-5 所示。

例 7-5　listfunc.cpp

```cpp
1   #include<iostream>
2   #include<list>
3   using namespace std;
4   template<typename T>
5   void print(list<T> mylist)              //定义函数模板，输出list容器元素
6   {
7       typename list<T>::iterator it;      //创建list的iterator迭代器
8       for(it = mylist.begin(); it != mylist.end(); it++)
9           cout << *it << " ";
10      cout << endl;
11  }
12  int main()
13  {
14      list<int> lt;                       //创建空的list容器lt
15      for(int i = 0; i < 10; i++)
16          lt.push_back(i + 1);            //向容器中添加元素
17      cout << "输出list容器中的元素: " << endl;
18      print(lt);
19      lt.pop_back();                      //删除最后一个元素
20      lt.push_front(5);                   //在头部添加元素5
21      cout << "再次输出list容器中的元素: " << endl;
22      print(lt);
23      lt.remove(5);                       //删除元素5
24      cout << "删除5之后，输出list容器中的元素: " << endl;
25      print(lt);
26      return 0;
27  }
```

例 7-5 运行结果如图 7-11 所示。

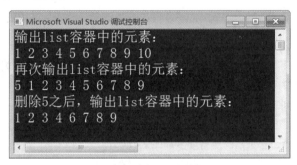

图7-11　例7-5运行结果

在例 7-5 中，第 4 ~ 11 行代码定义了一个函数模板 print() 用于输出 list 容器中的元素。print() 函数模板的参数为 list 容器，在函数模板内部，创建 list 的 iterator 迭代器，通过迭代器遍历容器元素并输出。第 14 ~ 16 行代码创建 list 容器 lt，并在 for 循环中调用 push_back() 函数从尾部插入元素。第 18 行代码调用 print() 函数输出容器 lt 中的元素。由图 7-11 可知，print() 成功输出了容器 lt 中的元素。第 19 行代码调用 pop_back() 函数删除容器 lt 尾部元素 10。第 20 行代码调用 push_front() 函数将元素 5 插入容器 lt 的头部。第 22 行代码再次调用 print() 函数输出容器 lt 中的元素，由图 7-11 可知，容器 lt 的元素 10 被删除，头部元素为 5。第 23 行代码调用 remove() 函数删除元素 5；第 25 行代码调用 print() 函数输出容器 lt 中的元素，由图 7-11 可知，容器 lt 中的元素 5 已经被删除。

## 7.2.4　forward_list

C++11 标准新增了 forward_list 容器，该容器由单链表实现。在 forward_list 容器中，除了最后一个元素，每个元素与下一个元素通过指针链接。由于 forward_list 容器是单链表实现的，因此它只能向后迭代。forward_list 容器的存储结构如图 7-12 所示。

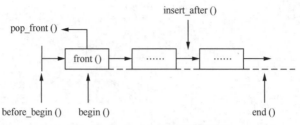

图7-12 forward_list容器的存储结构

由于同为链式存储的容器，因此 forward_list 的接口与 list 大部分相同。但是又因为 forward_list 是单链式存储，所以 forward_list 还提供了一些自己特有的函数，下面分别进行讲解。

### 1. 插入和删除元素

forward_list 容器不支持 insert()函数和 erase()函数，但它提供了 insert_after()函数和 erase_after()函数用于插入和删除元素。insert_after()函数和 erase_after()函数的调用形式如下所示：

```
insert_after(pos,val);              //将元素 val 插入 pos 位置
insert_after(pos,begin,end);        //在 pos 位置插入[begin,end) 区间内的元素
erase_after(pos);                   //删除 pos 位置的元素
erase_after(begin,end);             //删除[begin,end) 区间内的元素
```

### 2. 获取迭代器

forward_list 新增了两个函数 before_begin()和 cbefore_begin()，其中，before_begin()函数用于获取指向容器第一个元素之前位置的迭代器；cbefore_begin()用于获取指向容器第一个元素之前位置的 const_iterator 迭代器。

由于 forward_list 容器的用法与 list 容器相似，这里不再使用案例演示。

## 7.3 关联容器

序列容器中元素的顺序都是由程序设计者决定的，程序设计者可以随意指定新元素的插入位置，而关联容器的所有元素都是经过排序的，即关联容器都是有序的。它的每一个元素都有一个键（key），容器中的元素是按照键的取值升序排列的。

关联容器内部实现为一个二叉树，在二叉树中，每个元素都有一个父节点和两个子节点，左子树的所有元素都比父节点小，右子树的所有元素都比父节点大。关联容器的有序二叉树如图7-13 所示。

关联容器内部结构都以这种二叉树结构实现，这也使得它可以高效地查找容器中的每一个元素，但却不能实现任意位置的操作。

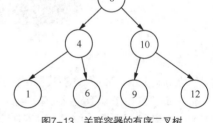

图7-13 关联容器的有序二叉树

STL 提供了四种关联容器，分别是 set、multiset、map 和 multimap，其中 set 与 multiset 包含在头文件 set 中，map 与 multimap 包含在头文件 map 中。下面分别对这四种容器进行简单介绍。

### 1. set 与 multiset

set 与 multiset 都是集合，用于存储一组相同数据类型的元素。两者的区别是 set 用来存储一组无重复的元素，而 multiset 允许存储有重复的元素。

集合支持插入、删除、查找等操作，但集合中的元素值不可以直接修改，因为这些元素都是自动排序的，如果想修改其中某一个元素的值，必须先删除原有的元素，再插入新的元素。

### 2. map 与 multimap

map 与 multimap 称为映射，映射与集合的主要区别在于，集合的元素是键本身，而映射的元素是由键和附加数据构成的二元组，它很像"字典"，通过给定的键，可以快速找出与键对应的值。因此，映射的二叉

树节点中存储了两个数据，一个是用来定位的数据，称为键；另一个是与键对应的数据，称为值。通常也说，映射中存储的是一键值对，映射的一种通常用法就是根据键查找对应的值。

映射可分为单重映射（map）与多重映射（multimap），两者的主要区别是：map 存储的是无重复键的元素对，而 multimap 允许相同的键重复出现，即一个键可以对应多个值，如图 7-14 所示。

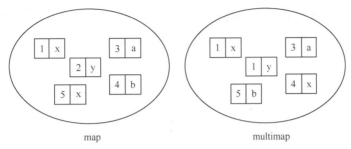

图7-14　map与multimap

## 7.3.1 set 和 multiset

如前所述，set 与 multiset 的区别在于是否允许有重复元素，其他用法都很相似，因此将这两种容器放在一起讲解。下面讲解 set 和 multiset 的常用方法。

### 1. 创建 set 与 multiset 容器

set 与 multiset 都重载了多个构造函数，因此创建 set 和 multiset 容器的方式有多种。set 容器的创建方式主要有以下五种：

```
set<T> s;                  //创建一个空的 set 容器，默认升序排列
set<T,op> s;               //创建一个空的 set 容器，按 op 规则排序
set<T> s(begin,end);       //创建一个容器，用[begin,end]区间为其初始化
set<T,op> s(begin,end);    //创建一个容器，用[begin,end]区间为其初始化，并按 op 规则排序
set<T> s(s1);              //创建一个空的 set 容器，用另一个容器 s1 初始化
```

下面分别用这五种方式创建 set 容器，示例代码如下所示：

```
set<char> s1;
set<int,greater<int>()> s2;
set<float> s3(begin,end);
set<string,greater<string>()> s4(begin,end);
set<int> s5(s2);
```

上述代码分别用不同的方式定义了 char、int 等类型的 set 容器，其中容器 s2 与 s4 中的 greater<T>是排序规则，指定容器中的元素按照从大到小的顺序排列。如果没有指定排序规则，则默认规则是 less<T>，即容器中元素按照从小到大的顺序排列。greater<T>、less<T>是 STL 中定义的函数对象，包含在 functional 头文件中。

multiset 容器的创建方式与 set 容器相同，示例代码如下所示：

```
multiset<char> ms1;
multiset<int,greater<int>()> ms2;
multiset<float> ms3(begin,end);
multiset<string,greater<string>()> ms4(begin,end);
multiset<int> ms5(s2);
```

### 2. 容器的大小

与其他容器一样，set 与 multiset 容器也提供了获取容器实际元素个数的函数 size()、判断容器是否为空的函数 empty()，以及返回容器容量的成员函数 max_size()，这些函数的调用形式如下所示：

```
s.size();                  //返回容器中实际元素个数
s.empty();                 //判断容器是否为空
s.max_size();              //返回容器容量
```

上述函数调用中的 s 指集合容器，如无特殊说明，s 既可以是 set 容器也可以是 multiset 容器，即两个容器都提供了这样的函数。

### 3. 容器元素的查找和统计

set 与 multiset 容器还提供了查找函数 find() 和统计函数 count()，这两种函数的调用形式如下所示：

```
s.find(elem);
s.count(elem);
```

find() 函数的功能是在容器中查找 elem 元素是否存在，如果元素存在，返回指向查找元素的迭代器；如果元素不存在，返回末尾迭代器。count() 函数用于统计 elem 元素的个数。对于 set 容器，count() 函数的返回值只能是 0 或 1；对于 multiset 容器，count() 函数返回值可能大于 1。

### 4. 容器的迭代器

set 与 multiset 容器支持迭代器操作，提供了 iterator、const_iterator、reverse_iterator 和 const_reverse_iterator 四种迭代器，并且提供了获取这四种迭代器的成员函数。set 与 multiset 的迭代用法与 vector 迭代器相同。

### 5. 插入和删除元素

set 与 multiset 容器提供了 insert() 函数与 erase() 函数，用于向容器中插入和删除元素。insert() 函数主要有三种重载形式，分别如下所示：

```
s.insert(elem);            //在容器中插入元素 elem
s.insert(pos,elem);        //在 pos 位置插入元素 elem
s.insert(begin,end);       //在容器中插入[begin,end]区间的元素
```

第一种形式的 insert() 函数将元素 elem 插入容器中。对于 set 容器，第一种形式的 insert() 函数调用的返回值是一个 pair<iterator, bool> 对象。pair<iterator, bool> 对象的第一个参数 iterator 是迭代器，指示元素插入的位置；第二个参数 bool 类型的值代表元素是否插入成功。这是因为 set 容器中不允许存在重复的元素，如果要插入一个容器中已存在的元素，则插入操作会失败，而 pair 中的 bool 值标志插入是否成功。multiset 容器则不存在这样的情况，因此 multiset 容器返回的是一个 iterator。

第二种形式的 insert() 函数将元素 elem 插入指定位置 pos，返回指向 pos 位置的迭代器。

第三种形式的 insert() 函数将[begin,end）区间的元素插入容器，函数没有返回值。

set 与 multiset 容器提供的 erase() 函数主要有三种重载形式，分别如下所示：

```
s.erase(pos);              //删除 pos 位置上的元素
s.erase(begin,end);        //删除[begin, end)区间的元素
s.erase(elem);             //删除元素 elem
```

下面通过案例演示 set 与 multiset 容器的使用，如例 7-6 所示。

例 7-6　set_multiset.cpp

```
1   #include<iostream>
2   #include<set>
3   #include<functional>
4   using namespace std;
5   int main()
6   {
7       set<int,greater<int>> s;              //创建 set 容器 s，元素按降序排列
8       multiset<char> ms;                    //创建 multiset 容器 ms
9       //向 s 中插入元素
10      pair<set<int>::iterator,bool> ps;
11      ps = s.insert(12);
12      if(ps.second == true)
13          cout << "insert success" << endl;
14      s.insert(39);
15      s.insert(32);
16      s.insert(26);
17      //向 ms 中插入元素
18      ms.insert('a');
19      ms.insert('z');
20      ms.insert('T');
21      ms.insert('u');
22      ms.insert('u');
23      //输出两个容器中的元素
24      set<int>::iterator its;               //创建容器 s 的迭代器，用于获取元素
```

```
25    cout << "s 容器中元素: ";
26    for(its = s.begin(); its != s.end(); its++)
27        cout << *its << " ";
28    cout << endl;
29    multiset<char>::iterator itms;          //创建容器 ms 的迭代器
30    cout << "ms 容器中元素: ";
31    for(itms = ms.begin(); itms != ms.end(); itms++)
32        cout << *itms << " ";
33    cout << endl;
34    //查找容器 ms 中元素 u 的个数
35    cout << "ms 容器中 u 元素个数: " << ms.count('u') << endl;
36    return 0;
37 }
```

例 7-6 运行结果如图 7-15 所示。

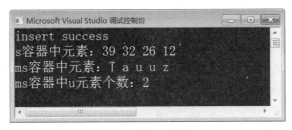

图 7-15　例 7-6 运行结果

在例 7-6 中，第 7 ~ 8 行代码分别创建了 set 容器 s 和 multiset 容器 ms，其中，容器 s 存储 int 类型数据，元素按照由大到小的顺序排列；容器 ms 存储 char 类型的数据。第 10 ~ 13 行代码创建一个 pair 对象，并调用 insert() 函数将 pair 对象表示的元素插入容器 s 中。由图 7-15 可知，元素插入成功。第 14 ~ 16 行代码调用 insert() 函数向容器 s 中插入其他元素。第 18 ~ 22 行代码调用 insert() 函数向容器 ms 中插入元素。

第 24 ~ 32 行代码定义容器 s 和容器 ms 的 iterator 迭代器，使用迭代器遍历容器中的元素并输出。由图 7-15 可知，容器 s 和容器 ms 中的元素成功遍历输出。第 35 行代码通过容器 ms 调用 count() 函数，查找容器 ms 中元素 u 的个数。由图 7-15 可知，容器 ms 中元素 u 的个数为 2。

## 多学一招：pair 类模板

在头文件 utility 中，定义了一个类模板 pair。pair 类模板的定义如下所示：

```
template<class T1, class T2>
struct pair
{
    typedef T1 first_type;
    typedef T2 second_type;
    T1 first;
    T2 second;
    pair():first(T1()), second(T2()) {}
    pair(const T1& a, const T2& b):first(a), second(b) {}
    #ifdef __STL_MEMBER_TEMPLATES
    // 允许使用兼容的 pair 进行复制构造
    template<class U1, class U2>
    pair(const pair<U1, U2>& p):first(p.first), second(p.second) {}
    #endif
};
```

pair 的主要作用是将两个数据进行组合，用来表示一个二元组或一个元素对，两个数据可以是同一个类型，也可以是不同的类型。

当需要将两个元素组合在一起时，可以选择构造 pair 对象。当一个函数需要返回两个数据时，可以返回一个 pair 对象。例如，set 容器的 insert() 函数第一种重载形式，就返回一个 pair 对象。下面讲解一下 pair 对象的创建与使用。

### 1. 创建 pair 对象

创建 pair 对象可以调用 pair 的构造函数，还可以调用 STL 提供的 make_pair()函数。make_pair()是一个函数模板，原型如下所示：

```
template<class T1,class T2>
pair<V1,V2> make_pair(T1&& t, T2&& u);
```

在上述函数模板原型中，参数 t 与 u 是构成 pair 对象的两个数据。make_pair()函数内部调用的仍然是 pair 构造函数。

使用 pair 构造函数和 make_pair()函数创建 pair 对象，示例代码如下所示：

```
pair<int,string> p1(1, "abc");
make_pair(1, "abc");
```

### 2. pair 对象的使用

pair 类模板提供了两个成员变量 first 与 second，first 表示 pair 对象中的第一个元素，second 表示第二个元素。例如下面的代码：

```
pair<int,string> p1(1, "abc");
cout << p1.first << endl;
cout << p1.second << endl;
```

上述代码创建了一个 pair 对象 p1，p1.first 获取的是第一个元素，即 int 类型的 1；p1.second 获取的是第二个元素，即 string 类型的"abc"。

## 7.3.2   map 和 multimap

map 与 multimap 容器中存储的是元素对（key-value），因此 map 和 multimap 容器通常也被理解为关联数组，可以使用键（key）作为下标获取对应的值（value）。关联的本质在于元素的值与某个特定的键相关联，而不是通过位置索引获取元素。下面讲解 map 和 multimap 容器的创建及常用操作方法。

### 1. 创建 map 与 multimap 容器

map 与 multimap 重载了多个构造函数，因此 map 和 multimap 容器的创建方式有多种。map 容器的创建方式主要有以下五种：

```
map<T1,T2> m;                        //创建一个空的 map 容器
map<T1,T2,op> m;                     //创建一个空的 map 容器，以 op 为准则排序
map<T1,T2> m(begin,end);             //创建一个 map 容器，用[begin, end)区间赋值
map<T1,T2> m(begin,end,op);          //创建一个 map 容器，用[begin, end)区间赋值，op 为排序准则
map<T1,T2> m(m1);                     //创建一个 map 容器，用另一个 map 容器 m1 初始化
```

下面分别用五种方式创建 map 容器，示例代码如下所示：

```
map<int, int> m1;
map<char, float, greater<int>()> m2;
map<string, int> m3(begin, end);
map<string, int, greater<string>()> m4(begin, end);
map<int, int> m5(m1);
```

上述代码分别调用不同的构造函数创建了五个 map 容器。需要注意的是，创建 map 容器时，类型参数必须有两个，这两个类型参数可以相同，也可以不同。

multimap 容器的创建方式与 map 容器相同，创建 multimap 容器的示例代码如下所示：

```
multimap<int, int> mt1;
multimap<char, float, greater<int>()> mt2;
multimap<string, int> mt3(begin, end);
multimap<string, int, greater<string>()> mt4(begin, end);
multimap<int, int> mt5(m1);
```

### 2. 容器大小

map 和 multimap 容器提供了 max_size()函数、size()函数和 count()函数，其中，max_size()函数和 size()函数用于计算容器最大存储量和容器实际元素个数；count()函数用于统计指定元素的个数。这三个函数调用形式如下所示：

```
m.count(key);
m.max_size();
m.size();
```

由于 map 容器中无重复元素，因此 map 容器的 count()函数返回值只有 0 和 1，而 multimap 容器的 count()
函数返回值可能大于 1。

### 3. 容器元素的访问

map 容器重载了 "[]" 运算符，可以通过 m[key]的方式获取 key 对应的值。此外，map 容器也提供了 at()
函数用于访问指定键对应的值。例如，访问 key 对应的值，示例代码如下：

```
m[key];
m.at(key);
```

map 容器可以通过上述两种方式随机访问容器中元素，但 multimap 容器中允许存在重复的键值，因此无
法使用上述两种方式随机访问容器中元素。

通过 "[]" 运算符和 at()函数可以访问 map 容器中的元素，那么同样通过 "[]" 运算符和 at()函数可以修
改容器中的元素，示例代码如下：

```
m[key] = value;
m.at(key) = value;
```

如果 key 尚未存在，则插入元素对；如果 key 已存在，则新插入的 value 覆盖 key 原来的值。

### 4. 容器的迭代器

map 与 multimap 容器支持迭代器操作，提供了 iterator、const_iterator、reverse_iterator 和 const_reverse_iterator
四种迭代器，并且提供了获取这四种迭代器的成员函数。map 与 multimap 迭代器用法与 vector 迭代器相同，
这里不再介绍。

### 5. 插入和删除元素

map 和 multimap 容器提供了成员函数 insert()用于插入元素，insert()函数主要有三种重载形式，示例代码
分别如下所示：

```
m.insert(elem);              //在容器中插入元素 elem
m.insert(pos, elem);         //在 pos 位置插入元素 elem
m.insert(begin, end);        //在容器中插入[begin, end)区间的值
```

由于 map 和 multimap 容器中存储的是键值对，因此其插入函数 insert()与其他容器的稍有不同，每次插
入的是一对元素，参数中的 elem 指的是一对元素。在插入元素时，使用 pair<>语句或 make_pair()函数创建一
个 pair 对象，将 pair 对象作为 insert()函数的参数，插入容器中。

与 insert()函数相对应，map 与 multimap 容器也提供了 erase()函数用于删除容器中的元素，erase()函数主
要有三种重载形式，示例代码分别如下所示：

```
m.erase(pos);                //删除 pos 位置上的元素
m.erase(begin, end);         //删除[begin, end)区间内的元素
m.erase(key);                //删除键为 key 的元素对
```

下面通过案例演示 map 和 multimap 容器的用法，如例 7-7 所示。

例 7-7　map_multimap.cpp

```
1  #include<iostream>
2  #include<map>
3  #include<functional>
4  #include<string>
5  using namespace std;
6  //定义 printm()函数输出 map 容器元素
7  void printm(map<char, double> mymap)
8  {
9      pair<char, double> p;                        //创建 pair 对象 p
10     map<char, double>::iterator it;              //定义 map 的 iterator 迭代器 it
11     for(it = mymap.begin(); it != mymap.end(); it++)
12     {
13         p = (pair<char, double>)*it;             //将迭代器指向的一对元素存放到 p 中
14         cout << p.first << "->" << p.second << endl; //输出一对元素
15     }
16 }
17 //定义 printmt()函数输出 multimap 容器元素
18 void printmt(multimap<int, string> mymul)
```

```
19 {
20     pair<int, string> p;
21     multimap<int, string>::iterator it;
22     for(it = mymul.begin(); it != mymul.end(); it++)
23     {
24         p = (pair<int, string>)*it;
25         cout << p.first << "->" << p.second << endl;
26     }
27 }
28 int main()
29 {
30     map<char, double> m;                         //创建一个map 容器m
31     //向容器m 中插入元素
32     m['a'] = 1.2;
33     m['b'] = 3.6;
34     m['c'] = 6.4;
35     m['d'] = 0.8;
36     m['e'] = 5.3;
37     m['f'] = 3.6;
38     cout << "map: " << endl;
39     printm(m);                                   //调用printm()函数输出容器m 中的元素
40     cout << "map 中key=a 的值: " << m.at('a') << endl;
41     cout << "map 中key=f 的元素个数: " << m.count('f') << endl;
42     multimap<int, string> mt;                    //创建一个multimap 容器mt
43     //向容器mt 中插入元素
44     mt.insert(pair<int, string>(1, "Hello"));
45     mt.insert(make_pair(1, "China"));
46     mt.insert(make_pair(2, "!"));
47     cout << "multimap: " << endl;
48     printmt(mt);                                 //调用printmt()函数输出容器mt 中的元素
49     return 0;
50 }
```

例7–7 运行结果如图7–16 所示。

在例7–7 中，第7～16 行代码定义了printm()函数，用于输出map<char,double>容器元素。在printm()函数内部，第9 行代码创建了pair<char,double>对象p；第10 行代码定义了map 的iterator 迭代器it。第11～15 行代码在for 循环中遍历map 容器的元素，将元素赋值给对象p，并输出对象p 表示的元素对。

第18～27 行代码定义了printmt()函数，用于输出multimap 容器元素。printmt()函数和printm()函数的实现原理相同。

第30～37 行代码定义了map 容器m，并通过索引方式插入元素。第39 行代码调用printm()函数输出容器m 中的元素，由图7–16 可知，printm()函数成功输出了容器m 中的元素。第40 行代码调用at()函数查找键'a'对应的值，由图7–16 可知，键'a'对应的值为1.2。第41 行代码计算键'f' 的个数，由图7–16 可知，键'f'的个数为1。

图7–16　例7–7运行结果

第42 行代码创建multimap 容器mt；第44～46 行代码调用insert()函数插入元素。需要注意的是，第44 行代码插入元素时，使用pair<>语句构建元素对；第45～46 行代码插入元素时，调用make_pair()函数构建元素对。第48 行代码调用printmt()函数输出容器mt 中的元素，由图7–16 可知，printmt()函数成功输出了容器mt 中的元素。

# 7.4 容器适配器

C++标准库中提供了三个容器适配器：stack（栈）、queue（队列）和priority queue（优先队列）。这三种容器适配器提供了简单易用的接口，满足了编程中的特殊数据处理需求，本节将针对这三种容器适配器进行讲解。

## 7.4.1 stack

stack中的元素具有后进先出的特点。stack只能从一端插入、删除、读取元素，不允许一次插入或删除多个元素，且不支持迭代器操作。stack存储结构如图7-17所示。

下面分别介绍stack的常见用法。

### 1. 创建stack

创建stack主要有两种方式，分别如下所示。

（1）创建空的stack。

创建空的stack，用于存储基本数据类型的元素，示例代码如下所示：

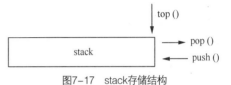

图7-17 stack存储结构

```
stack<int> st;
```

上述代码创建了一个空的stack容器适配器st，向st中插入元素可以调用push()函数。

（2）创建存储序列容器的stack。

创建存储序列容器的stack，stack的类型参数有两个，第一个类型参数为元素的数据类型，第二个类型参数为容器类型，示例代码如下所示：

```
vector<int> v = { 1,2,3 };                    //创建 vector 容器 v
stack<int,vector <int >> s(v);                //创建 stack 容器适配器 s，存储容器 v
```

### 2. 元素访问

stack除了具有vector容器相同功能的成员函数，如empty()、size()、emplace()和swap()函数，还提供以下操作函数，如表7-3所示。

表 7-3 stack 元素操作函数

| 函数 | 含义 |
|---|---|
| top() | 返回栈顶元素的引用，即最后一个进入 stack 的元素 |
| push(val) | 将元素 val 插入栈顶，无返回值 |
| pop() | 删除栈顶的元素，无返回值 |
| swap(s1,s2) | 交换两个 stack 中的元素，是非成员函数重载（C++11） |

下面通过案例演示stack的具体用法，如例7-8所示。

例 7-8 stack.cpp

```
1   #include<iostream>
2   #include<vector>
3   #include<stack>                            //包含头文件 stack
4   using namespace std;
5   int main()
6   {
7       vector<int> v = { 1,2,3 };             //创建 vector 容器 v
8       stack<int, vector<int >> s(v);         //创建 stack 容器适配器 s
9       s.push(4);
10      s.emplace(5);
11      s.pop();
12      while (!s.empty())
13      {
```

```
14              cout << " "<<s.top();
15              s.pop();
16      }
17      return 0;
18 }
```

例7-8运行结果如图7-18所示。

图7-18    例7-8运行结果

在例7-8中，第7行代码创建了vector容器v。第8行代码创建了stack容器适配器s，s封装了容器v。第9~10行代码调用push()函数和emplace()函数向s中插入元素4和5；第11行代码调用pop()函数删除最后插入的元素（5）。第12~16行代码在while循环中调用top()函数获取最后插入的元素，然后调用pop()函数将最后插入的元素删除，直到s为空。由图7-18可知，程序成功输出了s中的元素。

### 7.4.2  queue

queue中的元素具有先进先出的特点，元素只能从一端使用push()函数进行插入，从另一端使用pop()函数进行删除。queue的存储结构如图7-19所示。

queue也不允许一次插入或删除多个元素，且不支持迭代器操作。queue创建对象的方式与stack相同，并且其接口与stack大部分都相同。除了提供了与vector相同的接口，queue还提供两个自己特有的成员函数，如表7-4所示。

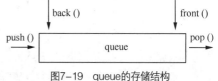

图7-19    queue的存储结构

表7-4    queue的操作函数

| 函数 | 含义 |
| --- | --- |
| front() | 返回queue中第一个放入的元素 |
| back() | 返回queue中最后一个插入的元素 |

下面通过案例演示queue的用法，如例7-9所示。

例7-9    queue.cpp

```
1  #include<iostream>
2  #include<list>
3  #include<queue>                                 //包含头文件queue
4  using namespace std;
5  int main()
6  {
7      list<int> l = { 1,2,3 };                    //创建list容器l
8      queue<int, list<int>> q(l);                 //创建queue容器适配器q
9      q.push(4);
10     q.emplace(5);
11     q.pop();
12     cout << "第一个元素" << q.front() << endl;   //获取第一个元素
13     cout << "最后一个元素" << q.back() << endl;  //获取最后一个元素
14     while(!q.empty())
15     {
16         cout << " "<<q.front();
17         q.pop();
18     }
19     return 0;
20 }
```

例 7-9 运行结果如图 7-20 所示。

图7-20 例7-9运行结果

在例 7-9 中，第 7 行代码创建了 list 容器 l。第 8 行代码创建了 queue 容器适配器 q，封装容器 l。第 9 ~ 10 行代码分别调用 push() 函数和 emplace() 函数在 q 尾部插入元素 4 和 5。第 11 行代码调用 pop() 函数删除 q 头部元素，即第一个元素。第 12 ~ 13 行代码分别调用 front() 函数和 back() 函数获取第一个元素和最后一个元素并输出。由图 7-20 可知，程序输出的第一个元素和最后一个元素分别是 2 和 5。第 14 ~ 18 行代码在 while 循环中调用 front() 函数获取第一个元素并输出，然后调用 pop() 函数删除第一个元素。由图 7-20 可知，程序成功输出了 q 中的元素。

### 7.4.3 priority_queue

priority_queue 中的元素可以按照自定义的方式进行动态排序。向 priority_queue 中插入或删除元素时，priority_queue 会动态地调整，以保证元素有序。priority_queue 的存储结构如图 7-21 所示。

priority_queue 创建方式与 queue 相同，只是在创建 priority_queue 时，可以指定优先规则，即最后一个模板参数可以是一个函数对象，指定元素排序规则。创建 priority_queue 的示例代码如下：

图7-21 priority_queue的存储结构

```
priority_queue<int,vector<int>,greater<int>> pq;
```

priority_queue 的接口与 queue 相同，使用比较简单。下面通过案例演示 priority_queue 的具体用法，如例 7-10 所示。

例 7-10 priority_queue.cpp

```
1  #include<iostream>
2  #include<queue>
3  using namespace std;
4  class Comp
5  {
6  public:
7      bool operator()(int x, int y) { return x > y; }
8  };
9  template<class T>
10 void print(T& q)
11 {
12     while (!q.empty())
13     {
14         cout << q.top() << " ";
15         q.pop();
16     }
17     cout << endl;
18 }
19 int main()
20 {
21     priority_queue<int> q;
22     for(int n:{ 1, 4, 9, 6, 7, 2, 8, 3, 5 })
23         q.push(n);
24     print(q);
```

```
25      priority_queue<int,vector<int>,greater<int>> q1;
26      for(int n:{ 1, 4, 9, 6, 7, 2, 8, 3, 5 })
27          q1.push(n);
28      print(q1);
29      priority_queue<int, vector<int>, Comp> q2;
30      for(int n:{ 1, 4, 9, 6, 7, 2, 8, 3, 5 })
31          q2.push(n);
32      print(q2);
33      return 0;
34 }
```

例7-10运行结果如图7-22所示。

在例7-10中，第4~8行代码定义了类Comp，该类重载了"()"运算符，用于比较两个int类型数据的大小。第9~18行代码定义了函数模板print()，用于输出容器中的元素。第21行代码定义了priority_queue容器适配器q，第22~23行代码通过for循环进行q的初始化，第24行代码调用print()函数输出q中的元素。由图7-22可知，q默认从大到小排列数据。

图7-22　例7-10运行结果

第25行代码定义了priority_queue容器适配器q1，并通过greater<int>指定数据按照从小到大的顺序排列。第26~28行代码通过for循环初始化q1，并调用print()函数输出q1中的元素。由图7-22可知，q1中的元素从小到大排列。

第29行代码定义了priority_queue容器适配器q2，通过函数对象Comp指定q2中的数据排序方式为从小到大；第30~32行代码通过for循环初始化q2，并调用print()函数输出q2的元素。由图7-22可知，q2中的元素从小到大排列。

# 7.5　迭代器

通过迭代器既可分离容器与算法，又可连接容器与算法。从容器的角度看，只需提供适当的迭代器，就可以遍历容器中的数据，而不必关心数据将用于何种操作；从算法的角度看，只需要通过迭代器操作数据，不必关心是什么类型的容器。容器设计者只需要专注于容器的设计，算法设计者只需要专注于算法的设计，这样就可以很好地实现数据结构与算法的分离。STL提供了五种基本的迭代器：输入迭代器、输出迭代器、前向迭代器、双向迭代器和随机迭代器。本节将针对这五种迭代器进行讲解。

## 7.5.1　输入迭代器与输出迭代器

输入迭代器和输出迭代器是最基本、要求最低的迭代器，几乎所有的迭代器都具备这两个迭代器的功能。

### 1. 输入迭代器

输入迭代器（Input Iterator）只能一次一个地向后读取元素，并按此顺序传回元素值。输入迭代器支持对序列进行不可重复的单向遍历。输入迭代器支持的操作如表7-5所示。

表7-5　输入迭代器支持的操作

| 方法 | 含义 |
| --- | --- |
| *itr | 读取实际元素 |
| itr->member | 读取实际元素的成员 |
| ++itr | 向前前进一个单位，传回新的位置 |
| itr++ | 向前前进一个单位，传回旧的位置 |

（续表）

| 方法 | 含义 |
|---|---|
| itr1==itr/itr!=itr2 | 判断迭代器是否相等 |
| itr1=itr2 | 迭代器赋值 |
| 拷贝构造 | 复制迭代器 |

输入迭代器只能读取元素一次，迭代器移动到下一个位置后，不能保证之前的迭代器还有效，即执行−−itr 不能保证还能读取到原来的元素。

如果有两个输入迭代器 itr1 和 itr2，且有 itr1==itr2，但这并不保证++itr1==++itr2，更不能保证*(++itr1) == *(++itr2)。因此，使用输入迭代器读入的序列不能保证是可重复的。

### 2. 输出迭代器

输出迭代器（Output Iterator）与输入迭代器相反，其作用是将元素逐个写入容器。输出迭代器也支持对序列进行单向遍历，当把迭代器移到下一个位置后，也不能保证之前的迭代器是有效的。输出迭代器支持的操作如表 7–6 所示。

表 7-6　输出迭代器支持的操作

| 方法 | 含义 |
|---|---|
| *itr=val | 将元素写入迭代器位置 |
| ++itr | 向前前进一个单位，传回新的位置 |
| itr++ | 向前前进一个单位，传回旧的位置 |
| itr1=itr2 | 迭代器赋值 |
| 拷贝构造 | 复制迭代器 |

## 7.5.2　前向迭代器

前向迭代器（Forward Iterator）是输入迭代器和输出迭代器的集合，具有输入迭代器和输出迭代器的全部功能。前向迭代器支持对序列进行可重复的单向遍历，可以多次解析一个迭代器指定的位置，因此可以对一个值进行多次读写。

前向迭代器去掉了输入迭代器与输出迭代器的一些不确定性，例如，如果有两个前向迭代器 itr1 和 itr2，且有 itr1==itr2，那么++itr1==++itr2 一定是成立的。前后两次使用相等的前向迭代器读取同一个序列，只要序列的值在这个过程中没有被改写，就一定会得到相同的结果。

## 7.5.3　双向迭代器与随机访问迭代器

双向迭代器（Bidirectional Iterator）是在前向迭代器的基础上增加了一个反向操作，即双向迭代器既可以前进，又可以后退，因此它比前向迭代器新增一个功能，可以进行自减操作，如 itr−−或者−−itr。

随机访问迭代器（Random Iterator）是在双向迭代器的基础上又支持直接将迭代器向前或向后移动 n 个元素，而且还支持比较运算的操作。因此，随机访问迭代器的功能几乎和指针一样。随机访问迭代器支持的操作如表 7–7 所示。

表 7-7　随机访问迭代器支持的操作

| 方法 | 含义 |
|---|---|
| itr[n] | 获取索引位置为 n 的元素 |
| itr+=n<br>itr−=n | 向前或者向后跳 n 个元素的位置 |

| 方法 | 含义 |
|---|---|
| (1) itr+n<br>(2) n+itr<br>(3) itr−n | （1）返回 itr 后第 n 个元素的位置<br>（2）返回 itr 后第 n 个元素的位置<br>（3）返回 itr 之前第 n 个元素的位置 |
| itr1−itr2 | 返回 itr1 与 itr2 之间的距离 |
| itr1<itr2<br>itr1>=itr2 | 判断 itr1 是否在 itr2 之前 |

## 7.6　算法

算法实际上是一系列的函数模板，STL 定义了大约 70 个算法，这些算法以迭代器为参数，可以处理各种类型容器的元素。学习 STL 算法时，读者可以不必知道算法是如何设计的，但需要知道如何在自己的程序中使用这些算法。本节将介绍 STL 算法。

### 7.6.1　算法概述

下面分别从算法的头文件、算法的分类两个方面对 STL 算法进行简单介绍。

#### 1. 算法的头文件

STL 中提供的所有算法都包含在 algorithm、numeric、functional 三个头文件中。其中， algorithm 是最大的一个算法头文件，它由一系列函数模板组成，涉及的功能有比较、交换、查找、遍历、复制、修改、删除、合并、排序等。

头文件 numeric 比较小，只包括在容器中进行简单数学运算的几个函数模板。

头文件 functional 中定义了一些类模板，用于生成一些函数对象。

#### 2. 算法的分类

STL 中的算法大致可分为 4 类，分别如下所示。

● 不可变序列算法：不可变序列算法可以获取容器元素执行一定的操作，但算法不会改动原容器中元素的次序，也不改动元素值。

● 可变序列算法：可变序列算法能够修改容器中的元素值。由于可变序列算法可以修改元素的值，而迭代器指向的位置可能并不可用，可能会导致程序出错，因此可变序列算法对操作区间有一定要求。

● 排序算法：排序算法包括对序列进行排序、合并、搜索等，有序序列的集合操作以及堆操作相关算法也涉及排序，所有这些算法都通过对序列元素的比较操作完成。排序算法一般通过对容器中元素的赋值和交换来改变元素顺序。

● 数值算法：数值算法主要是对容器中的元素进行数值计算，例如，容器元素的累加计算、相邻元素差等。

### 7.6.2　常用的算法

STL 提供了大量的算法，在编程中使用这些算法可以提高编程效率，下面介绍几个常用的算法。

#### 1. for_each()算法

for_each()属于不可变序列算法，该算法可以依次处理容器中的每一个元素。for_each()算法原型如下所示：

```
template<typename InputIterator, typename Function>
for_each(InputIterator begin, InputIterator end, Function func);
```

在上述算法原型中，参数 begin、end 表示要操作的元素区间；参数 func 是一个函数对象，表示对[begin, end)区间中的每个元素要施加的操作。for_each()算法只是对取出的元素进行相应操作，它不会对容器中的元素做任何修改，也不会改变原来容器的元素次序。

### 2. find()算法

find()也是不可变序列算法，用于在指定区间查找某一元素是否存在。find()算法原型如下所示：

```
template<typename InputIterator, typename T>
InputIterator find(InputIterator begin, InputIterator end, const T& value);
```

在上述算法原型中，参数 begin、end 表示要查找的元素区间；参数 value 表示要查找的元素值。find()算法是在[begin, end)区间查找 value 元素是否存在，如果存在，就返回指向这个元素的迭代器；如果不存在，就返回指向容器末尾的迭代器。

### 3. copy()算法

copy()算法在讲解迭代器时几次都用到了，它的功能是完成元素的复制。copy()算法原型如下所示：

```
template<typename InputIterator, typename OutputIterator>
OutputIterator copy(InputIterator begin, InputIterator end, OutputIterator DestBeg);
```

在上述算法原型中，参数 begin、end 表示要复制的元素区间；参数 DestBeg 表示目的存储空间的起始位置。由于在讲解迭代器时，已经多次调用 copy()函数将元素复制到 cout 流对象中从而输出到屏幕，因此这里不再赘述。

### 4. sort()算法

sort()算法属于可变序列算法，用于对容器元素进行排序。sort()算法有两种重载形式，分别如下所示：

```
template<typename RanIt>                          //第一种形式
void sort(RanIt begin, RanIt end);
template<typename RanIt, typename Pred>           //第二种形式
void sort(RanIt begin, RanIt end, Pred op);
```

第一种形式是默认的，按从小到大的顺序排列容器中的元素；第二种形式可以指定排序规则。第二种重载形式比第一种形式更加通用。

### 5. accumulate()算法

accumulate()算法属于数值算法，用于累加指定区间的元素值。accumulate()算法原型如下所示：

```
template<typename InputIterator, typename T>
T accumulate(InputIterator begin, InputIterator end, T init);
```

在上述算法原型中，参数 begin、end 表示要累加的元素区间；参数 init 表示累加的初始值。

下面通过案例演示 STL 算法的具体用法，如例 7–11 所示。

例 7-11　algorithm.cpp

```
1  #include<iostream>
2  #include<vector>
3  #include<algorithm>
4  #include<functional>
5  #include<iterator>
6  #include<numeric>
7  using namespace std;
8  template<typename T>
9  class Multi                                //定义类模板
10 {
11 private:
12      T value;
13 public:
14      Multi(const T& v):value(v){}          //构造函数
15      void operator()(T& elem) const        //重载"()"运算符
16      {
17          elem *= value;
18      }
19 };
20 int main()
21 {
22     int arr[] = { 5,3,2,1,6,4 };
23     vector<int> v;
```

```
24      v.assign(arr, arr + sizeof(arr) / sizeof(int));   //用数组为v容器赋值
25      //调用for_each()函数将容器中每个元素都乘以2
26    for_each(v.begin(), v.begin(), Multi<int>(2));
27      //调用copy()构造函数将容器中的元素输出到屏幕
28      copy(v.begin(), v.end(), ostream_iterator<int>(cout, " "));
29       cout << endl;
30      //调用find()算法查找容器中是否存在值为200的元素
31    vector<int>::iterator it = find(v.begin(), v.end(), 200);
32      if(it!= v.end())
33          cout << "容器中有值为200的元素" << endl;
34      else
35              cout << "容器中不存在值为200的元素" << endl;
36    //调用sort()算法将容器中的元素从小到大排序
37      sort(v.begin(), v.end());
38      cout << "排序之后: " << endl;
39      copy(v.begin(), v.end(), ostream_iterator<int>(cout, " "));
40      cout << endl;
41      int sum = accumulate(v.begin(), v.end(), 0);        //累加容器中的元素
42      cout << "sum = " << sum << endl;
43      return 0;
44  }
```

例7-11运行结果如图7-23所示。

图7-23　例7-11运行结果

在例7-11中，第8～19行代码定义了类模板Multi，该类模板重载了"()"运算符，用于让元素elem乘以值value。第22～24行代码定义了int类型数组arr和vector<int>容器v，并调用assign()函数使用数组arr中的元素为容器v赋值。第26行代码调用for_each()算法，使容器v中的元素都乘以2。copy()算法第三个参数为Multi<int>(2)，是一个函数对象，作用是让元素乘以2。第28行代码调用copy()算法将容器v中的元素输出到屏幕，由图7-23可知，虽然for_each()算法都让[v.begin(),v.end()）区间的元素乘以2，但容器v中的元素并没有被改动。第31～35行代码调用find()算法查找容器v中是否存在元素200，并输出相应查找信息。由图7-23可知，容器v中不存在元素200。第37行代码调用sort()算法将容器v中的元素从小到大排序。第39行代码调用copy()算法将排序后的容器v中的元素输出到屏幕，由图7-23可知，容器v排序成功。第41～42行代码调用accumulate()算法计算容器v中的元素之和，并输出计算结果。由图7-23可知，accumulate()算法成功计算出了容器v中的元素之和为21。

# 【阶段案例】演讲比赛

## 一、案例描述

### 1. 学校演讲比赛

一场演讲比赛共有24个人参加，分三轮，前两轮为淘汰赛，第三轮为决赛。比赛规则如下。

（1）第一轮分为4个小组，每组6人。每人分别按照抽签顺序演讲，当小组演讲完后，淘汰组内排名最后的3个选手，然后继续下一个小组的比赛。

（2）第二轮分为 2 个小组，每组 6 人。比赛完毕，淘汰组内排名最后的 3 个选手，然后继续下一个小组的比赛。

（3）第三轮只剩下 6 个人，本轮为决赛，选出前三名。

（4）每个选手演讲完由 10 个评委分别打分。选手的最终得分是去掉一个最高分和一个最低分后剩下的 8 个分数的平均分。选手的名次按得分降序排列，若得分一样，按参赛号升序排名。

### 2. 实现以下功能

打乱参赛选手的顺序，将选手随机分组。制定比赛规则，每一轮比赛之后，打印晋级者分数与姓名。

## 二、案例分析

针对案例需求参赛人数为 24，可以使用英文字母（A ~ Z）作为选手的名字，在 26 个字母中随机选取 24 个参赛者进行分组，也可以使用文件的形式存储参赛选手，通过读取文件随机选取。定义参赛选手类 Player，Player 类的设计如图 7-24 所示。

| Player |
| --- |
| −mName:string<br>−mScore:array<int, 3> |
| +creatPlayer (map<int, Player>&, vector<int>&):void<br>+select (vector<int>&):void<br>+sartMatch (int, vector<int>&, map<int, Player>&,vector<int>&):void<br>+showInfor (int, vector<int>&, map<int, Player>&):void |

图7-24　Player类设计图

Player 类中封装了存储选手姓名和最终得分的成员变量，通过随机选取选手、抽签、最终评分的形式进行比赛。Player 类的成员函数有以下 4 个。

（1）选手分组——creatPlayer(map<int, Player>&, vector<int>&)。

选手分组，在分组之前将选手随机排列。每个选手都有唯一的编号，将参赛选手的编号和姓名保存到 map<int,Player>类型的容器中，将参赛选手的编号单独存储到 vector<int>类型的容器中，用于下一轮比赛抽签。

（2）选手抽签——select(vector<int>&)。

随机选取选手，将比赛后选手的编号存储到 vector<int>容器中。

（3）比赛评分——sartMatch(int,vector<int>&,map<int, Player>&, vector<int>&)。

对分组后的选手进行比赛评分，共有 10 个评委打分，将选手的分数存储到 deque<int>中，并进行升序排列，计算平均分后，将分数保存。分组的参赛选手得分存储到 map<int,Player>容器中。

（4）比赛结果显示——showInfor(int, vector<int>&, map<int, Player>&)。

用于显示三轮比赛中胜出选手的姓名和分数。

## 三、案例实现

### 1. 实现思路

根据演讲比赛的要求进行分析，需要存储选手的姓名和每轮参赛选手的分数。每轮比赛随机选取参赛选手，通过随机数模拟评委评分，经过计算后得到每轮选手的分数，并淘汰每组分数排列在后三位的选手。经过三轮比赛选取分数前三的选手作为胜利者。

案例实现使用了 STL 容器存储选手的编号、姓名、分数。

（1）根据 Player 类的设计，实现 Player 类的每个功能。

（2）在主函数 main()中，创建 Player 对象，创建保存选手编号的容器，每轮比赛后将胜利者保存到容器中，作为下轮比赛随机选取选手的依据。每轮比赛后将胜出选手的信息保存到容器中，最后选取排名前三的选手作为胜利者。

**2. 完成代码**

请扫描右侧二维码，查看演讲比赛的具体实现。

# 7.7　本章小结

本章讲解了 STL 的基础知识，首先讲解了几种常用的容器及容器适配器；其次讲解了迭代器的概念，以及五种基本的迭代器；然后讲解了几种常用的 STL 算法。最后，通过一个阶段案例加深读者对容器的理解。关于 STL，还有很多内容要学习，本章只是带读者初步认识 STL，要深入掌握，还需要读者在实践中多多应用和学习。

# 7.8　本章习题

**一、填空题**

1. STL 框架的核心组成部分由_____、_____、_____、适配器、空间配置器、仿函数六个部分组成。

2. STL 中的序列容器包括_____、_____、_____等。

3. STL 中的容器适配器包括_____、_____、_____三种。

4. STL 中的五种迭代器类型分别是_____、_____、_____、_____、_____。

5. STL 中的_____算法用于对指定区间的元素执行同一种操作。

**二、判断题**

1. STL 是由微软开发出来的。　　　　　　　　　　　　　　　　　　　　　（　　）

2. STL 中的容器可以存储不同类型的数据。　　　　　　　　　　　　　　　（　　）

3. multimap 容器可以存储重复键值的元素。　　　　　　　　　　　　　　　（　　）

4. array 容器等同于数组，不支持迭代器操作。　　　　　　　　　　　　　　（　　）

5. 使用 sort()算法对容器排序时，可以指定排序规则。　　　　　　　　　　　（　　）

**三、选择题**

1. 下列选项中，不属于 vector 容器操作方法的是（　　）。

　　A. emplace_back　　　　　　B. pop_back　　　　　　C. insert　　　　　　D. push_front

2. 关于 array 容器，下列描述错误的是（　　）。

　　A. array 容器初始化后，大小固定，不可修改

　　B. array 容器中的元素不可以修改

　　C. array 容器和数组类型一样不进行边界检查

　　D. array 容器可以调用 fill()函数进行初始化

3. 关于 queue 容器适配器，下列描述正确的是（　　）。

　　A. queue 具有先入后出的特点　　　　　　　　B. queue 可以一次删除多个元素

　　C. queue 不支持迭代器操作　　　　　　　　　D. queue 不支持 pop()方法

4. 关于迭代器，下列说法错误的是（　　）。

　　A. 删除容器中的元素，可能会使原有迭代器失效

　　B. 反向迭代器可以从容器尾部向容器首部进行迭代

　　C. vector 容器的 iterator 迭代器是随机迭代器

　　D. 迭代器就是指针

5. 下列选项中，属于可变序列算法的是（　　）。

    A. for_each()　　　　　　B. sort()　　　　　　C. accumulate()　　　　　D. find()

## 四、简答题

1. 简述 STL 中迭代器和 C++ 指针的异同。

2. 简述顺序容器 vector、list、deque 的结构特点。

3. 简述四种关联容器的特点。

## 五、编程题

1. 定义 vector 容器，对数字 0～9 进行插入、删除和遍历操作。

2. 使用 map 容器对数字 0～25 映射英文单词 A～Z，并在控制台输出。

# 第 **8** 章

# I/O流

输入/输出（I/O）用于完成数据传输。C++语言支持两种 I/O，一种是 C 语言中的 I/O 函数，另一种是面向对象的 I/O 流类库。本章将针对 C++中 I/O 流类库及其使用进行详细讲解。

## 8.1　I/O 流类库

I/O 流类库是 C++标准库的重要组成部分，它主要包括 ios 类库和 streambuf 类库。其中，ios 类库提供流的高级 I/O 操作，streambuf 类库主要负责缓冲区的处理，下面将分别介绍 ios 类库和 streambuf 类库。

### 8.1.1　ios 类库

ios 类库以 ios 类为基类，ios 类是一个抽象类，提供了输入/输出所需的公共接口，如设置数据流格式、错误状态恢复、设置文件的输入/输出模式等。ios 类库的层次结构如图 8-1 所示。

图8-1　ios类库的层次结构

由图 8-1 可知，抽象基类 ios 类派生了 2 个类，分别是 istream 类和 ostream 类，其中 istream 类是输入流类，ostream 类是输出流类，它们定义了输入流和输出流的基本特性。istream 类和 ostream 类又派生了多个类，具体介绍如下。

（1）ifstream 类：文件输入流类，支持文件的读操作。

（2）istringstream 类：字符串输入流类，支持字符串的输入操作。

（3）ofstream 类：文件输出流类，支持文件的写操作。

（4）ostringstream 类：字符串输出流类，支持字符串的输出操作。

（5）fstream 类：文件输入/输出流类，支持文件的读写操作。

（6）stringstream 类：字符串输入/输出流类，支持字符串的输入和输出操作。

### 8.1.2　streambuf 类库

streambuf 类库以 streambuf 类为基类，streambuf 类是一个抽象类，提供了缓冲区操作接口，如设置缓冲区、从缓冲区提取字节、向缓冲区插入字节等。streambuf 类库的层次结构如图 8-2 所示。

由图 8-2 可知，streambuf 类派生了 3 个类，分别是 stdiobuf 类、filebuf 类、stringstreambuf 类。其中，stdiobuf 类用于标准 I/O 缓冲区管理，filebuf 类用于文件缓冲区管理，stringstreambuf 类用于内存缓冲区管理。

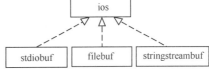

图8-2　streambuf类库的层次结构

## 8.2　标准 I/O 流

标准输入流和标准输出流的一系列操作方法都是由 istream 和 ostream 两个类提供的，这两个类继承自抽象基类 ios，它们预定义了标准输入流对象和标准输出流对象，并且提供了多种输入/输出方法。本节就针对标准输入流和标准输出流进行详细的讲解。

### 8.2.1　预定义流对象

C++提供了四个预定义流对象，包括 cin、cout、cerr 和 clog。cin 是 istream 类的对象，用于处理标准输入（键盘输入）。cout、cerr 和 clog 是 ostream 类的对象，其中，cout 用于处理标准输出（屏幕输出），cerr 和 clog 用于处理标准错误信息。

cin 与 cout 对象在 1.3.2 节已经详细讲解，这里不再赘述。cerr 与 clog 用法相同，默认设备都是显示器。clog 有缓冲区，而 cerr 没有缓冲，意味着 cerr 输出的信息会直接发送给屏幕，不会等到缓冲区填满或遇到换行符才输出错误信息。

关于四个预定义流对象的信息如表 8-1 所示。

表 8-1　预定义流对象的信息

| 对象名 | 所属类 | 对应设备 | 含义 |
|---|---|---|---|
| cin | istream | 键盘 | 标准输入，有缓冲 |
| cout | ostream | 屏幕 | 标准输出，有缓冲 |
| cerr | ostream | 屏幕 | 标准错误输出，无缓冲 |
| clog | ostream | 屏幕 | 标准错误输出，有缓冲 |

### 8.2.2　标准输出流

ostream 类重载了 "<<" 运算符，输出流对象与 "<<" 运算符结合使用，可以输出各种类型的数据。此

外，ostream 类还提供了成员函数用于输出数据，比较常用的两个成员函数为 put()函数和 write()函数，下面分别进行讲解。

### 1. put()函数

put()函数用于输出单个字符。put()函数将字符插入输出流对象，通过输出流对象将字符输出到指定位置。其函数声明如下所示：

```
ostream& put(char ch);
```

上述函数声明中，参数 ch 表示要输出的字符，函数返回值为 ostream 类对象引用。由于 put()函数返回的是输出流对象，因此 put()函数与输出运算符"<<"一样，可以连续调用。

下面调用 put()函数输出单个字符，示例代码如下所示：

```
cout.put('a');                              //输出字符'a'
cout.put('\n');                             //输出换行符
cout.put('d').put('h');                     //连续调用put()函数输出字符
```

上述代码中，前两行代码调用 put()函数输出字符'a'和换行符，最后一行代码连续调用 put()函数输出字符'd'和'h'。

### 2. write()函数

write()函数用于输出一个字符串。write()函数将指定个数的字符串插入输出流对象，通过输出流对象将字符串输出到指定位置。其函数声明如下所示：

```
ostream& write(const char* str, streamsize count);
```

上述函数声明中，第一个参数 str 表示字符串；第二个参数 count 表示输出的字符个数。需要注意的是，streamsize 是 long long 类型的重定义。write()函数返回值为 ostream 类对象引用。与 put()函数一样，write()函数也可以连续调用。

下面调用 write()函数输出字符串，示例代码如下所示：

```
cout.write("I love China",6);
cout.write("I love China",6).write("I love China",5);
```

上述代码中，第一行代码调用 write()函数输出字符串"I love China"的前 6 个字符；第二行代码连续调用 write()函数输出字符串"I love China"的前 6 个和前 5 个字符。

## 8.2.3 标准输入流

istream 类预定义了输入流对象 cin，并且重载了">>" 运算符，输入流对象与">>"运算符结合使用，可以输入各种类型的数据。此外，istream 类还提供了成员函数用于输入数据，如 get()函数、getline()函数、read()函数等，下面分别介绍这些函数。

### 1. get()函数

get()函数用于从输入流中读取单个字符或多个字符，istream 类重载了多个 get()函数。常用的重载形式有以下三种。

（1）第一种形式：

```
int get();
```

第一种重载形式的 get()函数没有参数，返回值为 int 类型。get()函数的作用是从输入流读取一个字符，返回该字符的 ASCII 码值。

（2）第二种形式：

```
istream& get(char& ch);
```

第二种重载形式的 get()函数有一个 char 类型的引用作为参数，返回值为 istream 类对象引用。get()函数的作用是从输入流读取一个字符存储到字符 ch 中。

（3）第三种形式：

```
istream& get(char* dst, streamsize count, char delimiter);
```

第三种重载形式的 get()函数有三个参数，其中 dst 为 char 类型的指针，指向一块内存空间；count 表示读取的字符个数；delimiter 表示结束符，默认是'\0'。get()函数的作用是从输入流中读取 count-1 个字符（最后一个字符要留给'\0'），存储到 dst 指向的内存空间。在读取过程中，遇到结束符就结束读取，即使没有读取够 count−1 个字符，遇到结束符之后也会结束读取，结束符不包含在读取的字符串内。如果读取了 count−1 个字符也没有遇到结束符，则在结束读取时，系统自动在字符串末尾添加'\0'。

下面通过案例演示 get()函数的用法，如例 8-1 所示。

例 8-1　get.cpp

```
1  #include<iostream>
2  using namespace std;
3  int main()
4  {
5      char ch;
6      cout<<"请输入一个字符串: "<<endl;
7      cout<<"第一种形式: "<<cin.get()<<endl;
8      cin.get(ch);
9      cout<<"第二种形式: "<<ch<<endl;
10     char buf[20];
11     cin.get(buf,6,' ');
12     cout<<"第三种形式: "<<buf<<endl;
13     return 0;
14 }
```

例 8-1 运行结果如图 8-3 所示。

在例 8-1 中，第 7 行代码通过 cin 调用第一种形式的 get()函数（即无参数的 get()函数），从输入流 cin 中读取一个字符，并将结果输出。第 8～9 行代码调用第二种形式的 get()函数（即带有一个 char 类型参数的 get()函数），从输入流 cin 中读取一个字符，存储到字符 ch 中，并输出 ch 的值。第 10～12 行代码调用第三种形式的 get()函数（即

图8-3　例8-1运行结果

带有三个参数的 get()函数），从输入流 cin 中读取 5（6−1）个字符存储到 buf 数组中，遇到空格结束读取。

由图 8-3 可知，当输入字符串"I LOVE CHINA!!!"时，第一种形式的 get()函数调用输出结果为 73，为字符'I'的 ASCII 码值；第二种形式的 get()函数调用时，读取第二个字符，由于第二个字符是空格，因此输出结果为空；第三种形式的 get()函数调用时，从第三个字符开始读取 5 个字符，遇到空格结束读取，因此第三种形式的 get()函数调用读取到了 4 个字符。

### 2. getline()函数

getline()函数用于从输入流中读取字符，直到读取到指定长度的字符或遇到终止字符时结束读取。getline()有两种重载形式，具体如下。

（1）第一种形式：

```
istream& getline(char* dst, streamsize count);
```

第一种重载形式的 getline()函数有两个参数，第一个参数 dst 指向一块内存空间；第二个参数 count 表示读取的字符个数。getline()函数的作用是从输入流中读取 count−1 个字符存储到 dst 指向的内存空间。

（2）第二种形式：

```
istream& getline(char* dst, streamsize count, char delimiter);
```

第二种重载形式的 getline()函数有三个参数，前两个参数与第一种形式的参数含义相同，第三个参数 delimiter 表示结束符。getline()函数的作用是从输入流中读取 count−1 个字符存储到 dst 指向的内存空间，遇到结束符就结束读取。

下面调用 getline()函数读取一个字符串，示例代码如下所示：

```
char buf1[20], buf2[20];
cin.getline(buf1,20);
cin.getline(buf2,20,'d');        //从输入流中读取 19 个字符，遇到字符'd'结束读取
```

上述代码中，第一次调用 getline()函数，表示从输入流中读取 19 个字符存储到 buf1 数组中。第二次调用

getline()函数，表示从输入流中读取 19 个字符，在读取过程中，如果遇到字符'd'就结束读取。

### 3. read()函数

read()函数用于从输入流中读取指定字符个数的字符串，函数声明如下所示：

```
istream& read(char* dst, streamsize count);
```

上述函数声明中，read()函数的的参数与 getline()函数的参数含义相同，只是 read()函数没有结束符，直到读取 count−1 个字符才会结束读取。

read()函数在读取数据时，对读取到的字节序列不作任何处理。read()函数不会识别换行符、空格等特殊字符，遇到换行符'\n'也不会结束读取。

下面通过案例演示 read()函数的用法，如例 8-2 所示。

例8-2　read.cpp

```
1    #include<iostream>
2    using namespace std;
3    int main()
4    {
5        char buf[50]={0};
6        cout<<"请输入一个字符串: "<<endl;
7        cin.read(buf,25);
8        cout<<"输出: "<<endl<<buf<<endl;
9        return 0;
10   }
```

例 8-2 运行结果如图 8-4 所示。

图8-4　例8-2运行结果

在例 8-2 中，第 7 行代码调用 read()函数读取 24 个字符存储到 buf 数组中。第 8 行代码输出 buf 数组中的数据。

由图 8-4 可知，当换行输入两行字符串时，read()函数成功读取了两行字符串，并存储到 buf 数组中，在输出时成功输出了 buf 数组中的数据。在读取过程中，遇到换行符'\n'，read()函数并没有结束读取。

### 多学一招：istream类的其他成员函数

除了 get()函数、getline()函数和 read()函数，istream 类还提供了其他的成员函数，下面进行简单介绍。

### 1. ignore()函数

ignore()函数的作用是跳过输入流中的 n 个字符，函数声明如下所示：

```
istream& ignore(streamsize count, int delimeter);
```

在上述函数声明中，参数 count 表示要跳过的字符个数，默认值是 1；参数 delimeter 表示结束符，在跳跃过程中，如果遇到结束符就结束跳跃。ignore()函数不识别换行符、空格、制表符等特殊字符。

ignore()函数用法示例代码如下所示：

```
char buf[10];
cin.ignore(6, 'T');          //跳过前面 6 个字符，遇到字符'T'终止跳跃
cin.getline(buf, 8);         //跳跃结束，读取 7 个字符并存储到 buf 数组中
cout << buf << endl;         //输出 buf 数组中的数据
```

### 2. gcount()函数

gcount()函数的作用是计算上一次读取到的字符个数，函数声明如下所示：

```
streamsize gcount() const;
```

gcount()函数的声明与用法很简单，其用法示例代码如下所示：

```
char buf[50]={0};
cin.getline(buf,20);              //读取字符串并存储到 buf 数组中
int count=cin.gcount();           //统计上次读取的字符个数
```

### 3. peek()函数

peek()函数的作用是检测输入流中待读取的字符，函数声明如下所示：

```
int peek();
```

在上述函数声明中，peek()函数没有参数，返回值为 int 类型，即返回检测字符的 ASCII 码值。peek()函数只是检测待读取的字符，但并不会真正读取它。

peek()函数用法示例代码如下所示：

```
char ch=cin.peek();               //检测字符
cout<<ch<<endl;
cin.get(ch);                      //读取字符
cout<<ch<<endl;
```

运行上述代码，两次输出的 ch 值是一样的，表明 peek()函数并没有真正去读取检测到的字符。如果 peek()函数读取了检测的字符，输入流自动向后移动一个位置（字符），则调用 get()函数读取时会读取到输入流中下一个字符，两次输出的 ch 会不同。

### 4. putback()函数

putback()函数的作用是将上一次读取的字符放回输入流中，使之可被下一次读取，函数声明如下所示：

```
istream& putback(char ch);
```

在上述函数声明中，参数 ch 是上一次通过 get()函数或 getline()函数读取的字符。putback()函数是将字符 ch 重新放回输入流中。

putback()函数用法示例代码如下：

```
char ch=cin.get();                //读取字符
cout<<ch<<endl;
cin.putback(ch);                  //将字符重新放回输入流
cout<<cin.get()<<endl;            //再次读取
```

# 8.3　文件流

文件流是以磁盘中的文件作为输入、输出对象的数据流。输出文件流将数据从内存输出到文件中，这个过程通常称为写文件；输入文件流将数据从磁盘中的文件读入内存，这个过程通常称为读文件。本节将针对文件流进行详细讲解。

## 8.3.1　文件流对象的创建

在 C++中，要进行文件的读写操作，首先必须建立一个文件流对象，然后把文件流对象与文件关联起来（打开文件）。文件流对象与文件关联之后，程序就可以调用文件流类的各种方法对文件进行操作了。

C++提供了三个类支持文件流的输入、输出，这三个类都包含在 fstream 头文件中。

- ifstream：输入文件流类，用于实现文件的输入。
- ofstream：输出文件流类，用于实现文件的输出。
- fstream：输入/输出文件流类，可同时实现文件的输入和输出。

文件流不像标准 I/O 流预定义了输入流对象和输出流对象，使用文件流时，需要创建文件流对象。创建文件流对象时，可以调用文件流类的无参构造函数，也可以调用文件流类的有参构造函数，具体如下所示。

（1）调用无参构造函数创建文件流对象。

ifstream 类、ofstream 类和 fstream 类都提供了默认无构造函数，可以创建不带参数的文件流对象，示例代码如下所示：

```
ifstream ifs;              //定义一个文件输入流对象
ofstream ofs;              //定义一个文件输出流对象
fstream fs;                //定义一个文件输入、输出流对象
```

（2）调用有参构造函数创建文件流对象。

ifstream 类、ofstream 类和 fstream 类也提供了有参构造函数，在创建文件流对象时可以指定文件名和文件打开模式，示例代码如下所示：

```
ifstream ifs("filename",ios::in);
ofstream ofs("filename",ios::out);
fstream fs("filename",ios::in|ios::out);
```

ifstream 类默认文件打开模式为 ios::in，ofstream 类默认文件打开模式为 ios::out，fstream 类默认文件打开模式为 ios::in|ios::out。

## 8.3.2 文件的打开与关闭

文件最基本的操作就是打开和关闭，在对文件进行读写之前，需要先打开文件；读写结束之后，要及时关闭文件。下面将针对文件的打开与关闭进行讲解。

### 1. 打开文件

C++提供了两种打开文件的方式：第一种方式是调用文件流类的构造函数；第二种方式是调用文件流类的成员函数 open()。第一种调用文件流类的构造函数打开文件方式就是在创建文件流对象时传入文件名和文件打开模式，这种方式在 8.3.1 节已经讲解。下面主要讲解第二种调用 open()函数打开文件的方式。

ifstream 类、ostream 类和 fstream 类都提供了成员函数 open()用于打开文件，open()函数声明如下所示：

```
void open(const char* filename, int mode);
```

在上述函数声明中，参数 filename 表示要打开的文件；参数 mode 表示文件打开模式。如果文件打开失败，则文件流对象的值为 0。

文件打开模式就是指以什么方式打开文件，如只读模式、只写模式等。C++常用的文件打开模式及含义如表 8-2 所示。

表 8-2  C++常用的文件打开模式及含义

| 文件打开模式 | 含义 |
| --- | --- |
| ios::in | 以只读模式打开文件，若文件不存在，则发生错误 |
| ios::out | 以只写模式打开文件，写入时覆盖写入；若文件不存在，则创建一个新文件 |
| ios::app | 以追加模式打开文件，若文件不存在，则创建一个新文件 |
| ios::ate | 打开一个已存在文件，并将文件位置指针移动到文件末尾 |
| ios::trunc | 打开一个文件，将文件内容删除。若文件不存在，则创建一个新文件 |
| ios::binary | 以二进制方式打开文件 |

文件打开模式可以通过位或运算符"|"组合使用，示例代码如下所示：

```
ofstream ofs;                                           //创建文件流对象
ofs.open("Hello.txt", ios::in|ios::out|ios::binary);    //多种打开模式组合使用
```

### 2. 关闭文件

文件使用完毕之后，要及时关闭。关闭文件就是解除文件与文件流的关联，释放缓冲区和其他资源的过程。ifstream 类、ostream 类和 fstream 类都提供了成员函数 close()用于关闭文件，close()函数声明如下所示：

```
void close();
```

close()函数没有参数和返回值，用法也很简单，直接通过文件流对象调用 close()函数就可以关闭文件。

为了加深读者的理解，下面通过案例演示文件的打开与关闭。首先在项目根目录下创建文本文件

hello.txt, 然后编写代码, 调用 open()函数打开 hello.txt 文件, 再调用 close()函数关闭 hello.txt 文件, 代码如例 8-3 所示。

例8-3  open_close.cpp

```
1   #include<iostream>
2   #include<fstream>                        //包含 fstream 文件
3   using namespace std;
4   int main()
5   {
6       ifstream ifs;                        //创建输入流对象
7       ifs.open("hello.txt", ios::in);      //以只读方式打开 hello.txt
8       if(!ifs)                             //判断文件打开是否成功
9           cout << "文件打开失败" << endl;
10      else
11          cout << "文件打开成功" << endl;
12      ifs.close();                         //关闭文件
13      return 0;
14  }
```

例 8-3 运行结果如图 8-5 所示。

图8-5  例8-3运行结果

在例 8-3 中, 第 6 行代码创建 ifstream 类对象 ifs。第 7 行代码通过对象 ifs 调用 open()函数打开 hello.txt 文件。第 8 ~ 11 行代码判断文件打开是否成功, 如果文件打开失败, 就输出"文件打开失败"; 如果文件打开成功, 就输出"文件打开成功"。第 12 行代码通过对象 ifs 调用 close()函数关闭文件。由图 8-5 可知, hello.txt 文件打开成功。

### 8.3.3  文本文件的读写

对文本文件的读写, C++提供了两种方式, 第一种方式是使用提取运算符 ">>" 和插入运算符 "<<", 第二种方式是调用文件流类的成员函数。下面分别介绍这两种读写方式。

#### 1.  使用提取运算符 ">>" 和插入运算符 "<<" 读写文件

istream 类重载了 ">>" 运算符, ifstream 类继承了 istream 类, 也继承了 ">>" 运算符; ostream 类重载了 "<<" 运算符, ofstream 继承了 ostream 类, 也继承了 ">>" 运算符。istream 类和 ostream 类共同派生了 iostream 类, 而 fstream 类又继承自 iostream 类, 因此 fstream 类同时继承了 ">>" 运算符和 "<<" 运算符。

由上述继承关系可知, 文件流对象也可以使用 ">>" 运算符和 "<<" 运算符传输数据, 实现文本文件的读写。

下面通过案例演示使用 ">>" 运算符和 "<<" 运算符读写文本文件, 如例 8-4 所示。

例8-4  operator.cpp

```
1   #include<iostream>
2   #include<fstream>
3   using namespace std;
4   int main()
5   {
6       //创建文件流对象, 并以只写模式打开 hello.txt 文件
7       ofstream ofs("hello.txt",ios::out);
8       if(!ofs)                             //判断文件打开是否成功
9       {
10          cout<<"写文件时, 文件打开失败"<<endl;
11          exit(0);
```

```
12          }
13          cout<<"请输入要写入文件的数据: "<<endl;
14          char str[1024]={0};                    //定义数组 str
15          cin>>str;                              //从键盘输入数据并存储到 str 数组
16          ofs<<str;                              //将 str 数组中数据写入文件
17          cout<<"文件写入成功"<<endl;
18          ofs.close();                           //关闭文件
19          //创建文件流对象，并以只读模式打开 hello.txt 文件
20          ifstream ifs("hello.txt",ios::in);
21          if (!ifs)                              //判断文件是否打开成功
22          {
23              cout<<"读文件时，文件打开失败"<<endl;
24              exit(0);
25          }
26          char buf[1024]={0};                    //定义数组 buf
27          ifs>>buf;                              //将文件内容读入 buf
28          cout<<"文件读取成功，内容如下: "<<endl;
29          cout<<buf<<endl;                       //输出 buf 数组中的数据
30          ifs.close();                           //关闭文件
31          return 0;
32  }
```

例 8-4 运行结果如图 8-6 所示。

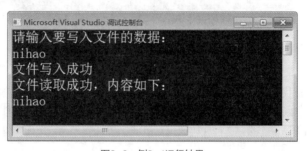

图8-6　例8-4运行结果

在例 8-4 中，第 7 行代码创建了 ofstream 类对象 ofs，并以只写模式打开项目根目录下的 hello.txt 文件。第 14～15 行代码定义字符数组 str，并通过预定义流对象 cin 从键盘输入数据并存储到 str 数组中。第 16 行代码使用对象 ofs 和 "<<" 运算符将 str 数组中的数据写入文件中。第 18 行代码调用 close() 函数关闭文件。

第 20 行代码创建了 ifstream 类对象 ifs，并以只读模式打开 hello.txt 文件。第 26 行代码定义了字符数组 buf。第 27 行代码使用对象 ifs 和 ">>" 运算符将文件中的数据读取到 buf 数组中。第 29～30 行代码输出 buf 数组中的数据，并关闭文件。

由图 8-6 可知，当从键盘输入字符串 "nihao" 时，程序将数据成功写入文件中；从文件中读取数据时，也成功读取到了 "nihao" 字符串。

**2. 调用文件流类的成员函数读写文件**

文件流类继承了 istream 类和 ostream 类的成员函数 get()、getline() 和 put()，通过调用这些成员函数，文件流对象也可以完成文件的读写。下面就通过案例演示调用文件流类的成员函数实现文件的读写，如例 8-5 所示。

例 8-5　memfunc.cpp

```
1   #include<iostream>
2   #include<fstream>
3   using namespace std;
4   int main()
5   {
6       //创建文件流对象，并以只写模式打开 hello.txt 文件
7       ofstream ofs("hello.txt",ios::out);
8       if(!ofs)                               //判断文件打开是否成功
9       {
```

```
10              cout<<"写文件时，文件打开失败"<<endl;
11              exit(0);
12          }
13          cout<<"将 26 个字母写入文件"<<endl;
14          char ch1='a';
15          for(int i=0;i<26;i++)
16          {
17              ofs.put(ch1+i);                    //调用 put()函数将字母写入文件
18          }
19          cout<<"文件写入成功"<<endl;
20          ofs.close();                           //关闭文件
21          //创建文件流对象，并以只读模式打开 hello.txt 文件
22          ifstream ifs("hello.txt",ios::in);
23          if (!ifs)                              //判断文件是否打开成功
24          {
25              cout<<"读文件时，文件打开失败"<<endl;
26              exit(0);
27          }
28          cout<<"文件读取成功，内容如下："<<endl;
29          char ch2;
30          ifs.get(ch2);                          //调用 get()函数将字母读取到 ch2 变量中
31          while(!ifs.eof())                      //循环读取剩余字母
32          {
33              cout<<ch2;                         //输出 ch2 的值
34              ifs.get(ch2);
35          }
36          ifs.close();                           //关闭文件
37          return 0;
38      }
```

例 8-5 运行结果如图 8-7 所示。

图8-7  例8-5运行结果

在例 8-5 中，第 7 行代码创建了 ofstream 类对象 ofs，并以只写模式打开项目根目录下的 hello.txt 文件。第 14～18 行代码通过 for 循环调用 put()函数将 26 个小写字母写入文件。第 20 行代码调用 close()函数关闭文件。

第 22 行代码创建了 ifstream 类对象 ifs，并以只读模式打开 hello.txt 文件。第 29～35 行代码通过 while 循环调用 get()函数读取文件中的数据。第 36 行代码调用 close()函数关闭文件。由图 8-7 可知，程序成功将 26 个小写字母写入了文件，并成功读取了文件中的数据。

在例 8-5 中的程序中调用 get()函数从文件中读取数据，读者也可以调用 get()函数的其他重载形式或调用 getline()函数读取文件中的数据。

### 多学一招：文件流类的其他成员函数

除了读写函数，文件流类还提供了其他成员函数，如 eof()、bad()等，这些函数一般用于处理文件读写过程中的错误。下面介绍几种常用的错误处理函数。

#### 1. eof()函数

eof()函数用于检测文件是否到达末尾，函数声明如下所示：

```
bool eof() const;
```

在读文件时，如果文件到达末尾，eof()函数会返回 true。例 8-5 中的第 31 行代码就调用了 eof()函数判断文件读取是否到达末尾，这里不再针对其用法举例。

### 2. bad()函数

bad()函数用于检测文件在读写过程中是否出错，函数声明如下所示：

```
bool bad() const;
```

如果文件读写出错，bad()函数会返回 true。例如，对一个打开模式为 ios::in 的文件进行写入操作，或者写入的设备没有足够空间，调用 bad()函数会返回 true。

bad()函数的用法示例代码如下：

```
fstream fs("a.txt",ios::in);        //创建 fstream 类对象，以只读模式打开 a.txt
fs.put('a');                        //向文件中写入字符'a'
if(fs.bad())                        //调用 bad()函数检测，写入过程是否出错
    cout<<"文件写入失败"<<endl;
```

### 3. fail()函数

fail()函数也用于检测在读写过程中是否出错，函数声明如下所示：

```
bool fail() const;
```

fail()函数比 bad()函数的检错范围更广泛。文件到达末尾，或者读写过程没有达到预期条件，例如，想要读取一个整数却获得了一个字母时，fail()函数都能检测到并返回 true。

fail()函数的用法示例代码如下：

```
fstream fs("a.txt",ios::in);        //创建 fstream 类对象，以只读模式打开 a.txt
cout<<fs.get()<<endl;               //读取字符
if(fs.fail())                       //如果文件不存在或到达末尾，则读取失败
    cout<<"文件读取失败"<<endl;
```

### 4. good()函数

good()函数用于检测文件流状态和文件读写过程是否正常，函数声明如下所示：

```
bool good() const;
```

如果文件流状态、文件读写过程没有错误，good 函数就返回 true。它的作用与 bad()函数、fail()函数相反，对于 bad()函数、fail()函数返回 true 的情况，good()函数会返回 false。

good()函数的用法示例代码如下：

```
fstream fs("a.txt",ios::in);        //创建 fstream 类对象，以只读模式打开 a.txt
cout<<fs.get()<<endl;               //读取字符
if(fs.good())                       //如果没有错误，good()函数返回 true
    cout<<"文件读取成功"<<endl;
```

### 5. clear()函数

clear()函数用于清除文件的错误状态，即重置文件流的状态标志位，函数声明如下所示：

```
void clear(iostate state= goodbit);
```

在上述函数声明中，参数 state 表示流的状态，默认值为 goodbit（值为 0）。在文件读写过程中，调用 close()关闭文件之后，如果再使用文件流对象打开其他文件，一般先调用 clear()函数将文件流对象的标志位重新初始化。

clear()函数的用法示例代码如下：

```
ofstream ofs;
ofs.open("file1");                  //打开 file1 文件
ofs.close();                        //关闭 file1 文件
ofs.clear();                        //调用 clear()函数重置文件流的状态标志位
ofs.open("file2");                  //关闭 file1 文件后，再打开 file2 文件
ofs.close();
```

## 8.3.4　二进制文件的读写

文件流类从 istream 类和 ostream 类分别继承了 write()函数和 read()函数，这两个函数可以用来读写二进制文件。write()函数与 read()函数的声明与用法在 8.2.2 节和 8.2.3 节已经讲解，这里不再赘述。

下面通过案例演示二进制文件的读写，如例 8-6 所示。

例 8-6　binary.cpp

```cpp
1  #include<iostream>
2  #include<fstream>
3  using namespace std;
4  struct Student                    //定义学生结构体 Student
5  {
6      char name[20];                //姓名
7      int age;                      //年龄
8      char sex;                     //性别
9  };
10 int main()
11 {
12     Student stus[3];              //定义学生结构体数组，大小为 3
13     cout << "请输入 3 个学生的信息:\n（姓名 年龄 性别）" << endl;
14     for(int i = 0; i < 3; i++)    //通过 for 循环从键盘输入学生信息
15         {
16             cin >> stus[i].name>>stus[i].age>>stus[i].sex;
17         }
18     //创建输出文件流对象，以二进制、写入模式打开 student.dat 二进制文件
19     ofstream ofs("student.dat", ios::out | ios_base::binary);
20     if(!ofs)
21         {
22             cerr << "写入时，文件打开失败" << endl;
23             exit(0);
24         }
25     //通过 for 循环将 3 个学生的信息写入文件
26     for(int i = 0; i < 3; i++)
27         {
28             //调用 write()函数写入数据，每次写入一个学生信息
29             ofs.write(reinterpret_cast<char*>(&stus[i]), sizeof(stus[i]));
30             ofs.flush();
31         }
32     ofs.close();                  //关闭文件
33     cout << "写入成功" << endl << "读取文件:" << endl;
34     //创建输入文件流对象，以只读和二进制模式打开 student.txt 文件
35     ifstream ifs("student.dat", ios::in | ios_base::binary);
36     if(!ifs)
37         {
38             cout << "读取时，文件打开失败" << endl;
39             exit(0);
40         }
41     Student stus1[3];             //定义学生结构体数组存储读取的文件内容
42     for(int i = 0; i < 3; i++)
43         {
44             //调用 read()函数读取数据，每次读取一个学生信息
45             ifs.read(reinterpret_cast<char*>(&stus1[i]), sizeof(stus1[i]));
46             cout << stus1[i].name << " " << stus1[i].age
47                 << " " << stus1[i].sex << endl;
48         }
49     ifs.close();                  //关闭文件
50     return 0;
51 }
```

例 8-6 运行结果如图 8-8 所示。

在例 8-6 中，第 4～9 行代码定义了学生结构体 Student，该结构体包含姓名、年龄、性别 3 个成员。第 12～17 行代码定义了 Student 结构体数组 stus，大小为 3，并通过键盘输入 3 个学生信息。第 19～32 行代码创建 ofstream 类对象 ofs，以 ios::outlios::binary 模式打开项目根目录下的 student.dat 文件。在 for 循环中通过调用 write()函数将 stus 数组中 3 个学生的信息写入文件，并关闭文件。

第 35～49 行代码创建 ifstream 类对象 ifs，以 ios::inlios::binary 模式打开 student.dat 文件。在 for 循环中通过调用 read()函数将文件中数据读取到学生结构体数组 stus1 中，并关闭文件。

由图 8-8 可知，从键盘输入 3 个学生的信息后，程序通过调用 write()函数成功将 3 个学生的信息写入

student.dat 文件中，然后通过调用 read()函数成功读取了文件中的数据。

图8-8　例8-6运行结果

需要注意的是，在例 8-6 中，每次读写一个结构体变量，由于 read()函数和 write()函数的第一个参数为 char* 类型，因此在传递参数时，需要调用 reinterpret_cast<>运算符将 Student 结构体变量的地址转换成 char* 类型。

### 8.3.5　文件随机读写

在 C 语言中实现文件的随机读写要依靠文件位置指针，在 C++中文件的随机读写也是通过移动文件位置指针完成的。

C++文件流类提供了设置文件位置指针的函数。ifstream 类提供了 tellg()函数、seekg()函数，这两种函数声明分别如下所示：

```
streampos tellg();
istream& seekg(streampos);
istream& seekg(streamoff, ios::seek_dir);
```

在上述函数声明中，tellg()函数用于返回文件位置指针的位置。seekg()函数用于设置文件位置指针的位置，即移动文件位置指针，它有两种重载形式。第一种重载形式有一个参数 streampos，表示文件位置指针从文件开头移动 streampos 长度的距离；第二种重载形式有两个参数，第一个参数 streamoff 表示文件位置指针的移动距离，第二个参数 ios::seek_dir 表示参照位置。

ios::seek_dir 有以下三个取值。

- ios::beg = 0，表示从文件开头开始移动文件位置指针。
- ios::cur = 1，表示从当前位置开始移动文件位置指针。
- ios::end = 2，表示从文件结尾开始移动文件位置指针。

> **注意：**
>
> streampos 和 streamoff 是 C++标准库重定义的数据类型。

tellg()函数与 seekg()函数的用法示例代码如下：

```
ifstream ifs("a.txt");          //创建输入文件流对象 ifs
ifs.tellg();                    //调用 tellg()函数获取文件位置指针
ifs.seekg(20);                  //将文件位置指针移动 20 个字节
ifs.seekg(-20,ios::end);        //将文件位置指针从文件末尾处向前移动 20 个字节
```

ofstream 类提供了 tellp()函数、seekp()函数用于移动文件位置指针，这两种函数声明分别如下所示：

```
streampos tellp();
ostream& seekp(streampos);
ostream& seekp(streamoff, ios::seek_dir);
```

tellp()函数与 tellg()函数的含义与用法相同，seekp()函数与 seekg()函数的含义与用法相同。

fstream 类拥有上述所有函数，即拥有 tellg()函数、seekg()函数、tellp()函数和 seekp()函数。

为了加深读者对这两组函数的理解，下面通过案例演示文件的随机读写，如例 8-7 所示。

例 8-7　random.cpp

```cpp
1    #include<iostream>
2    #include<fstream>
3    using namespace std;
4    int main( )
5    {
6        //创建输出文件流对象 ofs
7        ofstream ofs("random.dat",ios::out|ios::binary);
8        if(!ofs)
9        {
10           cout<<"写入文件时，文件打开失败"<<endl;
11           exit(0);
12       }
13       //输出文件位置指针的位置
14       cout<<"文件打开时，文件位置指针位置: "<<ofs.tellp()<<endl;
15       cout<<"请输入数据: "<<endl;
16       char buf[1024]={0};                  //定义字符数组 buf
17       cin.getline(buf,1024,'/');           //将从键盘输入的数据存储到 buf 中
18       ofs.write(buf,30);                   //调用 write()函数将 buf 中的数据写入文件
19       //写入完成之后，输出文件位置指针的位置
20       cout<<"写入完成后，文件位置指针位置: "<<ofs.tellp()<<endl;
21       ofs.seekp(-10,ios::end);             //移动文件位置指针
22       //移动之后，输出文件位置指针的位置
23       cout<<"移动之后，文件位置指针位置: "<<ofs.tellp()<<endl;
24       return 0;
25   }
```

例 8-7 运行结果如图 8-9 所示。

图8-9　例8-7运行结果

在例 8-7 中，第 7 行代码创建了输入文件流对象 ofs，并以 ios::out|ios::binary 模式打开文件 random.dat。第 14 行代码调用 tellp()函数获取文件位置指针的位置。第 16～18 行代码定义字符数组 buf，将从键盘输入的数据存储到 buf 中，并调用 write()函数将 buf 中的数据写入文件中。第 20 行代码调用 tellp()函数再次输出文件位置指针的位置。第 21～23 行代码调用 seekp()函数将文件位置指针从文件末尾向前移动 10 个字节，然后再次调用 tellg()函数输出文件位置指针的位置。

由图 8-9 可知，刚打开文件时，文件位置指针的位置为 0，即文件位置指针在文件开头；向文件写入 30 个字符之后，文件位置指针的位置为 30，表明文件位置指针指向文件末尾；调用 seekp()函数移动文件位置指针之后，文件位置指针的位置为 20（相对于文件开头），表明 seekp()函数调用成功。

## 8.4　字符串流

字符串流是以 string 对象为输入/输出对象的数据流，这些数据流的传输在内存中完成，因此字符串流也

称为内存流。C++提供了 istringstream、ostringstream 和 stringstream 这三个类支持 string 对象的输入/输出。这三个类都由 istream 类和 ostream 类派生而来，因此它们都可以使用"＞＞"运算符和"＜＜"运算符，以及 istream 类和 ostream 类的成员函数。下面简单介绍这三个类。

### 1. istringstream 类

istringstream 是输入字符串流类，用于实现字符串对象的输入。istringstream 类的构造函数有三个，具体如下所示：

```
istringstream(openmode=ios_base::in);
istringstream(const string& str, openmode=ios_base::in);
istringstream(istringstream&& x);
```

第一个构造函数带有一个默认参数 openmode，表示流的打开方式，默认值为 ios_base::in。第二个构造函数带有两个参数：第一个参数 str 为 string 对象的常引用；第二个参数 openmode 是流的打开模式，默认值为 ios_base::in。第三个构造函数为移动构造函数。

istringstream 类的一个典型用法就是将一个数字字符串转换成对应的数值。相比于 C 语言的数字和字符串转换函数，istringstream 类具有模板亲和性，转换效率更高而且更安全。

下面通过案例演示如何将数字字符串转换成对应的数值，如例 8-8 所示。

例 8-8    istringstream.cpp

```
1   #include<iostream>
2   #include<sstream>
3   using namespace std;
4   //定义模板函数：将一个数字字符串转换成对应的数值
5   template<class T>
6   inline T swapString(const string &str)
7   {
8       istringstream istr(str);              //创建 istringstream 类对象 istr
9       T t;                                  //定义变量 t
10      istr>>t;                              //将对象 istr 中的数据输入 t 中
11      return t;                             //返回 t
12  }
13  int main( )
14  {
15      int num=swapString<int>("10");        //将字符串"10"转换成数值 10
16      cout<<"num="<<num<<endl;
17      double d=swapString<double>("3.14");  //将字符串"3.14"转换成数值 3.14
18      cout<<"d="<<d<<endl;
19      float f=swapString<float>("abc");     //将字符串"abc"转换成 float 类型
20      cout<<"f="<<f<<endl;
21      return 0;
22  }
```

例 8-8 运行结果如图 8-10 所示。

图8-10    例8-8运行结果

在例 8-8 中，第 5～12 行代码定义了模板函数 swapString()，用于将字符串转换为对应的数值。第 15～16 行代码，调用 swapString()函数将字符串"10"转换为 int 类型数据 10，并输出。第 17～18 行代码，调用 swapString()函数将字符串"3.14"转换为 double 类型数据，并输出。第 19～20 行代码，调用 swapString()函数将字符串"abc"转换为 float 类型数据，并输出。由图 8-10 可知，前两次转换均成功，最后一次将字符串"abc"转换为 float 类型数据失败，转换失败结果为 0。

需要注意的是，istringstream 类、ostringstream 类和 stringstream 类都包含在 sstream 头文件中，使用这三个类时要包含 sstream 头文件。

### 2. ostringstream 类

ostringstream 是输出字符串流类，用于实现字符串对象的输出。ostringstream 类也提供了三个构造函数，分别如下所示：

```
ostringstream(openmode=ios_base::out);
ostringstream(const string& str, openmode=ios_base::out);
ostringstream(ostringstream&& x);
```

ostringstream 类构造函数的参数含义与 istringstream 类构造函数的参数含义相同。除了构造函数，ostringstream 类还提供了一个比较常用的成员函数 str()。str()函数用于获取 ostringstream 流缓冲区中的内容副本，函数声明如下所示：

```
string str() const;
```

str()函数获取 ostringstream 流缓冲区的数据后，并不对数据进行修改，获取的数据可以存储到一个 string 对象中。

下面通过案例演示 ostringstream 类和 str()函数用法，如例 8-9 所示。

例8-9　ostringstream.cpp

```
1   #include<iostream>
2   #include<sstream>
3   using namespace std;
4   int main( )
5   {
6       ostringstream ostr;              //创建 ostringstream 类对象 ostr
7       string str;                      //创建 string 类对象 str
8       cout<<"请输入一个字符串"<<endl;
9       getline(cin,str);                //调用 getline()函数从键盘为 str 输入内容
10      ostr<<str;                       //将 str 内容插入到 ostr 类对象中
11      string result=ostr.str();        //调用 str()成员函数获取 ostr 对象缓冲区内容
12      cout<<result<<endl;              //输出获取的内容
13      return 0;
14  }
```

例 8-9 运行结果如图 8-11 所示。

图8-11　例8-9运行结果

在例 8-9 中，第 6 行代码创建了 ostringstream 类对象 ostr。第 7~9 行代码创建了 string 类对象 str，并从键盘输入数据存储到 str 中。第 10 行代码使用插入运算符 "<<" 将 str 中的数据插入类对象 ostr 中。第 11~12 行代码，通过对象 ostr 调用 str()函数获取对象 ostr 的缓冲区内容并输出。由图 8-11 可知，程序成功获取了对象 str 中的内容并输出。

### 3. stringstream 类

stringstream 类是输入/输出字符串流类，可同时实现字符串对象的输入/输出。stringstream 类也提供了三种形式的构造函数，分别如下所示：

```
stringstream(openmode=ios_base::in|ios_base::out);
stringstream(const string& str,openmode=ios_base::in|ios_base::out);
stringstream(stringstream&& x);
```

stringstream 类构造函数的参数含义与 istringstream 类构造函数的参数含义相同。stringstream 类包括了 istringstream 类与 ostringstream 类的功能，这里不再举例演示。

> **小提示：字符串流类**
>
> 在 C++98 标准之前，C++使用 istrstream、ostrstream 和 strstream 三个类完成 string 对象的输入/输出，但从 C++98 标准开始，这三个类被弃用了，取而代之的是 istringstream 类、ostringstream 类和 stringstream 类。

## 8.5　本章小结

本章主要讲解了 C++中 I/O 流的相关知识。首先介绍了 I/O 流类库；其次讲解了标准 I/O 流，包括预定义流对象、标准输出流和标准输入流；然后讲解了文件流，包括文件流对象的创建、文件的打开与关闭、文本文件的读写、二进制文件的读写和文件的随机读写；最后介绍了字符串流。熟练掌握 C++中 I/O 流的使用，对编程非常重要。

## 8.6　本章习题

### 一、填空题

1. 在 ios 类库中，基类 ios 直接派生了两个类，分别是＿＿＿＿和＿＿＿＿。
2. C++预定义的四个流对象中，不带缓冲的流对象是＿＿＿＿。
3. C++中的输入/输出流可以分为标准 I/O 流、＿＿＿＿和＿＿＿＿三类。
4. ifstream 类默认的文件打开模式为＿＿＿＿。

### 二、判断题

1. 在 C++流类库中，ios 根基类是一个抽象类。　　　　　　　　　　　　　　　　　（　　）
2. ostream 类提供的成员函数，如 put()、write()函数等，无法连续调用。　　　　　（　　）
3. istream 类提供的成员函数 getline()，默认以 '\0' 作为结束符。　　　　　　　（　　）
4. 文件流对象无法使用"＞＞""＜＜"运算符传输数据。　　　　　　　　　　　　　（　　）
5. C++不支持文件的随机读写。　　　　　　　　　　　　　　　　　　　　　　　　（　　）

### 三、选择题

1. 下列选项中，不属于刷新缓冲区的方式的是（　　）。
   - A. 执行 flush()函数
   - B. 执行 endl 语句
   - C. 关闭文件
   - D. 等上 5 s 时间编译器自动刷新
2. 关于标准输入/输出流，下列说法中错误的是（　　）。
   - A. 输出流提供的 put()函数用于单个字符的输出
   - B. write()函数一次可以输出一个字符串
   - C. 输入流提供的 get()函数在遇到'\n'时会结束读取
   - D. getline()一次可以读取一个字符串
3. 下列选项中，只能用于检测文件读取操作的函数是（　　）。
   - A. fail()
   - B. eof()
   - C. bad()
   - D. good()
4. 下列选项中，可以清除输入流错误状态的函数是（　　）。
   - A. clear()
   - B. fail()
   - C. put()
   - D. eof()
5. 下列选项中，构建的文件流对象正确的是（　　）（多选）。
   - A. ifstream ifs;
   - B. ifstream ifs("filename");
   - C. ofstream ofs;
   - D. fstream fs("filename");
6. 关于文件的打开与关闭，下列说法中错误的是（　　）。
   - A. ifstream 类、ostream 类和 fstream 类都提供了成员函数 open()用于打开文件

  B. ifstream 类打开文件的默认方式是 ios::in，ostream 类打开文件的默认方式是 ios::out

  C. 文件流使用完毕后，析构函数会自动释放资源，不用手动调用 close()函数关闭文件

  D. 文件的打开方式可以组合使用

## 四、简答题

1. 简述一下 C++预定义的四个流对象之间的区别。

2. 简述一下 getline()函数与 read()函数的区别。

## 五、编程题

1. 请编写程序实现以下功能：从键盘输入若干个字符串，统计长度最长的字符串，并输出最长字符串的内容和长度。

2. 有一个文本文件 data.txt，它记录了几个学生的信息，内容如下：

| 姓名 | 学号 | 性别 | 年龄 |
|------|------|------|------|
| 张三 | 1001 | 男 | 22 |
| 李明 | 1002 | 男 | 21 |
| 李红 | 1003 | 女 | 22 |
| 李明 | 1004 | 女 | 20 |

请编写一个程序，从文本文件 data.txt 中找出所有叫"李明"的学生，并输出他们的信息。

# 第 9 章

# 异 常

## 学习目标

★ 熟悉 C++中异常的处理方式

★ 理解栈解旋机制

★ 了解 C++标准异常

★ 了解静态断言的作用

读者在编写程序的过程中，难免会出现一些错误，例如，除零错误、指针访问受保护空间、数组越界、访问的文件不存在等，这些错误会导致程序运行失败，像这些导致程序运行失败的错误，通常称为异常。为了确保程序的高容错性，开发者在编写程序过程中，需要对这些异常进行处理，防止系统崩溃。大多数常见的编程语言都提供了异常处理机制，C++也不例外，本章将针对 C++的异常处理机制进行详细讲解。

## 9.1　异常处理方式

在 C++中，如果函数在调用时发生异常，异常通常会被传递给函数的调用者进行处理，而不在发生异常的函数内部处理。如果函数调用者也不能处理异常，则异常会继续向上一层调用者传递，直到异常被处理为止。如果最终异常没有被处理，则 C++运行系统就会捕捉异常，终止程序运行。

C++的异常处理机制使得异常的引发和处理不必在同一函数中完成，函数的调用者可以在适当的位置对函数抛出的异常进行处理。这样，底层的函数可以着重解决具体的业务问题，而不必考虑对异常的处理。

C++的异常处理通过 throw 关键字和 try…catch 语句结构实现。通常情况下，被调用的函数如果发生异常，就通过 throw 关键字抛出异常，而函数的上层调用者通过 try…catch 语句检测、捕获异常，并对异常进行处理。

throw 关键字抛出异常的语法格式如下所示：

```
throw 表达式；
```

在上述格式中，throw 后面的表达式可以是常量、变量或对象。如果函数调用中出现异常，就可以通过 throw 将表示异常的表达式抛给它的调用者。

函数调用者通过 try…catch 语句捕获、处理异常，try…catch 语句的语法格式如下所示：

```
try
{
    …                                          //可能会出现异常的代码
}
catch (异常类型 1)
```

```
{
    ...                                        //异常处理代码
}
catch (异常类型 2)
{
    ...                                        //异常处理代码
}
...
catch (异常类型 n)
{
    ...                                        //异常处理代码
}
catch (...)
{
    ...                                        //异常处理代码
}
```

在上述语法格式中，try 语句块用于检测可能发生异常的代码（函数调用），如果这段代码抛出了异常，则 catch 语句会依次对抛出的异常进行类型匹配，如果某个 catch 语句中的异常类型与抛出的异常类型相同，则该 catch 语句就捕获异常并对异常进行处理。

在使用 try…catch 语句时，有以下几点需要注意。

（1）一个 try…catch 语句中只能有一个 try 语句块，但可以有多个 catch 语句块，以便与不同的异常类型匹配。catch 语句必须有参数，如果 try 语句块中的代码抛出了异常，无论抛出的异常的值是什么，只要异常的类型与 catch 语句的参数类型匹配，异常就会被 catch 语句捕获。最后一个 catch 语句参数为"…"符号，表示可以捕获任意类型的异常。

（2）一旦某个 catch 语句捕获到了异常，后面的 catch 语句将不再被执行，其用法类似 switch…case 语句。

（3）try 和 catch 语句块中的代码必须使用大括号"{}"括起来，即使语句块中只有一行代码。

（4）try 语句和 catch 语句不能单独使用，必须连起来一起使用。

在使用 try…catch 语句处理异常时，如果 try 语句块中的某一行代码抛出了异常，则无论异常是否被处理，抛出异常的语句后面的代码都不再被执行。例如，有如下代码：

```
try
{
    func();
    add();
    cout << 3/0<< endl;
}
catch (int)
{
    cout << "异常处理" << endl;
}
cout << "异常处理完毕，程序从此处开始向下执行" << endl;
```

在上述代码中，如果 try 语句块中的 func()函数调用抛出了异常，并且 catch 语句成功捕获到了异常，则异常处理结束之后，程序会执行 try…catch 语句后面的代码，而不会执行 try 语句块中的 add()函数。

下面通过案例演示 C++的异常处理，如例 9-1 所示。

例 9-1 tryCatch.cpp

```
1  #include<iostream>
2  #include<fstream>
3  using namespace std;
4  class AbstractException              //定义抽象异常类 AbstractException
5  {
6  public:
7      virtual void printErr() = 0;     //纯虚函数 printErr()
8  };
9  //定义文件异常类 FileException 公有继承 AbstractException
10 class FileException : public AbstractException
11 {
12 public:
```

```
13      virtual void printErr()              //实现printErr()函数
14      {
15          cout << "错误: 文件不存在" << endl;
16      }
17 };
18 //定义整除异常类DivideException公有继承AbstractException
19 class DivideException:public AbstractException
20 {
21 public:
22      virtual void printErr()              //实现printErr()函数
23      {
24          cout << "错误: 除零异常" << endl;
25      }
26 };
27 void readFile()                          //定义readFile()函数
28 {
29      ifstream ifs("log.txt");            //创建文件输入流对象ifs并打开log.txt文件
30      if(!ifs)                            //如果文件打开失败
31      {
32          throw FileException();          //抛出异常
33      }
34      ifs.close();                        //关闭文件
35 }
36 void divide()                            //定义divide()函数
37 {
38      int num1 = 100;
39      int num2 = 2;
40      if(num2 == 0)                       //如果除数num2为0
41      {
42          throw DivideException();        //抛出异常
43      }
44      int ret = num1/num2;
45      cout << "两个数相除结果: " << ret << endl;
46 }
47 int main()
48 {
49      try
50      {
51          readFile();                     //检测readFile()函数调用
52          divide();                       //检测divide()函数调用
53      }
54      catch(FileException& fex)           //捕获FileException&类型异常
55      {
56          fex.printErr();                 //调用相应函数输出异常信息
57      }
58      catch(DivideException& dex)         //捕获DivideException&类型异常
59      {
60          dex.printErr();
61      }
62      catch(...)                          //捕获任意类型异常
63      {
64          cout << "处理其他异常" << endl;
65      }
66      cout << "程序执行结束" << endl;
67      return 0;
68 }
```

例9-1运行结果如图9-1所示。

图9-1　例9-1运行结果

在例 9-1 中，第 4 ~ 8 行代码定义了异常类 AbstractException，AbstractException 类是一个抽象类，该类声明了纯虚函数 printErr()。第 10 ~ 17 行代码定义了文件异常类 FileException，该类公有继承 AbstractException 类，并实现了 printErr() 函数，用于输出"文件不存在"的错误提示信息。第 19 ~ 26 行代码定义异常类 DivideException，该类公有继承 AbstractException 类，并实现了 printErr() 函数，用于输出除数为 0 的错误提示信息。

第 27 ~ 35 行代码定义了 readFile() 函数，在该函数中，创建了文件输入流对象 ifs 用于读取文件，如果文件不存在，就抛出 FileException 类型的异常。第 36 ~ 46 行代码定义了 divide() 函数，在该函数中，定义两个整数相除，如果除数为 0，就抛出 DivideException 类型的异常。

第 49 ~ 65 行代码在 main() 函数中使用 try…catch 语句检测并捕获异常。在 try 语句块中，检测 readFile() 函数和 divide() 函数调用，如果有异常抛出，则通过 catch 语句捕获异常。第一个 catch 语句捕获 FileException& 类型的异常，第二个 catch 语句捕获 DivideException& 类型的异常，第三个 catch 语句捕获任意类型的异常。

由图 9-1 可知，程序输出了"文件不存在"的错误提示信息，这表明在调用 readFile() 函数时，由于文件 log.txt 不存在，readFile() 抛出了异常，通过第 54 行代码的 catch 语句捕获了该异常，在 catch 语句块中通过对象 fex 调用 printErr() 函数输出了异常信息。同时，由图 9-1 还可知，catch 语句捕获异常之后，程序直接执行了第 66 行代码，并没有返回执行第 52 行代码的 divide() 函数。

## 9.2　栈解旋

C++ 不仅能够处理各种不同类型的异常，还可以在异常处理前释放所有局部对象。从进入 try 语句块开始到异常被抛出之前，在栈上创建的所有对象都会被析构，析构的顺序与构造的顺序相反，这一过程称为栈解旋或栈自旋。

下面通过案例演示栈的解旋过程，如例 9-2 所示。

例 9-2　stackUnwinding.cpp

```
1   #include<iostream>
2   using namespace std;
3   class Shape                         //定义形状类 Shape
4   {
5   public:
6       Shape();                        //构造函数
7       ~Shape();                       //析构函数
8       static int count;               //静态成员变量 count
9   };
10  int Shape::count = 0;               //count 初始值为 0
11  Shape::Shape()                      //实现构造函数
12  {
13      count++;
14      if(Shape::count == 3)
15          throw "纸张画不下啦！！";
16      cout << "Shape 构造函数" << endl;
17  }
18  Shape::~Shape()                     //实现析构函数
19  {
20      cout << "Shape 析构函数" << endl;
21  }
22  int main()
23  {
24      Shape circle;                   //画圆形
25      try                             //try 语句块检测可能抛出异常的代码
26      {
27          int num = 2;                //定义 int 类型变量 num,表示纸张可画两个图形
28          cout << "纸张可画图形个数: " << num << endl;
29          Shape rectangle;            //画长方形
30          Shape triangle;             //画三角形
```

```
31          }
32      catch(const char* e)              //捕获异常
33      {
34          cout << e << endl;
35      }
36      return 0;
37  }
```

例9-2运行结果如图9-2所示。

在例 9-2 中，第 3 ~ 9 行代码定义了形状类
Shape，该类声明了一个静态成员变量 count，用
于记录 Shape 类对象的个数。此外，Shape 类还声
明了构造函数和析构函数。第 10 ~ 21 行代码，在
类外初始化 count 的值为 0，并实现类的构造函数
与析构函数。在实现构造函数时，如果 count 值
为 3，就抛出一个异常，提示纸张画不下的异常
信息。

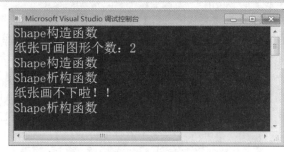

图9-2　例9-2运行结果

第 24 行代码创建 Shape 类对象 circle，表示画了一个圆形。第 25 ~ 31 行代码，在 try 语句块中检测可能
抛出异常的代码。第 27 行代码定义 int 类型变量 num 为 2，表示纸张可画两个图形；第 29 ~ 30 行代码，创
建 Shape 类对象 rectangle 和 triangle。第 32 ~ 35 行代码通过 catch 语句捕获 char*类型异常并输出异常信息。

由图 9-2 可知，程序抛出了异常，catch 语句捕获并输出了异常提示信息："纸张画不下啦!!"程序在运
行时，首先调用 Shape 类的构造函数创建了对象 circle；然后进入 try 语句块，定义 num 变量并输出；最后创
建 Shape 类对象 rectangle，对象 rectangle 创建成功之后，内存中有两个 Shape 类对象，当程序再创建对象
triangle 时，count 值为 3，就抛出了异常，对象 triangle 并没有创建成功。

在抛出异常之前，程序会将 try 语句块中创建的对象（num 和 rectangle）都释放。因此，在图 9-2 中，
异常信息输出之前调用了一次 Shape 析构函数，用来析构对象 rectangle。在 try 语句块之外创建的对象 circle，
待异常处理完成之后才析构。因此，在图 9-2 中，异常信息输出之后又调用了一次 Shape 析构函数。

需要注意的是，栈解旋只能析构栈上的对象，不会析构动态对象。

## 9.3　标准异常

C++提供了一组标准异常类，这些类以 exception 为根基类，程序中抛出的所有标准异常都继承自
exception 类。exception 类定义在 exception 头文件中，C++11 标准对 exception 类的定义如下所示：

```
class exception{
public:
  exception () noexcept;
  exception (const exception&) noexcept;
  exception& operator=(const exception&) noexcept;
  virtual ~exception();
  virtual const char* what() const noexcept;
};
```

由上述定义可知，exception 类提供了多个函数，其中，what()函数用于描述异常相关信息。what()函数是
一个虚函数，exception 类的派生类可以对 what()函数重新定义，以便更好地描述派生类的异常信息。

exception 类派生了多个类，这些派生类又作为基类派生出了新的类，因此，以 exception 为根基类的标
准异常类是一个庞大的异常类库。标准异常类的继承关系如图 9-3 所示。

在图 9-3 中，logic_error 类与 runtime_error 类是 exception 类主要的两个派生类，它们都定义在 stdexcept 头
文件中。logic_error 类表示那些可以在程序中被预先检测到的异常，即通过检查或编译可以发现的错误。
runtime_error 则表示运行时的异常，这类错误只有在程序运行时才能被检测到。logic_error 类和 runtime_error
类都有一个带有 const string&类型参数的构造函数，构造异常对象时，可以将错误信息传递给该参数，通过

调用异常对象的 what()函数，可以得到构造时提供的异常信息。

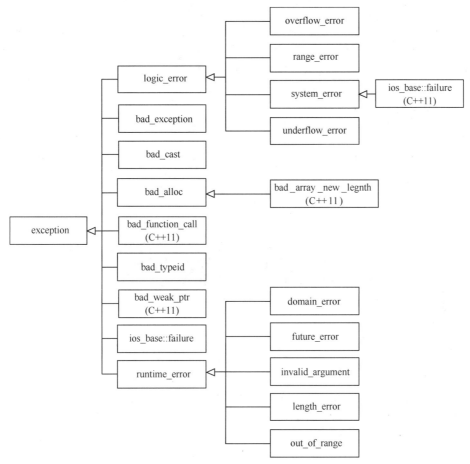

图9-3 标准异常类的继承关系

标准异常类被定义在不同的头文件中，读者可通过查阅附录Ⅱ查看标准异常类所属的头文件及含义。下面通过案例演示标准异常类的使用，如例 9-3 所示。

例9-3 stdexception.cpp

```cpp
1   #include<iostream>
2   using namespace std;
3   class Animal                    //定义动物类 Animal
4   {
5   public:
6       virtual void speak();       //声明虚函数 speak()
7   };
8   void Animal::speak()            //类外实现 speak()函数
9   {
10      cout << "动物叫声" << endl;
11  }
12  class Cat:public Animal         //猫类 Cat 公有继承 Animal 类
13  {
14  public:
15      virtual void speak();       //声明虚函数 speak()
16  };
17  void Cat::speak()               //类外实现 speak()函数
18  {
19      cout << "小猫喵喵叫" << endl;
20  }
```

```
21  int main()
22  {
23      Animal animal;                    //创建 Animal 类对象 animal
24      Animal& ref = animal;             //定义 Animal 类引用 ref
25      ref.speak();                      //通过 Animal 的引用 ref 调用 speak()函数
26      try
27      {
28          //将引用 ref 强制转换为 Cat&类型
29          Cat& cat = dynamic_cast<Cat&>(ref);
30          cat.speak();
31      }
32      catch(bad_cast& ex)              //捕获异常，bad_cast 标准异常
33      {
34          cout << ex.what() << endl;
35      }
36      return 0;
37  }
```

例 9-3 运行结果如图 9-4 所示。

图9-4  例9-3运行结果

在例 9-3 中，第 3～7 行代码定义了动物类 Animal，该类声明了一个虚函数 speak()。第 12～16 行代码定义了猫类 Cat 公有继承 Animal 类，Cat 类声明了虚函数 speak()。第 23～25 行代码创建了 Animal 类对象 animal；定义了 Animal 类引用 ref，使用对象 animal 为 ref 初始化，并通过引用 ref 调用 speak()函数。第 26～31 行代码检测第 29～30 行代码是否抛出异常。第 29 行代码通过 dynamic_cast 转换运算符将 Animal 类型的引用 ref 强制转换为 Cat 类型的引用，并赋值给 Cat 类型的引用 cat。由于引用 ref 指向的是基类对象 animal，因此在将其转换为派生类引用时会发生 bad_cast 异常。第 32～35 行代码通过 catch 语句捕获 bad_cast 类型的标准异常，如果捕获到异常，就调用 what()函数输出异常信息。由图 9-4 可知，程序在运行时抛出了 bad_cast 标准异常，提示异常信息："Bad dynamic_cast!"

### ▌小提示：noexcept关键字

在 exception 类定义中，noexcept 关键字表示函数不抛出异常。noexcept 关键字是 C++11 新增的关键字，在 C++11 之前，如果一个函数不抛出异常，则在函数后面添加 throw()函数，示例代码如下所示：
```
void func() throw();
```
相比于 throw()，noexcept 关键字有利于编译器优化代码，但它并不适用于任何地方。在指定函数是否抛出异常时，如果读者对 noexcept 关键字不是很熟悉，尽量使用 throw()，而不要轻易使用 noexcept 关键字。

## 9.4  静态断言

断言是编程中常用的一种调试手段。在 C++11 之前，C++使用 assert()宏进行断言。但是，assert()宏只能在程序运行时期执行，这意味着不运行程序将无法检测到断言错误。如果每次断言都要执行一遍程序，则检测效率就会降低。另外，对于 C++中使用较多的模板来说，模板实例化是在编译阶段完成的，assert()断言不能在编译阶段完成对模板实例化的检测。

为此，C++11 引入了静态断言 static_assert，用于实现编译时断言。静态断言的语法格式如下所示：
```
static_assert(常量表达式，提示字符串);
```

在上述语法格式中，static_assert 有两个参数：第一个参数是一个常量表达式，即断言表达式；第二个参数是一个字符串。在执行断言时，编译器首先检测"常量表达式"的值，若常量表达式的值为真，则 static_assert() 不做任何操作，程序继续完成编译；若常量表达式的值为假，则 static_assert() 产生一条编译错误提示，错误提示的内容就是第二个参数。

下面通过案例演示静态断言的用法，如例 9-4 所示。

例 9-4　staticAssert.cpp

```
1  #include<iostream>
2  using namespace std;
3  template<typename T,typename U>
4  void func(T& t, U& u)                              //定义函数模板 func()
5  {
6      static_assert(sizeof(t) == sizeof(u),          //静态断言
7          "the parameters must be the same width.");
8      cout << t << "与" << u << "字节大小相同" << endl;
9  }
10 int main()
11 {
12     int x = 100;                                   //定义变量
13     int y = 20;                                    //定义变量
14     char ch = 'a';                                 //定义变量
15     func(x, y);                                    //调用 func() 函数
16     func(x, ch);                                   //调用 func() 函数
17     return 0;
18 }
```

编译例 9-4，结果如图 9-5 所示。

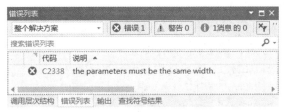

图9-5　例9-4编译结果

在例 9-4 中，第 3~9 行代码定义了函数模板 func()，在函数内部，使用 static_assert() 判断两个参数的字节大小是否相同，如果不相同，即静态断言失败，则输出提示信息"the parameters must be the same width"。第 12~14 行代码，定义了两个 int 类型的变量 x、y 和一个 char 类型的变量 ch。第 15 行代码调用 func() 函数，传入 x 与 y 作为参数，由于传入的参数都为 int 类型，因此程序编译不会出错。第 16 行代码调用 func() 函数，传入 x 与 ch 作为参数，由于 x 为 int 类型，ch 为 char 类型，因此，程序在编译时静态断言失败，编译器报错。由图 9-5 可知，编译错误就是由于第 16 行代码断言失败。如果注释掉第 16 行代码，则程序编译通过。

需要注意的是，static_assert() 断言表达式的结果必须在编译阶段就可以计算出来，即必须是常量表达式。如果使用了变量，则会导致编译错误，示例代码如下：

```
void set_age(const int n)
{
    static_assert(n > 0, "The age should be greater than zero!");
}
```

上述代码中，在 static_assert() 中使用了参数变量 n，编译时报错"表达式的计算结果不是常数"。

## 9.5　本章小结

本章主要讲解了 C++ 中的异常处理机制。异常处理机制通过抛出异常与处理异常的分离，使程序每个部分只完成自己的本职工作而互不干扰，保证了程序的高容错性。静态断言是 C++ 程序常用的程序调试手段，

使用静态断言可以在编译阶段查找出程序中存在的逻辑错误，从而提高程序的编译效率。学习完本章，读者可以了解 C++中异常处理的方式和规则。

## 9.6　本章习题

### 一、填空题

1. C++中，抛出异常的关键字是_____。
2. C++标准异常库以_____类为根基类。
3. C++标准异常类中，_____类表示运行时异常。
4. 在 C++中，宏定义_____表示静态断言。

### 二、判断题

1. try…catch 语句中可以有多个 try 语句。　　　　　　　　　　　　　　　　　　（　　）
2. try…catch 语句可以分开，单独使用。　　　　　　　　　　　　　　　　　　　（　　）
3. try 语句块中代码抛出异常后，如果异常被正确处理，抛出异常代码后面的程序会继续执行。（　　）
4. 栈解旋会把 try 语句块中的所有对象都释放，包括堆内存上的对象。　　　　　　（　　）
5. C++标准异常类都定义了 what()函数，用于描述异常信息。　　　　　　　　　　（　　）
6. 使用静态断言，程序可以在编译时检测错误。　　　　　　　　　　　　　　　　（　　）

### 三、选择题

1. 关于函数声明 "float func(int a, int b)throw;"，下列描述中正确的是（　　）。
   A. 表明函数抛出 float 类型异常　　　　　　　　B. 表明函数可抛出任何类型异常
   C. 表明函数不抛出任何类型异常　　　　　　　　D. 表明函数可能抛出异常

2. 关于 C++异常处理的流程，下列说法中错误的是（　　）。
   A. 对某段可能产生异常的代码或函数使用 try 结构进行检测
   B. 如果在执行 try 结构期间没有引起异常，则跟在 try 后面的 catch 结构不会执行
   C. 如果在执行 try 结构期间发生异常，在异常发生的位置使用 throw 抛出异常，一个异常对象将被创建
   D. 本层 try 语句抛出了异常，只能由本层的 catch 语句处理

3. 关于栈解旋，下列说法中正确的是（　　）。
   A. 栈解旋时，对象的析构顺序与构造顺序相同
   B. 栈解旋只能释放栈上的对象
   C. 栈解旋可以释放堆上的对象
   D. try 语句块之外的对象也可以通过栈解旋释放

4. 关于标准库异常，下列说法中错误的是（　　）。
   A. logic_error 类表示那些可以在程序中被预先检测到的异常
   B. 异常基类 exception 定义在头文件 exception 中
   C. exception 类接口中的函数都有一个 noexcept 关键字，这表示 exception 类成员函数不会抛出任何异常
   D. runtime_error 类不能被继承

5. 关于断言，下列说法中错误的是（　　）。
   A. 断言是调试程序的一种手段
   B. static_assert 是静态断言，即在程序编译时期检测错误
   C. 宏 assert()用来在运行阶段实现断言
   D. static_assert 可以使用变量作为参数

**四、简答题**

1. 简述 C++中的异常处理过程。

2. 简述 static_assert 与 assert 的区别。

**五、编程题**

请按照下列要求编写程序。

（1）定义一个异常类 Cexception，有成员函数 reason( )，用来显示异常的类型。

（2）定义一个函数 fun( )触发异常，在主函数 try 语句块中调用 fun( )，在 catch 语句块中捕获异常，观察程序执行流程。

# 第 10 章

# C++11 新特性

- ★ 掌握 auto、decltype、=default 和=delete 关键字的使用
- ★ 掌握基于范围的 for 循环的使用
- ★ 掌握 lambda 表达式的使用
- ★ 掌握 C++11 标准三个智能指针的使用
- ★ 掌握右值引用与移动构造
- ★ 了解 move()函数与完美转发
- ★ 了解委托构造函数与继承构造函数
- ★ 了解函数包装
- ★ 掌握 C++11 标准中的多线程
- ★ 掌握互斥锁、lock_guard 和 unique_lock 在多线程中的使用
- ★ 掌握条件变量和原子类型在多线程中的使用
- ★ 了解原生字符串、C++11 标准对 Unicode 的支持
- ★ 了解 C++11 标准新增的一些常用库以及 alignof 和 alginas 运算符

C++11 是由 C++标准委员会于 2011 年发布的最新标准，在兼容早期 C++98 和 C++03 标准的基础上，增加了很多新特性，扩充了 C++标准程序库，提高了语言的稳定性和兼容性。本章将为初学者介绍一些 C++11 中常用的新特性。

## 10.1 简洁的编程方式

C++11 标准具有的一个很大的特性就是提供了很多更有效、更便捷的代码编写方式，程序设计者可以使用更简短的代码实现 C++98 标准中同样的功能。本节将针对 C++11 标准中简洁的编程方式进行介绍。

### 10.1.1 关键字

C++11 新增了很多关键字，这些关键字都各有用途，有的关键字功能很复杂，可以用在编程的各个方面。通过使用这些有特殊功能的关键字，可以极大地缩减代码量。下面重点介绍几个常用的 C++11 标准新增关键字。

## 1. auto

在 C++11 标准之前，auto 关键字已经存在，其作用是限定变量的作用域。在 C++11 标准中，auto 被赋予了新的功能，使用它可以让编译器自动推导出变量的类型。示例代码如下所示：

```
auto x = 10;          //变量x为int类型
```

在上述代码中，使用 auto 定义了变量 x，并赋值为 10，则变量 x 的类型由它的初始化值决定。由于编译器根据初始化值推导并确定变量的类型，因此 auto 修饰的变量必须初始化。除了修饰变量，auto 还可以作为函数的返回值，示例代码如下所示：

```
auto func()
{
    //……功能代码
    return 1;
}
```

需要注意的是，auto 可以修饰函数的返回值，但是 auto 不能修饰函数参数。

除了修饰变量、函数返回值等，auto 最大的用途就是简化模板编程中的代码，示例代码如下所示：

```
map<string, vector<int>> m;
for(auto value = m.begin(); value != m.end(); value++)
{
    //……
}
```

如果不使用 auto，则代码如下所示：

```
map<string, vector<int>> m;
map<string, vector<int>>::iterator value;
for(value = m.begin(); value != m.end(); value++)
{
    //……
}
```

此外，在模板编程中，变量的类型依赖于模板参数，有时很难确定变量的类型。当不确定变量类型时，可以使用 auto 关键字解决，示例代码如下：

```
template<class T1, class T2>
void multiply(T1 x, T2 y)
{
    auto result = x * y;                         //使用auto修饰变量result
}
```

## 2. decltype

decltype 关键字是 C++11 标准新增的关键字，功能与 auto 关键字类似，也是在编译时期进行类型推导，但 decltype 的用法与 auto 不同，decltype 关键字的使用格式如下所示：

```
decltype(表达式)
```

在上述格式中，decltype 关键字会根据表达式的结果推导出数据类型，但它并不会真正计算出表达式的值。需要注意的是，decltype 关键字的参数表达式不能是具体的数据类型。

decltype 关键字的用法示例代码如下所示：

```
int a;
int b;
float f;
cout << typeid(decltype(a+b)).name() << endl;        //推导结果: int
cout << typeid(decltype(a+f)).name() << endl;        //推导结果: float
cout << typeid(decltype(int)).name() << endl;        //错误，不能通过编译
```

在程序设计中，可以使用 decltype 关键字推导出的类型定义新变量，示例代码如下所示：

```
int a;
int b;
float f;
decltype(a + b) x;                           //定义int类型变量x
decltype(a + f) y;                           //定义float类型变量y
```

decltype 关键字最为强大的功能是在泛型编程中，与 auto 关键字结合使用推导函数返回值类型。auto 作为函数返回值占位符，->decltype()放在函数后面用于推导函数返回值类型。示例代码如下所示：

```
template<class T1, class T2>
auto multiply(T1 x, T2 y)->decltype(x * y)
{
}
```

　　在泛型编程中，这种方式称为追踪返回类型，也称尾推导。有了->decltype()，程序设计者在编写代码时就无须关心任何时段的类型选择，编译器会进行合理的推导。

### 3. nullptr

　　在 C 语言中，为避免野指针的出现，通常使用 NULL 为指针赋值。C 语言中 NULL 的定义如下所示：

```
#define NULL ((void *)0)
```

　　由上述定义可知， NULL 是一个 void*类型的指针，其值为 0。在使用 NULL 给其他指针赋值时，发生了隐式类型转换，即将 void*类型指针转换为要赋值的指针类型。

　　NULL 的值被定义为字面常量 0，这样会导致指针在使用过程中产生一些不可避免的错误。例如，有两个函数，函数声明如下所示：

```
void func(int a,int *p);
void func(int a,int b);
```

　　在上述代码中，有两个重载函数 func()，如果在调用第一个 func()函数时，传入的第二个参数为 0 或 NULL，则编译器总会调用第二个 func()函数，即两个参数都是 int 类型的函数。这就与实际想要调用的函数相违背。如果想要根据传入的参数成功调用相应的 func()函数，则需要使用 static_cast 转换运算符将 0 强制转换，示例代码如下所示：

```
func(1,0);                      //调用 func(int a,int b)
func(1,static_cast<int *>(0));  //调用 func(int a,int *p)
```

　　虽然使用 static_cast 转换运算符解决了此问题，但是这种方式极易出错，而且会增加代码的复杂程度。

　　为了修复上述缺陷，C++11 标准引入了一个新的关键字 nullptr，nullptr 也表示空指针，可以为指针赋值，避免出现野指针。但是，nullptr 是一个有类型的空指针常量，当使用 nullptr 给指针赋值时，nullptr 可以隐式转换为等号左侧的指针类型。需要注意的是，nullptr 只能被转换为其他指针类型，不能转换为非指针类型。示例代码如下所示：

```
int* p = nullptr;    //正确
int x = nullptr;     //错误, nullptr 不能转换为 int 类型
```

　　由于 nullptr 只能转换为其他指针类型，因此它能够消除字面常量 0 带来的二义性。在调用 func()函数时，如果传入 nullptr 作为第二个参数，则 func()函数能够被正确调用。示例代码如下所示：

```
func(1,0);        //调用 func(int a,int b)
func(1,nullptr);  //调用 func(int a,int *p)
```

### 4. =default 与=delete

　　构造函数、析构函数、拷贝构造函数等是类的特殊成员函数，如果在类中没有显式定义这些成员函数，编译器会提供默认的构造函数、析构函数、拷贝构造函数等。但是，如果在类中显式定义了这些函数，编译器将不会再提供默认的版本。例如，定义了动物类 Animal，并且在类中显式定义了构造函数，示例代码如下所示：

```
class Animal
{
public:
    Animal(string name);
private:
    string _name;
};
```

　　在上述代码中，定义了有参构造函数，则编译器不再提供默认的构造函数。如果在程序中需要调用无参构造函数，就需要程序设计者自己定义一个无参构造函数，即使这个无参构造函数体为空，并没有实现任何功能。在实际开发中，一个项目工程中的类非常多，这样做势必会增加代码量。

　　为了使代码更简洁、高效，C++11 标准引入了一个新特性，在默认函数声明后面添加 "=default"，显式地指示编译器生成该函数的默认版本。例如，在 Animal 类中，使用 "=default" 指示编译器提供默认的构造函数，示例代码如下所示：

```
class Animal
{
public:
    Animal() = default;                    //编译器会提供默认的构造函数
    Animal(string name);
private:
    string _name;
};
```

　　有时，我们不希望类的某些成员函数在类外被调用，例如，在类外禁止调用类的拷贝构造函数。在 C++98 标准中，通常的做法是显式声明类的拷贝构造函数，并将其声明为类的私有成员。而 C++11 标准提供了一种更简便的方法，在函数的声明后面加上 "=delete"，编译器就会禁止函数在类外调用，这样的函数称为已删除函数。例如，禁止调用 Animal 类的拷贝构造函数，则可以声明 Animal 类的拷贝构造函数，并使用 "=delete" 进行修饰，示例代码如下所示：

```
class Animal
{
public:
    //…
    Animal(const Animal&) = delete;        //在类外禁止调用拷贝构造函数
};
```

　　在上述代码中，使用 "=delete" 修饰拷贝构造函数，则在 Animal 类外就无法再调用拷贝构造函数了。

　　除了修饰类的成员函数，"=delete" 还可以修饰普通函数，被 "=delete" 修饰的普通函数，在程序中也会被禁止调用。示例代码如下所示：

```
void func(char ch) = delete;
func('a');                                 //错误
```

　　在上述代码中，func()函数被 "=delete" 修饰，当传入字符'a'调用 func()函数时，编译器就会报错，提示 "func()函数是已删除函数"。

## 10.1.2　基于范围的 for 循环

　　在传统 C++中，使用 for 循环遍历一组数据时，必须要明确指定 for 循环的遍历范围，但是在很多时候，对于一个有范围的集合，明确指定遍历范围是多余的，而且容易出现错误。针对这个问题，C++11 标准提出了基于范围的 for 循环，该 for 循环语句可以自动确定遍历范围。基于范围的 for 循环语法格式如下所示：

```
for(变量:对象)
{
    //…
}
```

　　在上述语法格式中，for 循环语句会遍历对象，将取到的值赋给变量，执行完循环体中的操作之后，再自动获取对象中的下一个值赋给变量，直到对象中的数据被迭代完毕。

　　基于范围的 for 循环的用法示例代码如下所示：

```
vector<int> v = { 1,2,3,4,5,6 };
for(auto i:v)
    cout << i <<" ";
```

## 10.1.3　lambda 表达式

　　lambda 表达式是 C++11 标准中非常重要的一个新特性，它用于定义匿名函数，使得代码更加灵活、简洁。lambda 表达式与普通函数类似，也有参数列表、返回值类型和函数体，只是它的定义方式更简洁，并且可以在函数内部定义。lambda 表达式的语法格式如下所示：

```
[捕获列表] (参数列表)->返回值类型 { 函数体 }
```

　　在上述语法格式中，参数列表、返回值类型、函数体的含义都与普通函数相同。如果 lambda 表达式不需要参数，并且函数没有返回值，则可以将()、->和返回值类型一起省略。捕获列表是 lambda 表达式的标识，编译器根据 "[]" 判断接下来的代码是否是 lambda 表达式。捕获列表能够捕获 lambda 表达式上下文中的变量，以供 lambda 表达式使用。

根据捕获规则，捕获列表有以下五种常用的捕获形式。

（1）[]：空捕获，表示 lambda 表达式不捕获任何变量。

（2）[var]：变量捕获，表示捕获局部变量 var。如果捕获多个变量，变量之间用","分隔。

（3）[&var]：引用捕获，表示以引用方式捕获局部变量 var。

（4）[=]：隐式捕获，表示捕获所有的局部变量。

（5）[&]：隐式引用捕获，表示以引用方式捕获所有的局部变量。

以上捕获方式还可以组合使用，通过组合，捕获列表可以实现更复杂的捕获功能，例如，[=,&a,&b]表示以引用方式捕获变量 a 和变量 b，以值传递方式捕获其他所有变量。

下面通过案例演示 lambda 表达式的使用，如例 10-1 所示。

例 10-1　lambda.cpp

```
1   #include<iostream>
2   #include<vector>
3   #include<algorithm>
4   using namespace std;
5   int main()
6   {
7       int num = 100;
8       //lambda 表达式
9       auto f = [num](int x)->int {return x + num; };
10      cout << f(10) << endl;
11      //创建 vector 对象 v
12      vector<int> v = { 54,148,3,848,2,89 };
13      //调用 for_each()函数遍历输出 v 容器中的元素
14      for_each(v.begin(), v.end(), [](auto n) {
15          cout << n << " "; });
16      return 0;
17  }
```

例 10-1 运行结果如图 10-1 所示。

图10-1　例10-1运行结果

在例 10-1 中，第 9 行代码定义了一个 lambda 表达式，该 lambda 表达式有一个 int 类型的参数 x，返回值为 int 类型，并以值传递的方式捕获局部变量 num；在函数体内部返回 x 与 num 之和。第 10 行代码通过变量 f 调用 lambda 表达式，lambda 表达式的调用方式与普通函数的调用方式相同，都是使用"()"运算符传入参数。

第 12 ~ 15 行代码创建了 vector 对象 v，并调用 for_each()函数遍历对象 v，输出其中的元素。for_each()函数的第三个参数是一个 lambda 表达式，该 lambda 表达式不捕获任何变量，它有一个 int 类型的参数 n（对象 v 中的元素），在函数体中输出 n 的值。

由图 10-1 可知，程序成功输出了 f(10)的结果为 110，并成功输出了对象 v 中的元素。

## 10.2　智能指针

在 C++编程中，如果使用 new 手动申请了内存，则必须要使用 delete 手动释放，否则会造成内存泄漏。对内存管理来说，手动释放内存并不是一个好的解决方案，C++98 标准提供了智能指针 auto_ptr 解决了内存的自动释放问题，但是 auto_ptr 有诸多缺点，例如，不能调用 delete[]，并且，如果 auto_ptr 出现错误，只能在运行时检测而无法在编译时检测。为此，C++11 标准提出了三个新的智能指针：unique_ptr、shared_ptr 和 weak_ptr。unique_ptr、shared_ptr 和 weak_ptr 是 C++11 标准提供的模板类，用于管理 new 申请的堆内存空间。这些模板类定义了一个以堆内存空间（new 申请的）指针为参数的构造函数，在创建智能指针对象时，将 new 返回的指针作为参数。同样，这些模板类也定义了析构函数，在析构函数中调用 delete 释放 new 申请的内存。当智能指针对象生命周期结束时，系统调用析构函数释放 new 申请的内存空间。本节将针对这三个智能指针进行讲解。

## 10.2.1 unique_ptr

unique_ptr 智能指针主要用来代替 C++98 标准中的 auto_ptr，它的使用方法与 auto_ptr 相同，创建 unique_ptr 智能指针对象的语法格式如下所示：

```
unique_ptr<T> 智能指针对象名称(指针);
```

在上述格式中，unique_ptr<T> 是模板类型，后面是智能指针对象名称，遵守标识符命名规范。智能指针对象名称后面的小括号中的参数是一个指针，该指针是 new 运算符申请堆内存空间返回的指针。

unique_ptr 智能指针的用法示例代码如下所示：

```
unique_ptr<int> pi(new int(10));
class A {...};
unique_ptr<A> pA(new A);
```

在上述代码中，第一行代码创建了一个 unique_ptr 智能指针对象 pi，用于管理一个 int 类型堆内存空间指针。后两行代码创建了一个 unique_ptr 智能指针对象 pA，用于管理一个 A 类型的堆内存空间指针。当程序运行结束时，即使没有 delete，编译器也会调用 unique_ptr 模板类的析构函数释放 new 申请的堆内存空间。需要注意的是，使用智能指针需要包含 memory 头文件。

unique_ptr 智能指针对象之间不可以赋值，错误示例代码如下所示：

```
unique_ptr<string> ps(new string("C++"));
unique_ptr<string> pt;
pt = ps;                  //错误，不能对 unique_ptr 智能指针赋值
```

在上述代码中，直接将智能指针 ps 赋值给智能指针 pt，编译器会报错。这是因为在 unique_ptr 模板类中，使用 "=delete" 修饰了 "=" 运算符的重载函数。之所以这样做，是因为 unique_ptr 在实现时是通过所有权的方式管理 new 对象指针的，一个 new 对象指针只能被一个 unique_ptr 智能指针对象管理，即 unique_ptr 智能指针拥有对 new 对象指针的所有权。当发生赋值操作时，智能指针会转让所有权。例如，上述代码中的 pt=ps 语句，如果赋值成功，pt 将拥有对 new 对象指针的所有权，而 ps 则失去所有权，指向无效的数据，成了危险的悬挂指针。如果后面程序中使用到 ps，会造成程序崩溃。C++98 标准中的 auto_ptr 就是这种实现方式，因此 auto_ptr 使用起来比较危险。C++11 标准为了修复这种缺陷，就将 unique_ptr 限制为不能直接使用 "=" 进行赋值。

如果需要实现 unique_ptr 智能指针对象之间的赋值，可以调用 C++标准库提供的 move()函数，示例代码如下所示：

```
unique_ptr<string> ps(new string("C++"));
unique_ptr<string> pt;
pt = move(ps);            //正确，可以通过编译
```

调用 move()函数完成赋值之后，pt 拥有 new 对象指针的所有权，而 ps 则被赋值为 nullptr。

## 10.2.2 shared_ptr

shared_ptr 是一种智能级别更高的指针，它在实现时采用了引用计数的方式，多个 shared_ptr 智能指针对象可以同时管理一个 new 对象指针。每增加一个 shared_ptr 智能指针对象，new 对象指针的引用计数就加 1；当 shared_ptr 智能指针对象失效时，new 对象指针的引用计数就减 1，而其他 shared_ptr 智能指针对象的使用并不会受到影响。只有在引用计数归为 0 时，shared_ptr 才会真正释放所管理的堆内存空间。

shared_ptr 与 unique_ptr 用法相同，创建 shared_ptr 智能指针对象的格式如下所示：

```
shared_ptr<T> 智能指针对象名称(指针);
```

shared_ptr 提供了一些成员函数以更方便地管理堆内存空间，下面介绍几个常用的成员函数。

（1）get()函数：用于获取 shared_ptr 管理的 new 对象指针，函数声明如下所示：

```
T* get() const;
```

在上述函数声明中，get()函数返回一个 T*类型的指针。当使用 cout 输出 get()函数的返回结果时，会得到 new 对象的地址。

（2）use_count()函数：用于获取 new 对象的引用计数，函数声明如下所示：

```
long use_count() const;
```

在上述函数声明中，use_count()函数返回一个 long 类型的数据，表示 new 对象的引用计数。

（3）reset()函数：用于取消 shared_ptr 智能指针对象对 new 对象的引用，函数声明如下所示：

```
void reset();
```

在上述函数声明中，reset()的声明比较简单，既没有参数也没有返回值。当调用 reset()函数之后，new 对象的引用计数就会减 1。取消引用之后，当前智能指针对象被赋值为 nullptr。

下面通过案例演示 shared_ptr 智能指针的使用，如例 10-2 所示。

例 10-2　shared_ptr.cpp

```cpp
1   #include<iostream>
2   #include<memory>
3   using namespace std;
4   int main()
5   {
6       //创建 shared_ptr 智能指针对象 language1、language2、language3
7       shared_ptr<string> language1(new string("C++"));
8       shared_ptr<string> language2 = language1;
9       shared_ptr<string> language3 = language1;
10      //通过智能指针对象 language1、language2、language3 调用 get()函数
11      cout << "language1: " << language1.get() << endl;
12      cout << "language2: " << language2.get() << endl;
13      cout << "language3: " << language3.get() << endl;
14      cout << "引用计数: ";
15      cout << language1.use_count() <<" ";
16      cout << language2.use_count() <<" ";
17      cout << language3.use_count() <<endl;
18      language1.reset();
19      cout << "引用计数: ";
20      cout << language1.use_count()<<" ";
21      cout << language2.use_count()<<" ";
22      cout << language3.use_count() << endl;
23      cout << "language1: " << language1.get() << endl;
24      cout << "language2: " << language2.get() << endl;
25      cout << "language3: " << language3.get() << endl;
26      return 0;
27  }
```

例 10-2 的运行结果如图 10-2 所示。

在例 10-2 中，第 7~9 行代码创建了 shared_ptr 智能指针对象 language1、language2 和 language3，这三个智能指针对象都指向同一块堆内存空间。第 11~13 行代码分别通过三个智能指针对象调用 get()函数，获取它们所管理的堆内存空间。由图 10-2 可知，第 11~13 行代码的输出结果相同，即这三个智能指针对象指向同一块内存空间。第 15~17 行代码分别通过三个智能指针对象调用 use_count()函数，输出 new 对象的引用计数。第 18 行代码通过智能指针对象 language1 调用 reset()函数，取消 language1 对 new 对象的引用。第 20~22 行代码再次通过三个智能指针对象调用 use_count()函数，计算 new 对象的引用计数。由图 10-2 可知，第一次 new 对象的引用计数为 3，当取消 language1 的引

图10-2　例10-2运行结果

用之后，new 对象的引用计数为 2，而 language1 调用 use_count()函数的结果为 0。第 23～25 行代码再次通过
三个智能指针对象调用 get()函数，获取它们所管理的堆内存空间。

由图 10-2 可知，language2 和 language3 仍旧指向地址为 007AD118 的堆内存空间，而 language1 指向
00000000，即 nullptr 的值。

## 10.2.3　weak_ptr

相比于 unique_ptr 与 shared_ptr，weak_ptr 智能指针的使用更复杂一些，它可以指向 shared_ptr 管理的
new 对象，却没有该对象的所有权，即无法通过 weak_ptr 对象管理 new 对象。shared_ptr、weak_ptr 和 new 对
象的关系示意图如图 10-3 所示。

在图 10-3 中，shared_ptr 对象和 weak_ptr 对象指
向同一个 new 对象，但 weak_ptr 对象却不具有 new 对
象的所有权。

weak_ptr 模板类没有提供与 unique_ptr、shared_ptr
相同的构造函数，因此，不能通过传递 new 对象指针
的方式创建 weak_ptr 对象。weak_ptr 最常见的用法是
验证 shared_ptr 对象的有效性。weak_ptr 提供了一个成
员函数 lock()，该函数用于返回一个 shared_ptr 对象，
如果 weak_ptr 指向的 new 对象没有 shared_ptr 引用，则
lock()函数返回 nullptr。

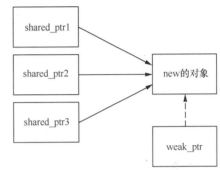

图10-3　shared_ptr、weak_ptr和new的对象的关系示意图

下面通过案例演示 weak_ptr 智能指针的使用，如例 10-3 所示。

例 10-3　weak_ptr.cpp

```
1   #include<iostream>
2   #include<memory>
3   using namespace std;
4   void func(weak_ptr<string>& pw)
5   {
6       //通过 pw.lock()获取一个 shared_ptr 对象
7       shared_ptr<string> ps = pw.lock();
8       if(ps != nullptr)
9           cout << "编程语言是" << *ps << endl;
10      else
11          cout << "shared_ptr 智能指针失效！" << endl;
12  }
13  int main()
14  {
15      //定义 shared_ptr 对象 pt1 与 pt2
16      shared_ptr<string> pt1(new string("C++"));
17      shared_ptr<string> pt2 = pt1;
18      //定义 weak_ptr 对象
19      weak_ptr<string> pw = pt1;
20      func(pw);                   //调用 func()函数
21      *pt1 = "Java";
22      pt1.reset();                //取消 pt1 的引用
23      func(pw);                   //调用 func()函数
24      pt2.reset();                //取消 pt2 的引用
25      func(pw);                   //调用 func()函数
26      return 0;
27  }
```

例 10-3 的运行结果如图 10-4 所示。

在例 10-3 中，第 4～12 行代码定义了 func()函数，该函数参数为 weak_ptr<string>引用 pw，在函数内部，
通过 pw 调用 lock()函数，然后判断返回值是否是有效的 shared_ptr 对象，如果是有效的 shared_ptr 对象，就
输出 shared_ptr 对象指向的堆内存空间中的数据；如果不是有效的 shared_ptr 对象，就输出相应的提示信息。

图10-4　例10-3运行结果

第 16 ~ 17 行代码创建了 shared_ptr<string>对象 pt1 和 pt2，它们指向同一块堆内存空间。第 19 行代码，创建 weak_ptr<string>对象 pw，并将 pt1 赋值给 pw。此时，pw、pt1 和 pt2 指向同一块堆内存空间。第 20 行代码调用 func()函数，并将 pw 作为参数传入。由图 10-4 可知，func()函数的输出结果为"编程语言是 C++"。

第 21 ~ 23 行代码，通过 pt1 将堆内存空间中的数据修改为"Java"，并取消 pt1 对 new 对象的引用，然后调用 func()函数。由图 10-4 可知，本次 func()函数的输出结果为"编程语言是 Java"。

第 24 ~ 25 行代码，取消 pt2 对 new 对象的引用，并调用 func()函数。此时，new 对象的 shared_ptr 引用计数为 0，weak_ptr 的 lock()函数返回值为 nullptr。由图 10-4 可知，本次 func()函数的输出结果为"shared_ptr 智能指针失效！"，表明 weak_ptr 的 lock()函数返回值为 nullptr。

在例 10-3 中，可以通过 pt1 修改 new 对象中的数据，但是，由于 weak_ptr 对 new 对象没有所有权，因此无法通过 pw 修改 new 对象中的数据。

## 10.3　提高编程效率

除了简化编程方式，C++11 标准也提高了 C++语言编程效率，如定义了右值引用、移动构造等。效率就是语言的生命，因此，提高编程效率才是对语言改进的目标。本节将针对 C++11 标准中能够提高编程效率的常用部分进行讲解。

### 10.3.1　右值引用

在 C++11 标准出现之前，程序中只有左值与右值的概念，简单来说，左值就是"="符号左边的值，右值就是"="符号右边的值。区分左值与右值的一个简单、有效的方法为：可以取地址的是左值，不可以取地址的是右值。

C++11 标准对右值进行了更详细的划分，将右值分为纯右值与将亡值。纯右值是指字面常量、运算表达式、lambda 表达式等；将亡值是那些即将被销毁却可以移动的值，如函数返回值。随着对右值的详细划分，C++11 标准提出了右值引用的概念，右值引用就是定义一个标识符引用右值，右值引用通过"&&"符号定义，定义格式如下所示：

```
类型&& 引用名称=右值;
```

在上述格式中，类型是要引用的右值的数据类型，"&&"符号表明这是一个右值引用，引用名称遵守标识符命名规范，"="符号后面是要引用的右值。

下面定义一些右值引用，示例代码如下所示：

```
int x = 10, y = 20;
int&& r1 = 100;             //字面常量100是一个右值
int&& r2 = x + y;           //表达式x+y是一个右值
int&& r3 = sqrt(9.0);       //函数返回值是一个右值
```

与左值引用相同，右值引用在定义时也必须初始化。右值引用只能引用右值，不能引用左值，错误示例代码如下所示：

```
int x = 10, y = 20;
int&& a = x;                //错误
int&& b = y;                //错误
```

在上述代码中，变量 x、y 都是左值，因此不能将它们绑定到右值引用。需要注意的是，一个已经定义的右值引用是一个左值，即已经定义的右值引用是可以被赋值的变量，因此不能使用右值引用来引用另一个右值引用，示例代码如下所示：

```
int&& m = 100;
int&& n = m;                          //错误，m 是变量，是左值，不能被绑定到右值引用 n 上
```

### 10.3.2　移动构造

　　C++11 标准提出右值引用主要的目的就是在函数调用中解决将亡值（临时对象）带来的效率问题。下面通过案例演示传统 C++程序对函数返回值的处理，如例 10-4 所示。

例 10-4　func.cpp

```
1   #include<iostream>
2   using namespace std;
3   class A                          //定义类 A
4   {
5   public:
6       A(){ cout << "构造函数" << endl; }
7       A(const A& a) { cout << "拷贝构造函数" << endl; }
8       ~A(){ cout << "析构函数" << endl; }
9   };
10  A func()                         //定义 func()函数
11  {
12      A a;                         //创建对象 a
13      return a;                    //返回对象 a
14  }
15  int main()
16  {
17      A b = func();                //调用 func()函数
18      return 0;
19  }
```

　　例 10-4 的运行结果如图 10-5 所示。

　　在例 10-4 中，第 3 ~ 9 行代码定义了类 A，该类中定义了构造函数、拷贝构造函数和析构函数。第 10 ~ 14 行代码定义了 func()函数，在函数内部创建对象 a，并将对象 a 返回。第 17 行代码调用 func()函数构造对象 b。由图 10-5 可知，程序运行时先调用了构造函数、拷贝构造函数，然后调用了两次析构函数。

　　在 func()函数的调用过程中，func()函数并不会直接将对象 a 返回出去，而是创建一个临时对象，将对象 a 的值赋给临时对象，在返回时，将临时对象返回给对象 b。func()函数的返回过程如图 10-6 所示。

图10-5　例 10-4运行结果

图10-6　func()函数的返回过程

　　由图 10-6 可知，func()函数在返回过程中经过了两次拷贝。函数调用结束后，对象 a 和临时对象都会被析构，这个过程就是重复的分配、释放内存。需要注意的是，图 10-6 只显示了一次拷贝构造函数的调用，因为 VS2019 编译器（遵守 C++11 标准）对程序进行了优化，减少了临时对象的生成。

　　如果函数返回的数据是非常大的堆内存数据，那么频繁的拷贝、析构过程会严重影响程序的运行效率。针对这个问题，C++11 标准提出了右值引用的方法，在构造对象 b 时，直接通过右值引用的方式，让对象 b 引用临时对象，即对象 b 指向临时对象的内存空间。返回右值引用的 func()函数返回过程如图 10-7 所示。

图10-7　返回右值引用的func()函数返回过程

　　由图 10-7 可知，使用右值引用时，对象 b 就指向了临时对象的内存空间，这块内存空间只有等到对象 b 被析构时才会被回收。右值引用实质上延长了临时对象的生命周期，减少了对象的拷贝、析构的次数，在实际项目开发中可以极大地提高程序运行效率。

　　要实现图 10-7 的构造过程，就需要定义相应的构造函数，这样的构造函数称为移动构造函数。移动构造函数也是特殊的成员函数，函数名称与类名相同，有一个右值引用作为参数。移动构造函数定义格式如下所示：

```
class 类名
{
public:
    移动构造函数名称(类名&& 对象名)
    {
        函数体
    }
    …
};
```

　　在定义移动构造函数时，由于需要在函数内部修改参数对象，因此不使用 const 修饰引用的对象。下面通过修改例 10-4 演示移动构造函数的定义与调用，如例 10-5 所示。

例 10-5　moveConstructor.cpp

```
1   #include<iostream>
2   using namespace std;
3   class A
4   {
5   public:
6       A(int n);                //构造函数
7       A(const A& a);           //拷贝构造函数
8       A(A&& a);                //移动构造函数
9       ~A();                    //析构函数
10  private:
11      int* p;                  //成员变量
12  };
13  A::A(int n):p(new int(n))
14  {
15      cout << "构造函数" << endl;
16  }
17  A::A(const A& a)
18  {
19      p = new int(*(a.p));
20      cout << "拷贝构造函数" << endl;
21  }
22  A::A(A&& a)                     //类外实现移动构造函数
23  {
24      p = a.p;                    //将当前对象指针指向a.p指向的空间
25      a.p = nullptr;              //将a.p赋值为nullptr
26      cout << "移动构造函数" << endl;
27  }
28  A::~A()
29  {
30      cout << "析构函数" << endl;
31  }
32  A func()
33  {
34      A a(10);
35      return a;
36  }
37  int main()
38  {
39      A m = func();
40      return 0;
41  }
```

　　例 10-5 运行结果如图 10-8 所示。

图10-8　例10-5运行结果

例 10-5 是对例 10-4 的修改，在类 A 中增加了一个成员变量 int* p，并且定义了移动构造函数。在例 10-5 中，第 22～27 行代码在类外实现移动构造函数，在函数内部，首先使用 a.p 给当前对象的指针 p 赋值，即将当前对象的指针 p 指向参数对象 a 的指针指向的内存空间，然后将 a.p 赋值为 nullptr。这样，一块内存空间只有一个指针是有效的，避免了同一块内存空间被析构两次。

由图 10-8 可知，程序调用了移动构造函数，而没有调用拷贝构造函数。在函数调用过程中，编译器会判断函数是否产生临时对象，如果产生临时对象，就会优先调用移动构造函数。若类中没有定义移动构造函数，编译器会调用拷贝构造函数。

与拷贝构造函数相比，移动构造函数是高效的，但它没有拷贝构造函数安全。例如，当程序抛出异常时，移动构造可能还未完成，这样可能会产生悬挂指针，导致程序崩溃。程序设计者在定义移动构造函数时，需要对类的资源有全面了解。

### 10.3.3　move()函数

移动构造函数是通过右值引用实现的，对于左值，也可以将其转化为右值，实现程序的性能优化。C++11 在标准库 utility 中提供了 move()函数，该函数的功能就是将一个左值强制转换为右值，以便可以通过右值引用使用该值。

move()函数的用法示例代码如下所示：

```
int x = 10;
int&& r = move(x);              //将左值 x 强制转换为右值
```

在上述代码中，move()函数将左值 x 强制转换为右值，赋值给右值引用 r。

如果类中有指针或者动态数组成员，在对象被拷贝或赋值时，可以直接调用 move()函数将对象转换为右值，去初始化另一个对象。使用右值进行初始化，调用的是移动构造函数，而不是拷贝构造函数，这样就可以避免大量数据的拷贝，能够极大地提高程序的运行效率。例如，在例 10-5 中，如果使用左值对象初始化另一个对象，则会调用拷贝构造函数，示例代码如下所示：

```
A a(100);
A b(a);                         //对象 a 是左值，调用拷贝构造函数
```

但是，如果将对象 a 转换为右值，则会调用移动构造函数，示例代码如下所示：

```
A a(100);
A c(move(a));                   //对象 a 被转换为右值，调用移动构造函数
```

当对象内部有较大的堆内存数据时，应当定义移动构造函数，并使用 move()函数完成对象之间的初始化，以避免没有意义的深拷贝。

### 10.3.4　完美转发

10.3.1 节讲解过，一个已经定义的右值引用其实是一个左值，这样在参数转发（传递）时就会产生一些问题。例如，在函数的嵌套调用时，外层函数接收一个右值作为参数，但外层函数将参数转发给内层函数时，参数就变成了一个左值，并不是它原来的类型了。下面通过案例演示参数转发的问题，如例 10-6 所示。

例 10-6　transimit.cpp

```
1  #include<iostream>
2  using namespace std;
```

```
 3   template<typename T>
 4   void transimit(T& t) { cout << "左值" << endl; }
 5   template<typename T>
 6   void transimit(T&& t) { cout << "右值" << endl; }
 7   template<typename U>
 8   void test(U&& u)
 9   {
10       transimit(u);              //调用 transimit()函数
11       transimit(move(u));        //调用 transimit()函数
12   }
13   int main()
14   {
15       test(1);                   //调用 test()函数
16       return 0;
17   }
```

例10-6运行结果如图10-9所示。

图10-9　例10-6运行结果

在例 10–6 中，第 3～6 行代码定义了两个重载的模板函数 transimit()，第一个重载函数接收一个左值引用作为参数，第二个重载函数接收一个右值引用作为参数。第 7～12 行代码定义模板函数 test()，在 test()函数内部以不同的参数调用 transimit()函数。第 15 行代码调用 test()函数，传入右值 1 作为参数。由图 10–9 可知，使用右值 1 调用 test()函数时，test()函数的输出结果是 "左值" "右值"。在调用过程中，右值 1 到 test()函数内部变成了左值，因此 transimit(u)其实是接收的左值，输出了 "左值"；第二次调用 transimit()函数时，使用 move()函数将左值转换为右值，因此 transimit(move(u))输出结果为 "右值"。

在例 10–6 中，调用 test()函数时，传递的是右值，但在 test()函数内部，第一次调用 transimit()函数时，右值变为左值，这显然不符合程序设计者的期望。针对这种情况，C++11 标准提供了一个函数 forward()，它能够完全依照模板的参数类型，将参数传递给函数模板中调用的函数，即参数在转发过程中，参数类型一直保持不变，这种转发方式称为完美转发。例如，将例 10–6 中的第 10 行代码修改为下列形式：

```
transimit(forward<U>(u));         //调用 forward()函数实现完美转发
```

此时，再调用 test(1)函数时，其输出结果均为 "右值"。forward()函数在实现完美转发时遵循引用折叠规则，该规则通过形参和实参的类型推导出内层函数接收到的参数的实际类型。引用折叠规则如表 10–1 所示。

表 10-1　引用折叠规则

| 形参类型 | 实参类型 | 实际接收的类型 |
| --- | --- | --- |
| T& | T | T& |
| T& | T& | T& |
| T& | T&& | T& |
| T&& | T | T&& |
| T&& | T& | T& |
| T&& | T&& | T&& |

根据表 10–1 可推导出内层函数最终接收到的参数是左值引用还是右值引用。在引用折叠规则中，所有的右值引用都可以叠加，最后变成一个右值引用；所有的左值引用也都可以叠加，最后变成一个左值引用。

在 C++11 标准库中，完美转发的应用非常广泛，如一些简单好用的函数（如 make_pair()、make_unique()等）都使用了完美转发，它们减少了函数版本的重复，并且充分利用了右值引用，既简化了代码量，又提高了程序的运行效率。

## 10.3.5　委托构造

如果一个类定义了多个构造函数，这些构造函数就可能会有大量的重复代码。例如，有如下类定义：

```
class Student
{
public:
    Student() {/*...其他代码*/ }                            //无参构造函数
    Student(string name)                                   //只有一个参数的构造函数
    {
        _name = name;
        _id = 1001;
        _score = 97.6;
        //...其他代码
    }
    Student(string name,int id)                            //有两个参数的构造函数
    {
        _name = name;
        _id = id;
        _score = 98.5;
        //...其他代码
    }
    Student(string name, int id, double score)            //有三个参数的构造函数
    {
        _name = name;
        _id = id;
        _score = score;
        //...其他代码
    }
private:
    string _name;
    int _id;
    double _score;
};
```

在上述代码中，每一个构造函数都需要给成员变量赋值，这些赋值语句都很重复。为了简化构造函数的编写，C++11 标准提出了委托构造函数。委托构造函数就是在构造函数定义时，调用另一个已经定义好的构造函数完成对象的初始化。被委托的构造函数称为目标构造函数。例如，修改上述代码中 Student 类的定义，在类中定义委托构造函数，示例代码如下所示：

```
class Student
{
public:
    Student():Student("lili",1003,99) { /*...其他代码*/ } //委托构造函数
    Student(string name):Student(name,1001,97.6)          //委托构造函数
    {
        //...其他代码
    }
    Student(string name, int id):Student(name,id,98.5)    //委托构造函数
    {
        //...其他代码
    }
private:
    string _name;
    int _id;
    double _score;
    Student(const string name, int id, double score)      //目标构造函数
    {
        _name = name;
        _id = id;
        _score = score;
        //...其他代码
    }
};
```

上述代码中，无参构造函数、一个参数的构造函数、两个参数的构造函数都是委托构造函数，它们都委托有三个参数的目标构造函数完成对象的初始化工作。

委托构造函数体中的语句在目标构造函数完全执行后才被执行。目标构造函数体中的局部变量不在委托构造函数体中起作用。在定义委托构造函数时，目标构造函数还可以再委托另一个构造函数。但是，需要注意的是，委托构造函数不能递归定义（即构造函数 C1 不能委托给另一个构造函数 C2，而 C2 再委托给 C1）。

### 10.3.6　继承构造

在传统 C++编程中，派生类不能继承基类的构造函数，无法通过继承直接调用基类构造函数完成基类成员变量的初始化。如果想要在派生类中完成基类成员变量的初始化，只能在派生类中定义若干构造函数，通过参数传递的方式，调用基类构造函数完成基类成员变量的初始化。

为了简化代码的编写，C++11 标准提出了继承构造函数的概念，使用 using 关键字在派生类中引入基类的构造函数，格式如下所示：

```
using 基类名::构造函数名;
```

在派生类中使用 using 关键字引入基类构造函数之后，派生类就不需要再定义用于参数传递的构造函数了。C++11 标准将继承构造函数设计为派生类的隐匿声明函数，如果某个继承构造函数不被调用，编译器不会为其生成真正的函数代码。

继承构造函数可以简化派生类的代码编写，但是它只能初始化基类的成员变量，无法初始化派生类的成员变量。如果要初始化派生类的成员变量，还需要定义相应的派生类构造函数。下面通过案例演示继承构造函数的调用，如例 10-7 所示。

例 10-7　heritages.cpp

```
1   #include<iostream>
2   #include<string>
3   using namespace std;
4   class Base                              //定义基类 Base
5   {
6   public:
7       Base();                             //无参构造函数
8       Base(int num);                      //有一个 int 类型参数的构造函数
9       Base(double d);                     //有一个 double 类型参数的构造函数
10      Base(int num, double d);            //有两个参数的构造函数
11  private:
12      int _num;                           //成员变量 _num
13      double _d;                          //成员变量 _d
14  };
15  Base::Base() : _num(0), _d(0)
16  {
17      cout << "Base 无参构造函数" << endl;
18  }
19  Base::Base(int num): _num(num),_d(1.2)
20  {
21      cout << "Base 构造函数，初始化 int num" << endl;
22  }
23  Base::Base(double d):_num(100),_d(d)
24  {
25      cout << "Base 构造函数，初始化 double d" << endl;
26  }
27  Base::Base(int num, double d):_num(num),_d(d)
28  {
29      cout << "Base 两个参数构造函数" << endl;
30  }
31  class Derive :public Base               //定义派生类 Derive
32  {
33  public:
34      using Base::Base;                   //继承基类构造函数
35      Derive();                           //派生类无参构造函数
```

```
36        Derive(string name);              //派生类有参构造函数
37 private:
38        string _name;                     //派生类成员变量_name
39 };
40 Derive::Derive():_name("xixi")
41 {
42      cout << "Derive 无参构造函数" << endl;
43 }
44 Derive::Derive(string name):_name(name)
45 {
46      cout << "Derive 有参构造函数" << endl;
47 }
48 int main()
49 {
50      Derive d1();                       //调用 Derive 类的无参构造函数
51      Derive d2("qiqi");                 //调用 Derive 类的有参构造函数
52      Derive d3(6);                      //调用 Base 类的有参构造函数，初始化 int num
53      Derive d4(12.8);                   //调用 Base 类的有参构造函数，初始化 double d
54      Derive d5(100, 2.9);               //调用 Base 类的有两个参数的构造函数
55      return 0;
56 }
```

例 10-7 运行结果如图 10-10 所示。

在例 10-7 中，第 4～14 行代码定义了基类 Base，该类中定义了两个成员变量和四个重载构造函数。第 31～39 行代码定义了派生类 Derive，Derive 类公有继承 Base 类，在 Derive 类中定义了一个成员变量和两个构造函数，并且使用 using 关键字继承了基类 Base 的构造函数。

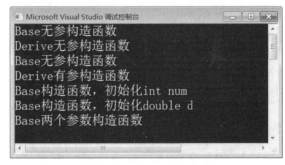

图10-10　例10-7运行结果

第 50 行代码创建了对象 d1，由于没有参数，因此对象 d1 会调用 Derive 类的无参构造函数。调用 Derive 类无参构造函数之前，编译器会调用 Base 类的无参构造函数，即先调用基类构造函数再调用派生类构造函数。由图 10-10 可知，创建对象 d1 时，先调用 Base 类无参构造函数，然后调用 Derive 类无参构造函数。

第 51 行代码创建了对象 d2，传入了一个字符串参数。由图 10-10 可知，创建对象 d2 时，首先调用 Base 类无参构造函数，然后调用 Derive 类有参构造函数。这是因为创建对象 d2 时没有传入基类成员的初始化数据。

第 52～54 行代码创建了对象 d3、d4 和 d5，对象 d3 传入一个 int 类型参数，对象 d4 传入一个 double 类型参数，对象 d5 传入一个 int 类型参数和一个 double 类型参数。由于 Derive 类没有相应的构造函数，因此编译器会调用继承构造函数。由图 10-10 可知，创建对象 d3、d4、d5 时，调用的是 Base 类的相应构造函数。

需要注意的是，在使用继承构造函数时，如果基类构造函数有默认值，则每个默认值使用与否的不同组合都会创建出新的构造函数，例如下面的代码：

```
class Base{
public:
    Base(int n = 3, double d = 3.14) {}    //带有默认值的构造函数
};
class Derive:public Base                   //Derive 类公有继承 Base 类
{
    using Base::Base;                      //继承构造函数
};
```

在上述代码中，基类 Base 中定义了一个构造函数，该构造函数的两个参数均有默认值，则基类的构造函数在调用时会存在多种情况，分别如下所示。

● Base()：默认的构造函数，两个参数均使用默认值。

- Base( int n )：int 类型的参数使用默认值。
- Base( int n, double d )：两个参数都不使用默认值。
- Base( const Base& )：默认的拷贝构造函数。

由于基类构造函数的版本有多个，因此派生类中的继承构造函数的版本也会有多个，分别如下所示。

- Derive ()：默认的继承构造函数，两个参数都使用默认值。
- Derive ( int )：带有一个参数的继承构造函数，int 类型的参数使用默认值。
- Derive ( int, double )：带有两个参数的继承构造函数，两个参数都不使用默认值。
- Derive ( const Derive& )：默认的拷贝构造函数。

由此可知，若基类的构造函数是带有参数默认值的构造函数，会产生多个构造函数，应特别小心。

此外，若派生类继承自多个基类，多个基类中的构造函数可能会导致派生类中的继承构造函数的函数名、参数相同，从而引发冲突。示例代码如下所示：

```cpp
class Base1
{
public:
    Base1(int x) {}
};
class Base2
{
public:
    Base2(int x){}
};
class Derive:public Base1, public Base2
{
public:
    using Base1::Base1;
    using Base2::Base2;
};
```

在上述代码中，两个基类构造函数都拥有 int 类型参数，这会导致派生类中重复定义相同类型的继承构造函数。例如，通过 Derive d(100)创建对象时，编译器会提示 Derive()构造函数调用不明确。此时，可以通过显式定义派生类构造函数解决这种冲突，示例代码如下所示：

```cpp
class Derive:public Base1, public Base2
{
public:
    Derive(int x):Base1(x), Base2(x) {}
};
```

### 10.3.7  函数包装

C++11 标准提供了一个函数包装器 function，function 是一个类模板，它能够为多种类似的函数提供统一的调用接口，即对函数进行包装。function 可以包装除类成员函数之外的所有函数，包括普通函数、函数指针、lambda 表达式和仿函数。

在模板编程中，function 能够用统一的方式处理函数，减少函数模板的实例化，因此可以提高程序的运行效率。在学习 function 之前来看一个案例，如例 10-8 所示。

例 10-8   call.cpp

```cpp
1    #include<iostream>
2    using namespace std;
3    //定义一个模板函数 func()
4    template<typename T,typename U>
5    T func(T t, U u)
6    {
7        static int count = 0;
8        count++;
9        cout << "count= " << count << ",&count = " << &count << endl;
10       return u(t);
```

```
11  }
12  //定义普通函数 square()，用于计算参数的平方
13  int square(int a)
14  {
15      return a * a;
16  }
17  class Student                //定义类 Student
18  {
19  private:
20      int _id;
21  public:
22      Student(int id = 1001) : _id(id) {}
23      int operator()(int num) { return _id + num; }
24  };
25  int main()
26  {
27      int x = 10;
28      //调用 func()函数，第二个参数传入 square()函数名
29      cout << "square()函数: " << func(x, square) << endl;
30      //调用 func()函数，第二个参数传入仿函数 Student()
31      cout << "Student 类: " << func(x, Student(1002)) << endl;
32      //调用 func()函数，第二个参数传入 lambda 表达式
33      cout << "lambda 表达式: " << func(x, [](int b) {return b/2; }) << endl;
34      return 0;
35  }
```

例 10-8 运行结果如图 10-11 所示。

在例 10-8 中，第 4 ~ 11 行代码定义了函数模板 func()，该函数模板有两个类型参数，并返回 T 类型的返回值。在函数模板内部，定义了静态变量 count 用于标识函数模板的调用情况。第 13 ~ 16 行代码定义了普通函数 square()，用于计算一个整数的平方，并返回计算结果。第 17 ~ 24 行代码定义了学生类 Student，该类重载了 "()"运算符。

图10-11　例10-8运行结果

第 29 ~ 33 行代码在 main()函数中调用 func()函数。第 29 行代码调用 func()函数，第二个参数传入 square()函数名。第 31 行代码调用 func()函数，第二个参数传入仿函数 Student()。第 33 行代码调用 func()函数，第二个参数传入一个 lambda 表达式。

由图 10-11 可知，三次调用 func()时，静态变量 count 的地址都不相同，表明 func()函数模板被实例化了三次。但是，分析 square()函数、Student()仿函数、lambda 表达式，它们都有一个 int 类型的参数，并且返回值都为 int 类型，它们的调用特征标相同。调用特征标由函数的返回值类型和参数列表的类型决定。例如，在例 10-8 中，square()函数、Student()仿函数、lambda 表达式的调用特征标为 int(int)，即函数有一个 int 类型的参数，返回值类型为 int。

调用特征标相同的函数作为参数去调用函数模板时，只实例化一个对应的函数。为此，C++11 标准提供了 function 函数包装器，function 可以从调用特征标的角度定义一个对象，用于包装调用特征标相同的函数指针、函数对象或 lambda 表达式。

例如，定义一个调用特征标为 int(int)的 function 对象，示例代码如下所示：

```
function<int(int)> fi;
```

需要注意的是，function 定义在 functional 标准库中，在使用 function 时，要包含该头文件。使用 function 包装调用特征标相同的函数，当使用这些函数作为参数调用函数模板时，function 可以保证函数模板只实例化一次，下面通过修改例 10-8 演示 function 的使用，如例 10-9 所示。

例 10-9　function.cpp

```
1  #include<iostream>
2  #include<functional>
```

```
3   //#include "function.h"
4   using namespace std;
5   //定义一个模板函数 func()
6   template<typename T,typename U>
7   T func(T t, U u)
8   {
9       static int count = 0;
10      count++;
11      cout << "count= " << count << ",&count = " << &count << endl;
12      return u(t);
13  }
14  //定义普通函数 square()，用于求参数的平方
15  int square(int a)
16  {
17      return a * a;
18  }
19  class Student              //定义类 Student
20  {
21  private:
22      int _id;
23  public:
24      Student(int id = 1001) : _id(id) {}
25      int operator()(int num) { return _id + num; }
26  };
27  int main()
28  {
29      int x =.10;
30      function<int(int)> fi1 = square;
31      function<int(int)> fi2 = Student(1002);
32      function<int(int)> fi3 = [](int b) {return b / 2; };
33      cout << "square()函数: " << func(x, fi1) << endl;
34      cout << "Student类: " << func(x, fi2) << endl;
35      cout << "lambda 表达式: " << func(x, fi3) << endl;
36      return 0;
37  }
```

例 10-9 的运行结果如图 10-12 所示。

在例 10-9 中，第 30~32 行代码分别定义了三个 function 对象 fi1、fi2、fi3。第 33~35 行代码，在调用 func()函数时，分别传入 fi1、fi2、fi3 作为参数。由图 10-12 可知，三次调用时，静态变量 count 的数值分别为 1、2、3，且三次调用的地址都相同，表明 func()函数只实例化了一次。函数模板的实例化次数减少，程序的运行效率就会提高。

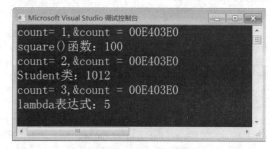

图10-12　例10-9运行结果

在实际开发中，C++项目都非常复杂庞大，函数模板的用途非常多，在调用函数模板时，通过 function 为调用特征标相同的函数提供统一的接口，可以极大地提高程序运行效率。

在例 10-9 中，定义了三个 function 对象，为简化编程，可以只定义一个 function 对象，在调用时分别传入不同的函数名、函数对象或 lambda 表达式即可，示例代码如下所示：

```
typedef function<int(int)> fi;
//…
func(x, fi(square));
func(x, fi(Student(1002)));
func(x, fi([](int b) {return b / 2; }));
```

## 10.4　并行编程

在 C++11 标准之前，C++语言并没有对并行编程提供语言级别的支持，C++使用的多线程都由第三方库

提供，如 POSIX 标准（pthread）、OpenMG 库或 Windows 线程库，它们都是基于过程的多线程，这使得 C++ 并行编程在可移植性方面存在诸多不足。为此，C++11 标准增加了线程及线程相关的类，用于支持并行编程，极大地提高了 C++ 并行编程的可移植性。本节将针对 C++ 并行编程的相关知识进行讲解。

### 10.4.1　多线程

C++11 标准提供了 thread 类模板用于创建线程，该类模板定义在 thread 标准库中，因此在创建线程时，需要包含 thread 头文件。thread 类模板定义了一个无参构造函数和一个变参构造函数，因此在创建线程对象时，可以为线程传入参数，也可以不传入参数。需要注意的是，thread 类模板不提供拷贝构造函数、赋值运算符重载等函数，因此线程对象之间不可以进行拷贝、赋值等操作。

除了构造函数，thread 类模板还定义了两个常用的成员函数：join()函数和 detach()函数。

（1）join()函数：该函数将线程和线程对象连接起来，即将子线程加入程序执行。join()函数是阻塞的，它可以阻塞主线程（当前线程），等待子线程工作结束之后，再启动主线程继续执行任务。

（2）detach()函数：该函数分离线程与线程对象，即主线程和子线程可同时进行工作，主线程不必等待子线程结束。但是，detach()函数分离的线程对象不能再调用 join()函数将它与线程连接起来。

下面通过案例演示 C++11 标准中线程的创建与使用，如例 10-10 所示。

例 10-10　thread.cpp

```
1  #include<iostream>
2  #include<thread>                          //包含头文件
3  using namespace std;
4  void func()                               //定义函数 func()
5  {
6      cout << "子线程工作" << endl;
7      cout << "子线程工作结束" << endl;
8  }
9  int main()
10 {
11     cout << "主线程工作" << endl;
12     thread t(func);                       //创建线程对象 t
13     t.join();                             //将子线程加入程序执行
14     cout << "主线程工作结束" << endl;
15     return 0;
16 }
```

例 10-10 运行结果如图 10-13 所示。

图10-13　例10-10运行结果

在例 10-10 中，第 4 ~ 8 行代码定义了函数 func()。第 12 行代码创建线程对象 t，传入 func()函数名作为参数，即创建一个子线程去执行 func()函数的功能。第 13 行代码调用 join()函数阻塞主线程。由图 10-13 可知，主线程等待子线程工作结束之后才结束工作。

在 C++多线程中，线程对象与线程是相互关联的，线程对象出了作用域之后就会被析构，如果此时线程函数还未执行完，程序就会发生错误，因此需要保证线程函数的生命周期在线程对象生命周期之内。一般通过调用 thread 中定义的 join()函数阻塞主线程，等待子线程结束，或者调用 thread 中的 detach()函数将线程与线程对象进行分离，让线程在后台执行，这样即使线程对象生命周期结束，线程也不会受到影响。例如，在例 10-10 中，将 join()函数替换为 detach()函数，将线程对象与线程分离，让线程在后台运行，再次运行程序，运行结果就可能发生变化。即使 main()函数（主线程）结束，子线程对象 t 生命周期结束，子线程依然会在后台将 func()函数执行完毕。

**▌▌▌ 小提示：this_thread命名空间**

C++11 标准定义了 this_thread 命名空间，该空间提供了一组获取当前线程信息的函数，分别如下所示。

（1）get_id()函数：获取当前线程 id。

（2）yeild()函数：放弃当前线程的执行权。操作系统会调度其他线程执行未用完的时间片，当时间片用完之后，当前线程再与其他线程一起竞争 CPU 资源。

（3）sleep_until()函数：让当前线程休眠到某个时间点。

（4）sleep_for()函数：让当前线程休眠一段时间。

## 10.4.2　互斥锁

在并行编程中，为避免多线程对共享资源的竞争导致程序错误，线程会对共享资源进行保护。通常的做法是对共享资源上锁，当线程修改共享资源时，会获取锁将共享资源锁上，在操作完成之后再进行解锁。加锁之后，共享资源只能被当前线程操作，其他线程只能等待当前线程解锁退出之后再获取资源。为此，C++11 标准提供了互斥锁 mutex，用于为共享资源加锁，让多个线程互斥访问共享资源。

mutex 是一个类模板，定义在 mutex 标准库中，使用时要包含 mutex 头文件。mutex 类模板定义了三个常用的成员函数：lock()函数、unlock()函数和 try_lock()函数，用于实现上锁、解锁功能。下面分别介绍这三个函数。

（1）lock()函数：用于给共享资源上锁。如果共享资源已经被其他线程上锁，则当前线程被阻塞；如果共享资源已经被当前线程上锁，则产生死锁。

（2）unlock()函数：用于给共享资源解锁，释放当前线程对共享资源的所有权。

（3）try_lock()函数：也用于给共享资源上锁，但它是尝试上锁，如果共享资源已经被其他线程上锁，try_lock()函数返回 false，当前线程并不会被阻塞，而是继续执行其他任务；如果共享资源已经被当前线程上锁，则产生死锁。

下面通过案例演示 C++11 标准中 mutex 的上锁、解锁的过程，如例 10-11 所示。

例 10-11　mutex.cpp

```
1   #include<iostream>
2   #include<thread>
3   #include<mutex>
4   using namespace std;
5   int num = 0;                               //定义全局变量 num
6   mutex mtx;                                 //定义互斥锁 mtx
7   void func()
8   {
9       mtx.lock();                            //上锁
10      cout << "线程id: " << this_thread::get_id() << endl; //获取当前线程 id
11      num++;
12      cout << "counter:" << num << endl;
13      mtx.unlock();                          //解锁
14  }
15  int main()
16  {
17      thread ths[3];                         //定义线程数组
18      for(int i = 0; i < 3; i++)
19          ths[i] = thread(func);             //分配线程任务
20      for(auto& th : ths)
21          th.join();                         //将线程加入程序
22      cout << "主线程工作结束" << endl;
```

```
23      return 0;
24 }
```

例 10-11 运行结果如图 10-14 所示。

在例 10-11 中,第 5 行代码定义了一个全局变量 num,初始值为 0;第 6 行代码定义了互斥锁 mtx。第 7 ~ 14 行代码定义了函数 func(),在 func() 函数内部,通过对象 mtx 调用 lock() 函数,为后面的代码上锁;第 13 行代码通过对象 mtx 调用 unlock() 函数解锁。当某个线程获取互斥锁 mtx 时,该线程会为第 10 ~ 12 行代码上锁,即拥有了 func() 函数的所有权,在解锁之前,其他线程不能执行 func() 函数。第 17 行代码定义了一个大小为 3 的线程数组 ths,第 18 ~ 19 行代码通过 for 循环

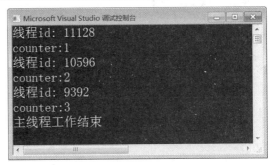

图10-14  例10-11运行结果

为每个线程分配任务,即让线程执行 func() 函数;第 20 ~ 21 行代码通过 for 循环调用 join() 函数,将线程加入执行程序,并阻塞当前线程(主线程)。

由图 10-14 可知,首先线程"11128"获取了互斥锁 mtx,获得了 func() 函数的执行权,输出 counter 的值为 1,之后解锁;然后线程"10596"获取了互斥锁 mtx,获得了 func() 函数的执行权,输出 counter 值为 2,之后解锁;最后线程"9392"获取了互斥锁 mtx,获得了 func() 函数的执行权,输出 counter 值为 3,之后解锁。

如果注释掉第 9 行和第 13 行代码,即不给 func() 函数中的操作上锁,则三个线程会同时执行 func() 函数,输出的结果就会超出预期。例如,连续输出三个线程 id,或者先输出 counter 值为 3,再输出 counter 值为 1。

如果修改例 10-11,调用 try_lock() 函数为 func() 函数上锁,示例代码如下所示:

```
void func()
{
    if (mtx.try_lock())                 //调用try_lock()函数加锁
    {
        cout << "线程id: " << this_thread::get_id() << endl;
        num++;
        cout << "counter:" << num << endl;
        mtx.unlock();
    }
}
```

再次运行程序,只有一个线程执行 func() 函数。当某个线程获取了互斥锁 mtx,就会为 func() 函数上锁,获得 func() 函数的执行权。另外两个线程调用 try_lock() 函数尝试上锁时,发现 func() 函数已经被其他线程上锁,这两个线程并没有被阻塞,而是继续执行其他任务(本案例中线程执行结束)。因此,最终只有一个线程执行 func() 函数。

## 10.4.3  lock_guard 和 unique_lock

在 10.4.2 节我们学习了互斥锁 mutex,通过 mutex 的成员函数为共享资源上锁、解锁,能够保证共享资源的安全性。但是,通过 mutex 上锁之后必须要手动解锁,如果忘记解锁,当前线程会一直拥有共享资源的所有权,其他线程不得访问共享资源,造成程序错误。此外,如果程序抛出了异常,mutex 对象无法正确地析构,导致已经被上锁的共享资源无法解锁。

为此,C++11 标准提供了 RAII 技术的类模板:lock_guard 和 unique_lock。lock_guard 和 unique_lock 可以管理 mutex 对象,自动为共享资源上锁、解锁,不需要程序设计者手动调用 mutex 的 lock() 函数和 unlock() 函数。即使程序抛出异常,lock_guard 和 unique_lock 也能保证 mutex 对象正确解锁,在简化代码的同时,也保证了程序在异常情况下的安全性。下面分别介绍 lock_guard 和 unique_lock。

### 1. lock_guard

lock_guard 可以管理一个 mutex 对象,在创建 lock_guard 对象时,传入 mutex 对象作为参数。在 lock_guard

对象生命周期内，它所管理的 mutex 对象一直处于上锁状态；lock_guard 对象生命周期结束之后，它所管理的 mutex 对象也会被解锁。下面修改例 10-11 来演示 lock_guard 的使用，如例 10-12 所示。

例 10-12  lock_guard.cpp

```cpp
1   #include<iostream>
2   #include<thread>
3   #include<mutex>
4   using namespace std;
5   int num = 0;                              //定义全局变量 num
6   mutex mtx;                                //定义互斥锁 mtx
7   void func()
8   {
9       lock_guard<mutex> locker(mtx);        //创建 lock_guard 对象 locker
10      cout << "线程id: " << this_thread::get_id() << endl; //获取当前线程 id
11      num++;
12      cout << "counter:" << num << endl;
13  }
14  int main()
15  {
16      thread ths[3];                        //定义线程数组
17      for (int i = 0; i < 3; i++)
18          ths[i] = thread(func);            //分配线程任务
19      for (auto& th : ths)
20          th.join();                        //将线程加入程序
21      cout << "主线程工作结束" << endl;
22      return 0;
23  }
```

例 10-12 运行结果如图 10-15 所示。

在例 10-12 中，第 9 行代码创建了 lock_guard 对象 locker，传入互斥锁 mtx 作为参数，即对象 locker 管理互斥锁 mtx。当线程执行 func()函数时，locker 会自动完成对 func()函数的上锁、解锁功能。由图 10-15 可知，程序运行时，三个线程依旧是互斥执行 func()函数。

需要注意的是，lock_guard 对象只是简化了 mutex 对象的上锁、解锁过程，但它并不负责 mutex 对象的生命周期。在例 10-12 中，当 func()函数执行结束时，lock_guard 对象 locker 析构，mutex 对象 mtx 自动解锁，线程释放 func()函数的所有权，但对象 mtx 的生命周期并没有结束。

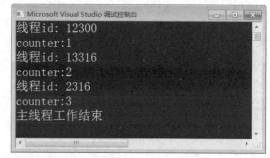

图10-15  例10-12运行结果

### 2. unique_lock

lock_guard 只定义了构造函数和析构函数，没有定义其他成员函数，因此它的灵活性太低。为了提高锁的灵活性，C++11 标准提供了另外一个 RAII 技术的类模板 unique_lock。unique_lock 与 lock_guard 相似，都可以很方便地为共享资源上锁、解锁，但 unique_lock 提供了更多的成员函数，它有多个重载的构造函数，而且 unique_lock 对象支持移动构造和移动赋值。需要注意的是，unique_lock 对象不支持拷贝和赋值。

下面简单介绍几个常用的成员函数。

（1）lock()函数：为共享资源上锁，如果共享资源已经被其他线程上锁，则当前线程被阻塞；如果共享资源已经被当前线程上锁，则产生死锁。

（2）try_lock()函数：尝试上锁，如果共享资源已经被其他线程上锁，该函数返回 false，当前线程继续其他任务；如果共享资源已经被当前线程上锁，则产生死锁。

（3）try_lock_for()函数：尝试在某个时间段内获取互斥锁，为共享资源上锁，如果在时间结束之前一直未获取互斥锁，则线程会一直处于阻塞状态。

（4）try_lock_until()函数：尝试在某个时间点之前获取互斥锁，为共享资源上锁，如果到达时间点之前一直未获取互斥锁，则线程会一直处于阻塞状态。

（5）unlock()函数：解锁。

正是因为提供了更多的成员函数，unique_lock 才能够更灵活地实现上锁和解锁控制，例如，转让 mutex 对象所有权（移动赋值）、在线程等待时期解锁等。但是，更灵活的代价就是空间开销也更大，运行效率相对较低。在编程过程中，如果只是为了保证数据同步，那么 lock_guard 完全能够满足使用需求。如果除了同步，还需要结合条件变量进行线程阻塞，则要选择 unique_lock。

**小提示：RAII技术**

RAII（Resource Acquisition Is Initialization，资源获取初始化）是 C++语言管理资源、避免内存泄漏的一个常用技术。RAII 技术利用 C++创建的对象最终被销毁的原则，在创建对象时获取对应的资源，在对象生命周期内控制对资源的访问，使资源始终有效。当对象生命周期结束后，释放资源。

## 10.4.4　条件变量

在多线程编程中，多个线程可能会因为竞争资源而导致死锁，一旦产生死锁，程序将无法继续运行。为了解决死锁问题，C++11 标准引入了条件变量 condition_variable 类模板，用于实现线程间通信，避免产生死锁。

condition_variable 类模板定义了很多成员函数，用于实现进程通信的功能，下面介绍几个常用的成员函数。

（1）wait()函数：会阻塞当前线程，直到其他线程调用唤醒函数将线程唤醒。当线程被阻塞时，wait()函数会释放互斥锁，使得被阻塞在互斥锁上的其他线程能够获取互斥锁以继续执行代码。一旦当前线程被唤醒，它就会重新夺回互斥锁。wait()函数有两种重载形式，函数声明分别如下所示：

```
void wait(unique_lock<mutex>& lck);
template<class Predicate>
void wait(unique_lock<mutex>& lck, Predicate pred);
```

第一种重载形式称为无条件阻塞，它以 mutex 对象作为参数，在调用 wait()函数阻塞当前线程时，wait()函数会在内部自动通过 mutex 对象调用 unlock()函数解锁，使得阻塞在互斥锁上的其他线程恢复执行。

第二种重载形式称为有条件阻塞，它有两个参数，第一个参数是 mutex 对象，第二个参数是一个条件，只有当条件为 false 时，调用 wait()函数才能阻塞当前线程；在收到其他线程的通知后，只有当条件为 true 时，当前线程才能被唤醒。

（2）wait_for()函数：也用于阻塞当前线程，但它可以指定一个时间段，当收到通知或超过时间段时，线程就会被唤醒。wait_for()函数声明如下所示：

```
cv_status wait_for (unique_lock<mutex>& lck,
                const chrono :: duration<Rep, Period>& rel_time);
```

在上述函数声明中，wait_for()函数第一个参数为 unique_lock 对象，第二个参数为设置的时间段。函数返回值为 cv_status 类型，cv_status 是 C++11 标准定义的枚举类型，它有两个枚举值：no-timeout 和 timeout。no-timeout 表示没有超时，即在规定的时间段内，当前线程收到了通知；timeout 表示超时。

（3）wait_until()函数：可以指定一个时间点，当收到通知或超过时间点时，线程就会被唤醒。wait_until()函数声明如下所示：

```
cv_status wait_until(unique_lock<mutex>& lck,
                const chrono::time_point<Clock,Duration>& abs_time);
```

在上述函数声明中，wait_until()函数第一个参数为 unique_lock 对象，第二个参数为设置的时间点。函数返回值为 cv_status 类型。

（4）notify_one()函数：用于唤醒某个被阻塞的线程。如果当前没有被阻塞的线程，则该函数什么也不做；如果有多个被阻塞的线程，则唤醒哪一个线程是随机的。notify_one()函数声明如下所示：

```
void notify_one() noexcept;
```

在上述函数声明中，notify_one()函数没有参数，没有返回值，并且不抛出任何异常。

（5）notify_all()函数：用于唤醒所有被阻塞的线程。如果当前没有被阻塞的线程，则该函数什么也不做。notify_all()函数声明如下所示：

```
void notify_all() noexcept;
```

条件变量用于实现线程间通信，防止死锁发生，为了实现更灵活的上锁、解锁控制，条件变量通常与unique_lock结合使用。下面通过案例演示条件变量在并行编程中的使用，如例10-13所示。

例10-13    condition_variable.cpp

```
1   #include<iostream>
2   #include<chrono>
3   #include<thread>
4   #include<mutex>
5   #include<queue>
6   using namespace std;
7   queue<int> products;                      //创建队列容器 products
8   mutex mtx;                                //创建互斥锁 mtx
9   condition_variable cvar;                  //定义条件变量 cvar
10  bool done = false;                        //定义变量 done，表示产品是否生产完毕
11  bool notified = false;                    //定义变量 notified，表示是否唤醒线程
12  void produce()                            //生产函数
13  {
14      for(int i = 1; i <= 5; i++)
15      {
16          //让当前线程休眠2 s
17          this_thread::sleep_for(chrono::seconds(2));
18          //创建 unique_lock 对象 locker，获取互斥锁 mtx
19          unique_lock<mutex> locker(mtx);
20          //生产产品，并将产品存放到 products 容器中
21          cout << "生产产品" << i << " ";
22          products.push(i);
23          //将 notified 值设置为 true
24          notified = true;
25          //唤醒一个线程
26          cvar.notify_one();
27      }
28      done = true;                          //生产完毕，设置 done 的值为 true
29      cvar.notify_one();                    //唤醒一个线程
30  }
31  void consume()                            //定义消费函数
32  {
33      //创建 unique_lock 对象 locker，获取互斥锁 mtx
34      unique_lock<mutex> locker(mtx);
35      while(!done)                          //判断产品是否生产完毕
36      {
37          while(!notified)                  //避免虚假唤醒
38          {
39              cvar.wait(locker);            //继续阻塞
40          }
41          while(!products.empty())          //如果 products 容器不为空
42          {
43              //消费产品
44              cout << "消费产品" << products.front() << endl;
45              products.pop();
46          }
47          notified = false;                 //消费完之后，将 notified 的值设置为 false
48      }
49  }
50  int main()
51  {
52      thread producer(produce);             //创建生产线程
53      thread consumer(consume);             //创建消费线程
54      producer.join();
55      consumer.join();
56      return 0;
57  }
```

例10-13运行结果如图10-16所示。

图10-16　例10-13运行结果

在例 10-13 中，第 7～11 行代码分别定义了 queue<int>类型的容器 products、互斥锁 mtx、条件变量 cvar 以及 bool 类型的变量 done、notified。第 12～30 行代码定义了生产函数 produce()，在该函数内部通过 for 循环生产产品。第 17 行代码先调用 sleep_for()让当前线程休眠 2 s。第 19 行代码创建 unique_lock 对象 locker，获取互斥锁 mtx。第 21～22 行代码生产产品 i，并调用 push()函数将 i 存储到 proudcts 队列容器中。第 24～26 行代码，每生产完一个产品，就将 notified 的值设置为 true，然后通过条件变量 cvar 调用 notified_one()函数唤醒一个线程。

第 31～49 行代码定义了消费函数 consume()。第 34 行代码创建了 unique_lock 对象 locker，获取互斥锁 mtx。第 35～48 行代码通过 while(!done)循环判断生产是否完毕，在该 while 循环中消费产品。第 37～40 行代码通过判断 notified 的值是否为 true，来判断是否唤醒消费线程，避免虚假唤醒。第 41～47 行代码判断容器 products 是否为空，如果不为空，就消费产品；当产品消费完之后，即容器 products 为空，则设置 notified 的值为 false，将消费线程阻塞。

第 52～55 行代码创建生产线程 producer 和消费线程 consumer，分别调用生产函数 produce()和消费函数 consume()。

由图 10-16 可知，程序运行结果为：生产线程每生产一个产品，消费线程就消费一个产品。生产线程每生产完一个产品，就会将 notified 的值设置为 true，然后通过条件变量 cvar 调用 notify_one()函数唤醒消费线程消费产品。

### 10.4.5　原子类型

在并行编程中，共享资源同时只能有一个线程进行操作，这些最小的不可并行执行的操作称为原子操作。原子操作都是通过上锁、解锁实现的，虽然使用 lock_guard 和 unique_lock 简化了上锁、解锁过程，但是由于上锁、解锁过程涉及许多对象的创建和析构，内存开销太大。为了减少多线程的内存开销，提高程序运行效率，C++11 标准提供了原子类型 atomic。atomic 是一个类模板，它可以接受任意类型作为模板参数。创建的 atomic 对象称为原子变量，使用原子变量就不需要互斥锁保护该变量进行的操作了。

在使用原子类型之前来看一个案例，如例 10-14 所示。

例 10-14　lock.cpp

```
1   #include<iostream>
2   #include<thread>
3   #include<mutex>
4   using namespace std;
5   mutex mtx;                              //定义互斥锁
6   int num = 0;                           //定义全局变量num
7   void func()
8   {
9       lock_guard<mutex> locker(mtx);      //加锁
10      for(int i = 0; i < 100000; i++)
11      {
12          num++;                          //通过for循环修改num的值
13      }
14      cout << "func()num: " << num << endl;
```

```
15  }
16  int main()
17  {
18      thread t1(func);                        //创建线程t1执行func()函数
19      thread t2(func);                        //创建线程t2执行func()函数
20      t1.join();
21      t2.join();
22      cout << "main()num: " << num << endl;
23      return 0;
24  }
```

例10-14运行结果如图10-17所示。

图10-17　例10-14运行结果

在例10-14中，第5~6行代码定义了互斥锁mtx和全局变量num。第7~15行代码定义了func()函数，在该函数内部，通过for循环修改num的值，循环结束后输出num的值，并且使用lock_guard为func()函数上锁。第18~19行代码创建两个线程t1和t2执行func()函数，两个线程执行结束后输出num的值。main()函数输出num值为200000。

在程序执行过程中，一个线程先获取互斥锁，执行func()函数，修改num的值并输出。由图10-17可知，第一次func()函数输出num值为100000。func()函数执行完毕之后，线程释放锁，接着另一个线程获取互斥锁，执行func()函数，再次修改num的值并输出。由图10-17可知，第二次func()函数输出num值为200000。func()函数执行完毕之后，线程释放锁。两个线程执行完毕之后，返回main()函数，主线程输出num的值。由图10-17可知，main()函数输出num值为200000。

如果使用原子类型定义全局变量num，在修改num的值时，就不需要再给操作代码上锁，也能实现多个线程的互斥访问，保证某一时刻只有一个线程修改num的值。下面修改例10-14，使用原子类型定义全局变量num，如例10-15所示。

例10-15　atomic.cpp

```
1   #include<iostream>
2   #include<thread>
3   #include<atomic>
4   using namespace std;
5   atomic<int> num = 0;
6   void func()
7   {
8       for(int i = 0; i < 100000; i++)
9       {
10          num++;
11      }
12      cout << "func()num: " << num << endl;
13  }
14  int main()
15  {
16      thread t1(func);
17      thread t2(func);
18      t1.join();
19      t2.join();
20      cout << "main()num: " << num << endl;
21      return 0;
22  }
```

例 10-15 运行结果如图 10-18 所示。

图10-18　例10-15运行结果

例 10-15 是对例 10-14 的修改，第 5 行代码将 num 定义为全局的原子变量，在 func() 函数中修改 num 的值时未上锁。由图 10-18 可知，第一次 func() 函数输出的 num 值并不是 100000，但是第二次 func() 函数输出的 num 值与 main() 函数输出的最终的 num 值都为 200000，num 最终结果是正确的。

例 10-15 程序运行过程中，线程 t1 与线程 t2 交叉执行 func() 函数，修改 num 的值，并不是一个线程先执行完成所有 for 循环。输出 num 值之后，另一个线程才能去执行 for 循环进行修改。因此，第一次输出的 num 值并不是 100000，但最终结果是正确的。原子变量只保证 "num++" 是原子操作（第 10 行代码），使得原子操作颗粒度更细（例 10-14 中，原子操作为第 10 ~ 14 行代码）。它相当于是在 "num++" 操作上上了锁，示例代码如下所示：

```
int num=0;
for(int i = 0; i < 100000; i++)
{
    lock_guard<mutex> locker(mtx);          //加锁
    num++;
}
```

上述代码中，在 for 循环内部上了互斥锁，循环结束，locker 对象失效。如果有多个线程修改 num，则多个线程会交叉修改 num 的值。但是，相比于上锁，原子类型实现的是无锁编程，内存开销小，程序的运行效率会得到极大提高，并且代码更简洁。

## 10.5　支持更多扩展

除了简化代码、提高编程效率，C++11 标准还针对一些编程细节做了优化。例如，提供对原生字符串的支持，支持 Unicode 编码等。本节将针对这些扩展性的 C++11 标准进行介绍。

### 10.5.1　原生字符串

在传统 C++ 编程中，编写一个包含特殊字符的字符串是一件非常麻烦的事情。例如，输出一个包含 HTML 文本的字符串，示例代码如下所示：

```
string s = "\
    <html>\
    < head >\
    <title></title>\
    <script type = \"text/javascript\">\
    if(null)\
        alert(\"null 为真\");\
    else\
        alert(\"null 为假\");\
    </script>\
    </head>\
    <body>\
    </body>\
    </html>\
    ";
```

在上述代码中，字符串 s 包含 HTML 文本，在每次换行处和双引号前都需要添加转义字符，而且其输出格式也无法达到预期的整齐。为此，C++11标准提供了对原生字符串的支持。所谓原生字符串，就是"所见即所得"，不需要在字符串中添加转义字符或其他的格式控制字符调整字符串的格式。

原生字符串的定义很简单，语法格式如下所示：

```
R"(字符串)";
```

在上述格式中，字母 R 表示这是一个原生字符串，后面是一对双引号，双引号中有一对小括号，字符串就放在小括号中。这样定义的字符串，字符串中所有的字符都保持最原始的字面意思。重新定义包含 HTML文本的字符串 s 为原生字符串，示例代码如下所示：

```
string s = R"(
    <html>
    <head>
    <title></title>
    <script type="text/javascript">
        if(null)
            alert("null 为真");
        else
            alert("null 为假");
    </script>
    </head>
    <body>
    </body>
    </html>
    )";
```

在上述代码中，字符串 s 为原生字符串，不必在换行和双引号前再添加转义字符，而且在输出时，输出格式就是字符串所定义的格式。

需要注意的是，在原生字符串中，所有具有特殊意义的字符都不再起作用。

## 10.5.2　Unicode 编码支持

为了支持 Unicode 编码，C++11 标准提供了两个新的内置数据类型，以存储不同编码长度的 Unicode数据。

（1）char16_t：用于存储 UTF-16 编码的 Unicode 数据，所占内存大小为 2 字节。

（2）char32_t：用于存储 UTF-32 编码的 Unicode 数据，所占内存大小为 4 字节。

对于 UTF-8 编码的 Unicode 数据，C++11 标准仍然采用 8 字节大小的字符数组进行存储。为了区分不同编码方式的 Unicode 数据，C++11 标准还定义了一些前缀，用于告知编译器按照什么样的编码方式编译这些数据，分别如下所示：

- u8：表示 UTF-8 编码方式。
- u：表示 UTF-16 编码方式。
- U：表示 UTF-32 编码方式。

再加上 wchar_t 类型数据的前缀"L"，以及普通字符串字面常量，C++11 一共有五种声明字符串的方式。下面通过案例演示 C++11 标准中字符串的声明方式，如例 10-16 所示。

例 10-16　unicode.cpp

```
1   #include<iostream>
2   using namespace std;
3   int main()
4   {
5       //普通字符数组
6       char arr1[] = "你好，祖国";
7       //wchar_t 类型数组
8       wchar_t arr2[] = L"中国";
9       //UTF-8 编码方式
10      char arr3[] = u8"你好";
11      //UTF-16 编码方式
12      char16_t arr4[] = u"hello";
```

```
13      //UTF-32 编码方式
14      char32_t arr5[] = U"hello 和\u4f60\u597d\u554a";
15      cout << "arr1:" << arr1 << endl;
16      cout << "arr2:" << arr2 << endl;
17      cout << "arr3:" << arr3 << endl;
18      cout << "arr4:" << arr4 << endl;
19      cout << "arr5:" << arr5 << endl;
20      return 0;
21  }
```

例 10-16 运行结果如图 10-19 所示。

图10-19 例10-16运行结果

在例 10-16 中，第 6~14 行代码分别定义普通字符串、wchar_t 类型的字符串、UTF-8 编码方式的字符串、UTF-16 编码方式的字符串和 UTF-32 编码方式的字符串。第 15~19 行代码分别输出这 5 个字符串。由图 10-19 可知，字符串 arr1 正常输出，字符串 arr3 输出的是乱码，而字符串 arr2、arr4 和 arr5 则输出的是一个地址，并没有输出预期的字符串。这是因为 Unicode 数据的输出显示受到多种因素的影响，例如，源文件的保存方式，文件编辑器采用的数据编码方式，编译器是否支持 Unicode 编码方式，在输出时输出设备是否支持 Unicode 编码方式等。因此，除了语言层面的支持，Unicode 数据的输出与使用还受到编译器、输出环境、代码编辑器等因素的影响，这些影响因素都达到统一才能正确输出 Unicode 编码的字符串。

### 10.5.3 新增的库

C++11 标准提供了很多新的标准库，使得程序编写更便捷，下面简单介绍几个常用的新增标准库。

#### 1. tuple

标准库 tuple 中定义了 tuple 类模板，tuple 类模板可以存储任意多个不同类型的值。示例代码如下所示：

```
tuple<int, double, string > t= {10, 3.6, "hello"};
```

上述代码定义了一个 tuple 对象 t，对象 t 中存储了三个值，分别是 int 类型的 10、double 类型的 3.6 和 string 类型的 "hello"。若要获取 tuple 对象中的元素，可以调用 std 提供的函数模板 get()。在调用 get() 函数获取 tuple 对象元素时，既可以通过索引获取，也可以通过类型获取，示例代码如下所示：

```
//通过索引获取
get<0>(t);
get<1>(t);
get<2>(t);
//通过数据类型获取
get<int>(t);
get<double>(t);
get<string>(t);
```

tuple 还有其他很多操作，有兴趣的读者可以查阅 C++标准库进行学习。

#### 2. chrono

chrono 是 C++11 标准定义的时间库，chrono 时间库的所有实现都在 std::chrono 命名空间中。chrono 时间库定义了三个常用的类模板，分别介绍如下。

（1）duration：表示一段时间，如 1 小时、30 秒等。chrono 预定义了六个 duration 类模板的实例化对象，分别如下。

- hours：小时。
- minutes：分钟。
- seconds：秒。
- milliseconds：毫秒。
- microseconds：微秒。
- nanoseconds：纳秒。

（2）time_point：表示一个具体的时间点，如生日、飞机起飞时间等。

（3）system_clock：表示当前系统时钟，它提供了now()函数用于获取系统当前时间。

下面通过案例演示 chrono 时间库的使用，如例 10-17 所示。

例10-17　chrono.cpp

```
1  #define _CRT_SECURE_NO_WARNINGS
2  #include<iostream>
3  #include<chrono>
4  #include<ratio>
5  using namespace std;
6  int main()
7  {
8      //定义 duration 对象 oneday，表示一天
9      chrono::duration<int, ratio<60 * 60 * 24>> oneday(1);
10     //获取系统当前时间
11     chrono::system_clock::time_point today = chrono::system_clock::now();
12     //计算明天的时间
13     chrono::system_clock::time_point tomorrow = today + oneday;
14     time_t t;       //创建 time_t 时间对象 t
15     //将对象 today 中的时间转换之后存储到时间对象 t 中
16     t = chrono::system_clock::to_time_t(today);
17     cout << "today:" << ctime(&t);
18     //将对象 tomorrow 中的时间转换之后存储到时间对象 t 中
19     t= chrono::system_clock::to_time_t(tomorrow);
20     cout << "tomorrow:" << ctime(&t);
21     return 0;
22 }
```

例 10-17 的运行结果如图 10-20 所示。

图10-20　例10-17运行结果

在例 10-17 中，第 9 行代码创建了 duration 对象 oneday，用于表示一天的时间。第 11 行代码创建 system_clock 对象 today，并调用 now()函数获取系统当前时间，存储到对象 today 中。第 13 行代码创建 system_clock 对象 tomorrow，tomorrow 的值为对象 today 和 oneday 相加的结果。第 14~17 行创建 time_t 对象 t，将对象 today 中保存的时间转换之后存储到对象 t 中，然后输出时间。第 19~20 行代码将对象 tomorrow 中保存的时间转换之后存储到对象 t 中，然后输出时间。由图 10-20 可知，程序正确输出了系统当前时间和对象 tomorrow 的时间。

### 3. regex

regex 标准库提供了对正则表达式的支持。regex 标准库提供了 regex 类模板，在构造 regex 对象时，以一个正则表达式作为参数。为了处理正则表达式操作，C++11 标准还提供了很多函数，下面简单介绍两个比较常用的匹配函数。

（1）regex_match()函数：将字符串与正则表达式匹配，匹配成功返回 true，匹配失败返回 false。需要注

意的是，regex_match()函数在匹配的时候，需要整个字符串匹配成功才能返回 true。

（2）regex_search()函数：在字符串中查找与正则表达式匹配的子串，查找成功返回 true，查找失败返回 false。regex_search()函数只要求字符串包含符合正则表达式的子串即可。

regex_match()函数和 regex_search()函数用法示例代码如下所示：

```
cout << regex_match("123", regex("\\d")) << endl;        //返回 false
cout << regex_search("123", regex("\\d")) << endl;       //返回 true
cout << regex_match("1", regex("\\d")) << endl;          //返回 true
```

在上述代码中，正则表达式"\d"表示匹配任意一个数字。第一行代码调用 regex_match()函数将字符串"123"与"\d"匹配，由于字符串"123"中有三个数字，整个字符串与正则表达式匹配失败，因此返回 false。第二行代码调用 regex_search()函数从字符串"123"中匹配任意一个数字，由于 regex_search()函数匹配到符合要求的子串，因此返回 true。第三行代码调用 regex_match()函数将字符串"1"与"\d"匹配，整个字符串与正则表达式匹配成功，因此返回 true。

在处理正则表达式时，更多时候希望将匹配结果保存起来以便于其他操作，regex 标准库提供了 smatch 容器用于存储正则表达式匹配结果。smatch 容器在存储正则表达式的匹配结果时，第一个元素是完整的字符串序列，第二个元素是匹配的第一个子串，第三个元素是匹配的第二个子串，……下面通过案例演示 smatch 容器的用法，如例 10–18 所示。

例 10-18　regex.cpp

```
1  #include<iostream>
2  #include<regex>
3  using namespace std;
4  int main()
5  {
6      string s = "hello,China";               //定义字符串
7      regex r("(.{5}),(\\w{5})");             //正则表达式
8      smatch sm;                              //创建 smatch 容器对象 sm
9      regex_search(s, sm, r);                 //调用 regex_search()函数匹配
10     //for 循环遍历容器 sm，输出匹配的结果
11     for(int i = 0; i < sm.size(); i++)
12         cout << sm[i] << endl;
13     return 0;
14 }
```

例 10–18 运行结果如图 10–21 所示。

图10-21　例10-18运行结果

在例 10–18 中，第 6 行代码定义了字符串 s。第 7 行代码创建 regex 对象 r，用于定义正则表达式，匹配任意 5 个字符（\n 除外）、一个逗号再加任意 5 个字符而组成的字符串。第 8 行代码创建 smatch 容器 sm。第 9 行代码调用 regex_search()函数，在字符串 s 中查找符合 r 模式的子串，并将结果存储到容器 sm 中。第 11 ~ 12 行代码通过 for 循环遍历输出容器 sm 中的元素。

由图 10–21 可知，容器 sm 中第一个参数是要匹配的完整的字符串序列；第二个元素为"hello"，即第一个匹配的子串；第三个元素为"China"，即第二个匹配的子串。

## 10.5.4　alignof 和 alignas

C++11 标准新增了 alignof 和 alignas 两个运算符。alignof 运算符用于获取结构体和类的内存对齐方式，即

按照多少字节对齐。alignof 用法的示例代码如下所示：

```
struct Obj
{
    char ch;
    int b;
    double d;
};
class Student
{
private:
    string name;
    int num;
    char sex;
};
cout << alignof(Obj) << endl;          //结果为 8
cout << alignof(Student) << endl;      //结果为 4
```

在上述代码中，首先定义了 struct Obj 结构体类型和学生类 Student，然后使用 alignof 运算符分别获取 struct Obj 结构体类型和学生类 Student 的对齐字节。如果运行程序，会得出 struct Obj 结构体类型对齐字节为 8，学生类 Student 的对齐字节为 4。这是因为 struct Obj 结构体类型中最宽基本类型为 double（8 字节），学生类 Student 中最宽基本类型为 int（4 字节）。

alignas 运算符也用于设置结构体和类的内存对齐方式，用法也很简单。需要注意的是，在设置结构体和类的对齐方式时，对齐字节数必须是 2 的幂次方，并且不能小于结构体和类中最宽基本类型所占内存字节数，即不能小于默认对齐字节数。alignas 用法示例代码如下所示：

```
struct alignas(8) A                    //设置 struct A 的对齐方式为 8 字节
{
    int num;
    char ch;
};
cout << alignof(A) << endl;            //结果为 8
struct alignas(1) B                    //错误，对齐字节数小于默认对齐字节数
{
    int num;
    char ch;
};
struct alignas(6) C                    //错误，对齐字节数不是 2 的幂次方
{
    int num;
    char ch;
};
```

在上述代码中，首先定义了 struct A 结构体类型（默认对齐为 4 字节），使用 alignas 运算符设置 struct A 结构体类型对齐方式为 8 字节。然后定义了 struct B 结构体类型，使用 alignas 运算符设置其对齐方式为 1 字节，编译器会报错，因为 1 字节小于 struct B 结构体类型的默认对齐字节数（4 字节）。最后定义了 struct C 结构体类型，使用 alignas 运算符设置 struct C 结构体类型对齐方式为 6 字节，编译器会报错，因为 6 字节不是 2 的幂次方。

# 10.6　本章小结

本章主要介绍了 C++11 标准的一些常用新特性，这些新特性简化了代码编写，提高了编程效率，其中一些特性用法甚至改变了原有的编程习惯，让读者从一个更高的角度认识 C++，提升了 C++ 编程过程中读者认识问题、解决问题的能力。

# 10.7　本章习题

### 一、填空题

1. 在类中禁止某个成员函数使用，可以在函数声明后添加_____关键字。

2. 在 lambda 表达式中，捕获列表_____表示捕获所有的局部变量。

3. 使用智能指针需要包含_____头文件。

4. _____函数可以将一个左值强制转换为右值引用。

5. C++11 标准提供的函数包装器为_____。

6. 创建一个子线程，如果使主线程等待子线程结束任务，则调用_____函数。

7. 互斥锁 mutex 提供的上锁函数_____是非阻塞的。

8. C++11 标准中，表示原子类型的类模板为_____。

**二、判断题**

1. auto 关键字是 C++11 标准新增的关键字。　　　　　　　　　　　　　　　　（　　　）

2. 可以使用 decltype 关键字推导出的类型定义新的变量。　　　　　　　　　　（　　　）

3. lambda 表达式没有函数体实现。　　　　　　　　　　　　　　　　　　　　（　　　）

4. weak_ptr 提供的成员函数 lock() 返回一个 auto_ptr 对象。　　　　　　　　（　　　）

5. 代码 int x = 10;int&& a = x;可以编译通过。　　　　　　　　　　　　　　（　　　）

6. 线程之间可以进行拷贝、复制操作。　　　　　　　　　　　　　　　　　　（　　　）

7. lock_guard 用于管理 mutex 对象，可以自动为共享资源上锁、解锁。　　　（　　　）

8. 在原生字符串中，所有具有特殊意义的字符都不再起作用。

**三、选择题**

1. 关于关键字 auto 与 decltype，下列说法中错误的是（　　　）。

　　A. auto 关键字用于推导变量类型

　　B. decltype 关键字用于推导变量类型

　　C. 可以使用 auto 关键字推导出的类型定义新的变量

　　D. decltype 关键字的参数表达式不能是具体的数据类型

2. 关于 nullptr，下列说法中错误的是（　　　）。

　　A. nullptr 是一个 void* 类型的指针　　　　　　　B. nullptr 是一个有类型的空指针常量

　　C. nullptr 不能转换为非指针类型　　　　　　　　D. nullptr 能够消除字面量常量 0 带来的二义性

3. 关于=default 和=delete 关键字，下列说法中错误的是（　　　）（多选）。

　　A. 在类的默认构造函数后面添加=default，表示让编译器生成该函数的默认版本

　　B. 使用=default 修饰的函数需要实现

　　C. 使用=delete 修饰的成员函数，在类外不可以被调用

　　D. =delete 不可以修饰普通函数，只能修饰类的成员函数

4. 下列选项中，不属于 C++11 标准提供的智能指针的是（　　　）。

　　A. unique_ptr　　　B. shared_ptr　　　C. auto_ptr　　　D. weak_ptr

5. 关于右值引用，下列语句中正确的是（　　　）。

　　A. int&& a=100;　　　　　　　　　　　　B. int a=10,b=9;int&& x=a−b;

　　C. int&& a=10+6;　　　　　　　　　　　D. int a=100; int&& b=a;

6. 关于移动构造函数，下列说法中错误的是（　　　）。

　　A. 移动构造函数提高了临时对象的效率问题

　　B. 移动构造函数通过右值引用实现

　　C. 移动构造函数要使用一个右值引用对象作为参数

　　D. 移动构造函数的右值引用对象参数可以使用 const 修饰

7. 关于 C++11 多线程，下列说法中错误的是（　　　）。

　　A. C++11 标准通过 thread 类模板创建多线程

    B. 在创建线程对象时，可以为线程传入参数

    C. 线程对象之间可以拷贝、复制

    D. detach()函数可以分离线程和线程对象

8. 关于 mutex 类模板的成员函数，属于非阻塞上锁函数的是（    ）。

    A. lock()            B. try_lock()            C. unlock()            D. yield()

9. 下列选项中，属于 C++11 标准新增的时间库的是（    ）。

    A. tuple            B. chrono            C. regex            D. thread

10. 关于 lock_guard 和 unique_lock，下列说法中正确的是（    ）。

    A. lock_guard 和 unique_lock 可以管理 mutex 对象，自动为共享资源上锁、解锁

    B. lock_gurad 可以负责 mutex 对象的生命周期

    C. lock_gurad 不支持拷贝和赋值，但 unique_lock 对象支持拷贝和赋值

    D. lock_gurad 提供了多个成员函数，如 lock()、try_lock()等，因此其使用更灵活

11. 下列模板中，表示条件变量的模板的是（    ）。

    A. condition_variable      B. atomic            C. mutex            D. unique_lock

## 四、简答题

1. 简述 lambda 表达式常用的捕获列表形式。

2. 简述智能指针 unique_ptr 与 shared_ptr 的实现机制。

3. 简述 lock_guard 与 unique_lock 的异同。

## 五、编程题

请编写程序实现以下功能：子线程执行 5 次任务，主线程执行 10 次任务，子线程执行 5 次任务……这样交替循环执行 3 次。

# 第 **11** 章

# 综合项目——酒店管理系统

本书的第 1 ~ 10 章已对 C++语言基本知识进行了详细讲解。学习编程语言的目的是将其应用到项目开发中解决实际问题，在不断的应用中增强开发技能，锻炼编程思维，加深对程序设计语言的认识和理解。本章将带领大家使用 C++语言实现一个简单的酒店管理系统项目开发。

## 11.1 项目分析

开发项目前要进行充分的产品调研，了解项目应用领域的业务流程、操作规范，在明确项目需求的基础上进行详细设计，确定项目功能，才能开发出满足实际需求的软件产品。本节将针对酒店管理系统功能描述和项目设计进行介绍。

### 11.1.1 功能描述

本章将实现一个简单的酒店管理系统，用以实现酒店客房的显示、添加、删除、状态设置等操作。系统分为 3 个功能模块，具体如图 11-1 所示。

下面结合图 11-1 介绍酒店管理系统各个模块的主要功能。

（1）客房模块：主要包括 3 个功能，分别是获取客房数据，如客房编号、名称、价格、面积、床位数量、状态（空闲或入住）等，将客房数据保存到外部文件，以及在显示客房信息时从文件中读取客房数据。

（2）客房管理模块：主要用于管理客房。例如，添加客房、删除客房、查找客房、设置客房状态等。

（3）界面模块：主要用于显示酒店管理系统的操作界面。例如，启动系统、显示菜单、添加客房、删除客房、设置客房状态及显示所有客房信息等操作界面。

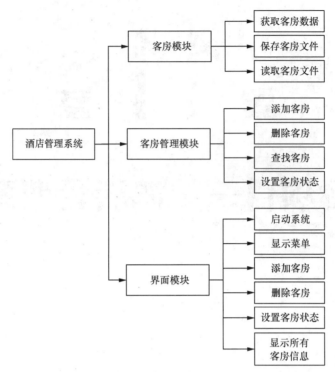

图11-1   酒店管理系统模块划分

## 11.1.2   项目设计

确定系统功能并划分功能模块之后，需要根据功能模块进行类的设计。下面分模块讲解类的设计。

### 1. 客房模块

客房管理模块主要负责保存、读取客房数据，如客房编号、名称、价格等，该模块需要设计一个客房类 GuestRoom，在该类中定义客房的数据信息作为成员变量，并提供访问这些客房数据的成员函数。此外，GuestRoom 类负责将客房数据保存到本地文件中，并在显示客房信息时负责从文件读取客房信息，因此还需要定义文件读写函数。

GuestRoom 类的详细设计如图 11-2 所示。

### 2. 客房管理模块

客房管理模块主要负责管理客房，如添加客房、删除客房、查找客房，以及设置客房状态等，该模块需要设计一个客房管理类 GuestRoomManager，在该类中定义各种功能函数。由于管理客房时每次需要从文件中读取客房数据，在设计时可以将读取的客房数据保存到一个 map 容器中，以客房编号为 Key 键，以 GuestRoom 类对象作为 Value 值。因此，GuestRoomManager 类中还需要定义一个 map 容器作为成员变量存储客房信息。

GuestRoomManager 类的详细设计如图 11-3 所示。

| GuestRoom |
|---|
| −m_number:string |
| −m_state:enum ROOM_STATE |
| −m_price:int |
| −m_area:int |
| −m_bed_number:int |
| −m_name:string |
| +GuestRoom () |
| +GuestRoom (string, int, int, int) |
| +generate_number ():string |
| +show_state ():string |
| +save_data (map<string, GuestRoom>&):bool () |
| +read_data ():map<string, GuestRoom> () |
| +get_num ():string |
| +get_name ():string |
| +get_price ():int |
| +get_area ():int |
| +get_bed_num ():int |
| +set_state ():void |

图11-2   GuestRoom类的详细设计

### 3. 界面模块

界面模块主要负责显示酒店管理系统的操作界面，包括显示菜单、添加客房、删除客房、设置客房状态、显示所有客房信息等操作界面，该模块需要设计一个界面类 RoomView，定义功能函数为各种操作提供界面显示。

RoomView 类的详细设计如图 11-4 所示。

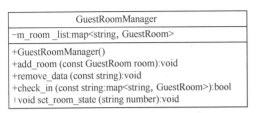

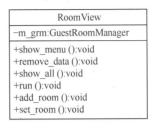

图11-3　GuestRoomManager类的详细设计　　　　图11-4　RoomView类的详细设计

上述 3 个类就是酒店管理系统需要的所有类，这 3 个类之间的关系如图 11-5 所示。

图11-5　酒店管理系统类之间的关系

# 11.2　项目实现

11.1 节对酒店管理系统的功能进行了描述与模块划分，并且针对每个模块都进行了类的设计。本节就带领读者实现各个模块。

## 11.2.1　客房模块的实现

在实际开发中，一个模块通常分两个文件实现，类的定义与数据的设计在.h 文件中，而类的实现在对应的.cpp 文件中。下面分两个文件实现客房模块：guest_room.h 和 guest_room.cpp，在 guest_room.h 文件中定义 GuestRoom 类，在 guest_room.cpp 文件中实现 GuestRoom 类的设计，具体如例 11-1 和例 11-2 所示。

例 11-1　guest_room.h

```
#pragma once
#include <string>
#include<map>
using namespace std;
//定义 enum ROOM_STATE 枚举类型，表示客房状态：空闲、入住
enum ROOM_STATE { FREE = 0, CHECK_IN };
//定义客房类
class GuestRoom
{
public:
    GuestRoom()=default;                              //提供默认构造函数
    GuestRoom(string, int, int, int,ROOM_STATE);      //有参构造函数
    string generate_number();                         //生成客房编号
    string show_state();                              //显示客房状态
    bool save_data(map<string, GuestRoom>&);          //保存数据
    map<string, GuestRoom> read_data();               //读取数据
public:
    string get_num();                                 //获取客房编号
    string get_name();                                //获取客房名称
    int get_price();                                  //获取客房价格
    int get_area();                                   //获取客房面积
    int get_bed_num();                                //获取客房床位数量
    void set_state();                                 //设置客房状态
private:
    string m_number;                                  //客房编号
```

```
    int m_price;                                    //客房价格
    int m_area;                                     //客房面积
    int m_bed_number;                               //客房床位数量
    string m_name;                                  //客房名称
    enum  ROOM_STATE m_state;                       //客房状态
};
```

例 11-2    guest_room.cpp

```
1    #define _CRT_SECURE_NO_WARNINGS
2    #include"guest_room.h"
3    #include<time.h>
4    #include<iostream>
5    #include<fstream>
6    using namespace std;
7    //定义字符指针，指向一个文件
8    const char* const room_data_file = "room.dat";
9    //GuestRoom 构造函数实现
10   GuestRoom::GuestRoom(string name, int price , int bed_num,
11       int area,ROOM_STATE state=FREE)
12   {
13       this->m_name = name;
14       this->m_price = price;
15       this->m_bed_number = bed_num;
16       this->m_area = area;
17       this->m_number = generate_number();
18       this->m_state = state;
19   }
20   //生成客房编号
21   string GuestRoom::generate_number()
22   {
23       //本地时间转字符串
24       time_t my_time = time(NULL);
25       struct tm* my_tm = localtime(&my_time);
26       char tim_buff[128] = { 0 };
27       sprintf(tim_buff, "%d%d", my_tm->tm_yday, my_tm->tm_sec);
28       //生成随机数
29       int rand_num = rand() % 50;
30       char buf[128] = { 0 };
31       sprintf(buf, "%d", rand_num);
32       //拼接字符串作为房间编号
33       return string(tim_buff) + string(buf);
34   }
35   //显示客房状态
36   string GuestRoom::show_state()
37   {
38       if (m_state == FREE)
39           return "空闲";
40       if (m_state == CHECK_IN)
41           return "入住";
42   }
43   //保存数据（map 容器，key:客房编号，value:客房对象）
44   bool GuestRoom::save_data(map<string, GuestRoom>& room_list)
45   {
46       //1.打开文件
47       ofstream ofs(room_data_file,ios::out);
48       if(!ofs)
49       {
50           return false;
51       }
52       //2.写入对象数据
53       for(auto& room : room_list)
54       {
55           //写入m_name成员变量所占内存大小及其值
56           size_t name_len = room.second.m_name.size();
57           ofs.write(reinterpret_cast<const char*>(&name_len),
```

```
58                  sizeof(size_t));
59          ofs.write(room.second.m_name.c_str(), name_len);
60          //写入 m_price
61          ofs.write(reinterpret_cast<const char*>(&room.second.m_price),
62              sizeof(int));
63          //写入 m_area
64          ofs.write(reinterpret_cast<const char*>(&room.second.m_area),
65              sizeof(int));
66          //写入 m_bed_number
67          ofs.write(reinterpret_cast<const  char*>
68              (&room.second.m_bed_number),sizeof(int));
69          //写入 m_state
70          ofs.write(reinterpret_cast<const char*>(&room.second.m_state),
71              sizeof(enum ROOM_STATE));
72          //写入 m_number 成员变量所占内存大小及其值
73          size_t number_len = room.second.m_number.size();
74          ofs.write(reinterpret_cast<const
75                  char*>(&number_len), sizeof(size_t));
76          ofs.write(room.second.m_number.c_str(), number_len);
77      }
78      //3.关闭文件
79      ofs.close();
80      return true;
81  }
82  //读取数据
83  map<string, GuestRoom>  GuestRoom::read_data()
84  {
85      //1.打开文件
86      map<string, GuestRoom> room_list;
87      ifstream ifs(room_data_file, ios::in);
88      if(!ifs)
89      {
90          return room_list;
91      }
92      //2.写入对象数据
93      while (ifs.peek() != EOF)
94      {
95          GuestRoom room;
96          //读入 m_name 成员变量所占内存大小及其值
97          size_t name_len = 0;
98          ifs.read(reinterpret_cast<char*>(&name_len), sizeof(size_t));
99          char name_buffer[128] = { 0 };
100             ifs.read(name_buffer, name_len);
101             room.m_name = name_buffer;
102             //写入 m_price
103             ifs.read(reinterpret_cast<char*>(&room.m_price),sizeof(int));
104             //写入 m_area
105             ifs.read(reinterpret_cast<char*>(&room.m_area),sizeof(int));
106             //写入 bed_number
107             ifs.read(reinterpret_cast<char*>(&room.m_bed_number),
108                 sizeof(int));
109             //写入 state
110             ifs.read(reinterpret_cast<char*>(&room.m_state),
111                 sizeof(enum ROOM_STATE));
112             //写入 m_number 成员变量所占内存大小及其值
113             size_t number_len = 0;
114             ifs.read(reinterpret_cast<char*>(&number_len),sizeof(size_t));
115             char number_buffer[128] = { 0 };
116             ifs.read(number_buffer, number_len);
117             room.m_number = number_buffer;
118             //将数据存储到 map 容器中
119             room_list.insert(make_pair(room.m_number, room));
120         }
121     //3.关闭文件
122     ifs.close();
```

```
123            return room_list;
124        }
125        //获取客房编号
126        string GuestRoom::get_num()
127        {
128            return m_number;
129        }
130        //设置客房状态
131        void GuestRoom::set_state()
132        {
133            m_state = CHECK_IN;
134        }
135        //获取客房名称
136        string GuestRoom::get_name()
137        {
138            return m_name;
139        }
140        //获取客房价格
141        int GuestRoom::get_price()
142        {
143            return m_price;
144        }
145        //获取客房面积
146        int GuestRoom::get_area()
147        {
148        return m_area;
149        }
150        //获取客房床位数量
151        int GuestRoom::get_bed_num()
152        {
153            return m_bed_number;
154        }
```

　　guest_room.cpp 文件一共实现了 11 个函数，下面分别对这些函数进行介绍。

　　（1）GuestRoom()函数

　　第 10~19 行代码实现了 GuestRoom()函数，GuestRoom()函数是类的构造函数，用于对类的成员变量进行初始化，实现比较简单。

　　（2）generate_number()函数

　　第 21~34 行代码实现了 generate_number()函数，generate_number()函数用于生成客房编号。第 24~27 行代码调用 localtime()函数获取本地时间，并通过 sprintf()函数将获取的本地时间转换成字符串存储到 tim_buff 字符数组中。第 29~31 行代码调用 random()函数生成一个小于 50 的随机数，并通过 sprintf()函数将随机数转换成字符串存储到 buf 字符数组中。第 33 行代码将字符数组 tim_buff 与字符数组 buf 中的数据拼接后作为房间编号并返回。

　　（3）show_state()函数

　　第 36~42 行代码实现了 show_state()函数，show_state()函数用于显示客房状态。在函数内部，通过 if 语句判断成员变量 m_state 的值返回客房状态。客房状态一共有两种：空闲和入住。

　　（4）save_data()函数

　　第 44~81 行代码实现了 save_data()函数，save_data()函数用于将客房数据保存到外部文件中，它有一个 map<string,GuestRoom>类型的容器作为参数。在函数内部，第 47~51 行代码以追加方式打开文件，并判断文件打开是否成功。第 53~77 行代码通过 for 循环依次将客房的名称、价格、面积、床位数量、状态和编号写入文件。第 79 行代码关闭文件。

　　（5）read_data()函数

　　第 83~124 行代码实现 read_data()函数，read_data()函数从文件中读取客房数据，并存储到 map 容器中，将 map 容器返回。第 86 行代码定义 map 容器 room_list。第 87~91 行代码打开文件，并判断文件是否打开成功。第 93~120 行代码通过 while 循环从文件中依次读取客房的编号、状态、名称、价格、面积及床位数量，并存储到容器 room_list 中。第 122 行代码关闭文件。

（6）get_num()函数

第 126 ~ 129 行代码实现 get_num()函数，用于获取客房编号。

（7）set_state()函数

第 131 ~ 134 行代码实现 set_state()函数，用于设置客房状态。

（8）get_name()函数

第 136 ~ 139 行代码实现 get_name()函数，用于获取客房名称。

（9）get_price()函数

第 141 ~ 144 行代码实现 get_price()函数，用于获取客房价格。

（10）get_area()函数

第 146 ~ 149 行代码实现 get_area()函数，用于获取客房面积。

（11）get_bed_num()函数

第 151 ~ 154 行代码实现 get_bed_num()函数，用于获取客房床位数量。

## 11.2.2 客房管理模块的实现

客房管理模块分两个文件实现：room_manager.h 和 room_manager.cpp，room_manager.h 文件用于定义 GuestRoomManager 类，room_manager.cpp 文件用于实现 GuestRoomManager 类的成员函数，具体如例 11-3 和 例 11-4 所示。

例 11-3 room_manager.h

```
#pragma once
#include "guest_room.h"
#include "room_manager.h"
#include<map>
#include<string>
class GuestRoomManager                          //定义客房管理类
{
public:
    GuestRoomManager();                         //构造函数
    bool check_in(const string);                //查找客房
    void add_room(const GuestRoom room);        //添加客房
    bool remove_data(const string);             //删除客房数据
    void set_room_state(string number);         //设置客房状态
private:
    map<string, GuestRoom> m_room_list;         //map 容器
};
```

例 11-4 room_manager.cpp

```
1   #include "room_manager.h"
2   #include "guest_room.h"
3   #include<iostream>
4   using namespace std;
5   //构造函数实现
6   GuestRoomManager::GuestRoomManager()
7   {
8       GuestRoom().read_data();//读取客房数据
9   }
10  //查找客房
11  bool GuestRoomManager::check_in(const string number)
12  {
13      //读取文件中的数据到容器中
14      GuestRoom grm;
15      m_room_list = grm.read_data();
16      //在容器中查找客房
17      if(m_room_list.find(number) == m_room_list.end())
18      {
```

```
19              return false;
20          }
21      return true;
22 }
23 //添加客房
24 void GuestRoomManager::add_room( GuestRoom room)
25 {
26      //判断客房编号是否存在
27      if (check_in(room.get_num()))
28      {
29          cout << "房间编号已存在" << endl;
30          return;
31      }
32      //将客房添加到容器中
33      m_room_list.insert(make_pair(room.get_num(), room));
34      //将容器中的数据存放到文件中
35      GuestRoom().save_data(m_room_list);
36 }
37 //删除客房数据
38 bool GuestRoomManager::remove_data(const string number)
39 {
40      //判断客房编号是否存在
41      if (!check_in(number))
42      {
43          cout << "房间编号不存在" << endl;
44          return false;
45      }
46      //删除
47      m_room_list = GuestRoom().read_data();
48      m_room_list.erase(number);
49      //更新文件
50      GuestRoom().save_data(m_room_list);
51      return true;
52 }
53 //设置客房状态
54 void GuestRoomManager::set_room_state(string number)
55 {
56      if (!check_in(number))
57      {
58          cout << "房间编号不存在" << endl;
59          return;
60      }
61      else
62      {
63          //将文件中的客房数据读取到文件中
64          m_room_list = GuestRoom().read_data();
65          //设置为入住状态
66          m_room_list[number].set_state();
67          //将数据保存到文件中
68          GuestRoom().save_data(m_room_list);
69      }
70 }
```

room_manager.cpp 文件一共实现了 5 个函数，下面分别进行介绍。

（1）GuestRoomManager()函数

第 6～9 行代码实现 GuestRoomManager()函数，GuestRoomManager()函数是类的构造函数。在构造函数内部，通过 GuestRoom 类的匿名对象调用 read_data()函数读取文件，即每次通过 GuestRoomManager 类对象管理客房时，都会先读取文件获取客房数据。

（2）check_in()函数

第 11～22 行代码实现 check_in()函数，check_in()函数用于查找客房，参数为客房编号。第 14～15 行代码创建 GuestRoom 类对象 grm，并通过对象 grm 调用 read_data()函数，将客房数据读取到容器 m_room_list 中。第 17～20 行代码，通过容器 m_room_list 调用 find()函数查找客房编号是否存在，如果不存在，则返回 false，否则返回 true。

（3）add_room()函数

第 24 ~ 36 行代码实现 add_room()函数。add_room()函数用于添加客房，参数为 GuestRoom 类对象，即要添加的客房。第 27 ~ 31 行代码判断客房编号是否已经存在，如果客房编号已经存在，则退出函数调用。第 33 行代码通过容器 m_room_list 调用 insert()函数将客房添加到容器中。第 35 行代码通过 GuestRoom 类匿名对象调用 save_data()函数将容器 m_room_list 的数据保存到文件中。

（4）remove_data()函数

第 38 ~ 52 行代码实现 remove_data()函数，remove_data()函数用于删除客房数据，参数为要删除客房的编号。第 41 ~ 45 行代码通过 check_in()函数判断客房编号是否存在，如果不存在，就返回 false。第 47 ~ 48 行代码通过 GuestRoom 类匿名对象调用 read_data()函数，将文件中的数据读取到容器 m_room_list 当中，并调用容器 m_room_list 的成员函数 erase()函数删除编号为 number 的客房。第 50 行代码通过 GuestRoom 类匿名对象调用 save_data()函数将容器 m_room_list 中更改后的客房数据保存到文件中。

（5）set_room_state()函数

第 54 ~ 70 行代码实现 set_room_state()函数，set_room_state()函数用于设置客房状态，参数为客房编号。第 56 ~ 69 行代码判断客房编号是否存在，如果不存在，则显示提示信息后返回；如果存在，则通过 GuestRoom 类匿名对象调用 read_data()函数，将文件中的客房数据读取到容器 m_room_list 中。第 66 行代码在容器 m_room_list 中设置客房状态，第 68 行代码通过 GuestRoom 类匿名对象调用 save_data()函数，将更改后的客房数据重新保存到文件中。

## 11.2.3　界面模块的实现

界面模块分两个文件实现：room_view.h 和 room_view.cpp。room_view.h 文件用于定义 GuestView 类，room_view.cpp 文件用于实现 GuestView 类的成员函数，具体如例 11-5 和例 11-6 所示。

例 11-5　room_view.h

```
#pragma once
#include "room_view.h"
#include "room_manager.h"
class RoomView                   //定义界面类
{
public:
    void show_menu();            //显示菜单
    void add_room();             //添加客房
    void remove_data();          //删除客房
    void set_room();             //设置客房状态
    void show_all();             //显示所有客房信息
    void run();                  //启动酒店管理系统
private:
    GuestRoomManager m_grm;      //客房管理对象
};
```

例 11-6　room_view.cpp

```
1   #include<iostream>
2   #include "room_view.h"
3   #include<iomanip>
4   using namespace std;
5   //显示菜单
6   void RoomView::show_menu()
7   {
8       cout << "1. 显示客房信息" << endl;
9       cout << "2. 设置客房状态" << endl;
10      cout << "3. 删除客房信息" << endl;
11      cout << "4. 添加客房信息" << endl;
12      cout << "5. 退出管理系统" << endl;
13  }
```

```
14  // 添加客房
15  void RoomView::add_room()
16  {
17      string name;
18      int price;
19      int bed_num;
20      int area;
21      cout << "请输入客房名称:"; cin >> name;
22      cout << "请输入客房价格:"; cin >> price;
23      cout << "请输入客房床数量:"; cin >> bed_num;
24      cout << "请输入客房面积:"; cin >> area;
25      //创建客房对象
26      GuestRoom room(name, price, bed_num, area,FREE);
27      //调用客房管理模块的add_room()函数添加客房
28      m_grm.add_room(room);
29  }
30  //删除客房
31  void RoomView::remove_data()
32  {
33      cout << "请输入您要删除的客房编号:";
34      string room_number;
35      cin >> room_number;
36      // 调用客房管理模块的remove_data()函数
37      m_grm.remove_data(room_number);
38  }
39  //设置客房状态
40  void RoomView::set_room()
41  {
42      string number;
43      cout << "请输入要设置的客房编号:"; cin >> number;
44      m_grm.set_room_state(number);
45  }
46  //显示所有客房信息
47  void RoomView::show_all()
48  {
49
50      cout << "--------------------------------------------------" << endl;
51      cout << "编号" << "\t   " << "名称" << "\t\t" << "面积" << "\t"
52          << "价格" << "\t" << "床位数量" << "\t" << "状态" << endl;
53      cout << "--------------------------------------------------" << endl;
54      GuestRoom grm;
55      map<string, GuestRoom> rooms;
56      rooms=grm.read_data();
57      if(rooms.empty())
58      {
59          cout<<"请添加客房信息后再进行操作!"<<endl;
60      }
61      for (auto& room : rooms)
62      {
63          cout << room.second.get_num() << "\t" << setw(10)
64              << room.second.get_name() << "\t"<< room.second.get_area()
65              << "平方\t" << room.second.get_price() << "元\t  "
66              << room.second.get_bed_num() << "个\t\t"
67              << room.second.show_state() << endl;
68      }
69      cout << "--------------------------------------------------" << endl;
70  }
71  //启动酒店管理系统
72  void RoomView::run()
73  {
74      //定义state变量标识系统是否启动
75      bool state = true;
76      while (state)
77      {
78          //显示菜单
```

```
79          show_menu();
80          //获得输入的命令
81          int flag = -1;
82          cout << "请输入您的操作:";
83          cin >> flag;
84          system("cls");
85          //根据输入执行相应的操作
86          switch (flag)
87          {
88          case 1:
89              show_all();
90              break;
91          case 2:
92              set_room();
93              break;
94          case 3:
95              remove_data();
96              break;
97          case 4:
98              add_room();
99              break;
100             case 5:
101                 exit(0);
102             default:
103                 break;
104         }
105     }
106 }
```

room_view.cpp 文件一共实现了 6 个函数，下面分别进行介绍。

（1）show_menu()函数

第 6 ~ 13 行代码实现 show_menu()函数，show_menu()函数用于显示酒店管理系统菜单，实现比较简单，没有业务逻辑，这里不再赘述。

（2）add_room()函数

第 15 ~ 29 行代码实现 add_room()函数，add_room()函数用于添加客房。第 17 ~ 24 行代码定义变量并输出添加客房数据的提示。第 26 行代码创建 GuestRoom 类对象 room。第 28 行代码通过对象 m_grm 调用函数 add_room()添加客房对象 room。

（3）remove_data()函数

第 31 ~ 38 行代码实现 remove_data()函数，remove_data()函数用于删除客房。在函数内部，首先输入要删除的客房编号，然后通过对象 m_grm 调用成员函数 remove_data()删除客房数据。

（4）set_room()函数

第 40 ~ 45 行代码实现 set_room()函数，set_room()函数用于设置客房状态。在函数内部，首先输入客房编号，然后通过对象 m_grm 调用成员函数 set_room_state()设置客房状态。

（5）show_all()函数

第 47 ~ 70 行代码实现 show_all()函数，show_all()函数用于显示所有客房信息。第 50 ~ 53 行代码显示客房信息的输出格式。第 54 ~ 56 行代码创建 GuestRoom 类对象 grm，map<string,Guest>对象 rooms，并通过对象 grm 调用 read_data()函数，将文件中的客房数据读取到容器 rooms 中。第 57 ~ 60 行代码判断 rooms 是否为空，如果为空，则提示先添加客房再进行其他操作。第 61 ~ 68 行代码通过 for 循环遍历容器 rooms，依次输出所有客房信息。

（6）run()函数

第 72 ~ 106 行代码实现 run()函数，run()函数用于启动酒店管理系统。在函数内部，通过 while 循环不断执行操作。第 79 行代码调用 show_menu()函数显示菜单。第 81 ~ 83 行代码定义 int 类型变量 flag，并从键盘输入 flag 的值。第 86 ~ 104 行代码通过输入判断要执行的操作，如果输入 1，就调用 show_all()函数显示所有客房信息；如果输入 2，就调用 set_room()函数设置客房状态；如果输入 3，就调用 remove_data()函数删除客房；如果输入 4，就调用 add_room()函数添加客房；如果输入 5，就调用 exit()函数退出系统。

### 11.2.4　main()函数实现

前面已经完成了酒店管理系统中所有功能模块的编写，但是功能模块是无法独立运行的，需要一个程序将这些功能模块按照项目的逻辑思路整合起来，这样才能完成一个完整的项目。此时就需要创建一个 main.cpp 文件来整合这些功能模块，main.cpp 文件中包含 main()函数，是程序的入口。main.cpp 文件的实现如例 11-7 所示。

例 11-7　main.cpp

```
1   #include "guest_room.h"
2   #include<iostream>
3   #include<time.h>
4   #include<string>
5   #include "room_manager.h"
6   #include "room_view.h"
7   using namespace std;
8   int main()
9   {
10      RoomView grv;          //创建 RoomView 类对象
11      grv.run();             //启动酒店管理系统
12      return 0;
13  }
```

main.cpp 文件实现比较简单，在 main()函数中，首先创建了 RoomView 类对象 grv，然后通过对象 grv 调用 run()函数启动酒店管理系统。

至此，酒店管理系统代码已经全部完成。

## 11.3　效果显示

11.2 节实现了整个项目，为了让读者更加直观地看到酒店管理系统最终的效果，并对程序的执行过程有个整体的认识，下面分别展示酒店管理系统的界面效果。

#### 1. 显示系统主菜单

系统运行后，显示系统主菜单，如图 11-6 所示。

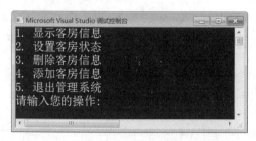

图11-6　系统主菜单

#### 2. 显示客房信息

输入数字 1，显示客房信息，第一次运行程序时，由于还没有客房，因此显示客房信息时，没有任何信息，系统会提示先添加客房，如图 11-7 所示。

#### 3. 添加客房信息

输入数字 4，添加客房信息，如图 11-8 所示。

#### 4. 显示客房信息

添加客房之后，再次输入数字 1，显示客房信息，如图 11-9 所示。

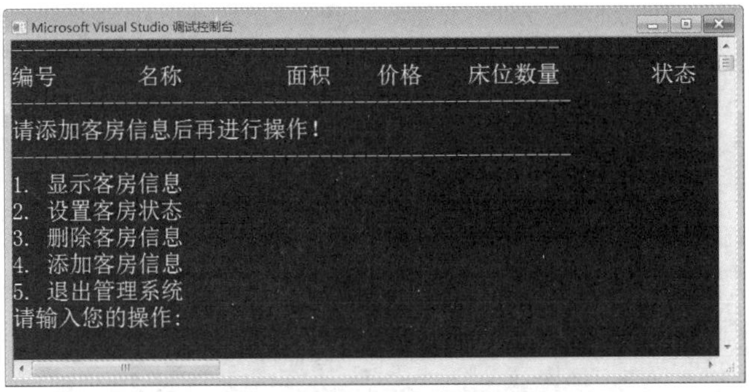

图11-7 第一次运行程序显示客房信息

图11-8 添加客房信息

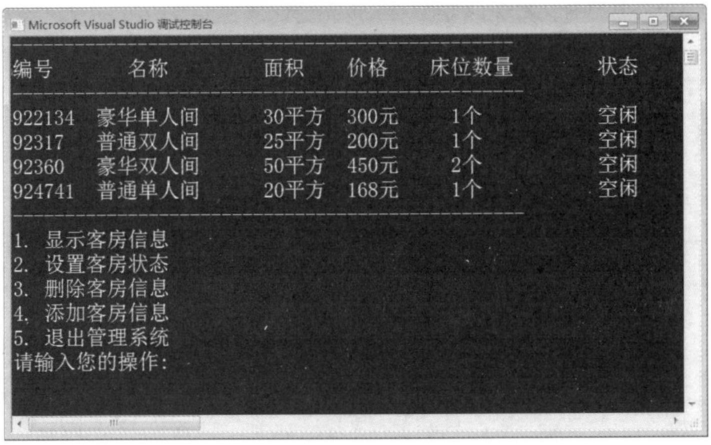

图11-9 显示客房信息

## 5. 设置客房状态

输入数字 2，可以设置客房状态。在设置客房状态时，需要输入客房编号，如图 11-10 所示。

图11-10 设置客房状态

输入客房编号之后，系统会更改该编号的客房状态。回到主菜单再次输入数字 1，显示客房信息，可以看到 92317 客房状态改变，如图 11-11 所示。

## 6. 删除客房信息

输入数字 3，可以删除客房信息。在删除客房信息时，输入客房编号，如图 11-12 所示。

输入客房编号后，按 Enter 键回到主菜单，系统会删除对应编号的客房信息。此时，再次输入数字 1 查看客房信息，编号为 922134 的客房不存在，如图 11-13 所示。

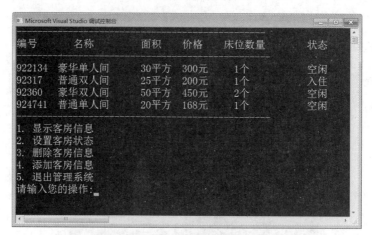

图11-11　查看客房状态

图11-12　删除客房信息

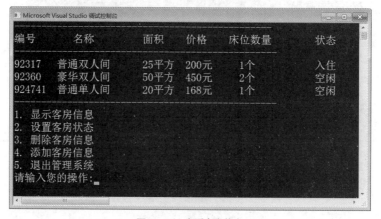

图11-13　查看客房信息

### 7. 退出管理系统

输入数字5，可以退出酒店管理系统，如图11-14所示。

图11-14　退出酒店管理系统

# 11.4　程序调试

在程序开发过程中难免会出现各种各样的错误。为了快速发现和解决程序中的错误，可以使用 Visual Studio 2019 自带的调试功能，通过程序调试快速定位错误。本节就以酒店管理系统为例对调试功能进行详细的讲解。

## 11.4.1　设置断点

在程序的调试过程中，为了分析出程序出错的原因，往往需要观察程序中某些数据的变化情况，这时就需要为程序设置断点，从而让正在运行的程序在断点处暂停，方便观察程序中的数据。

在 Visual Studio 2019 中，为程序设置断点的方式有两种，下面分别介绍。

### 1．单击鼠标右键

在程序中，将鼠标放置在要插入断点的代码行，单击鼠标右键，依次选择【断点】→【插入断点】，如图 11-15 所示。

在图 11-15 中单击【插入断点】选项后，选中的代码行左边会有一个红色的圆点，如图 11-16 所示。

图11-15　单击鼠标右键插入断点

图11-16　插入断点

从图 11-16 得知，第 11 行代码处添加了一个断点。为程序设置断点以后，就可以对程序进行调试了。调试完毕要删除断点。删除断点的操作也非常简单，将鼠标放置在断点代码行，单击鼠标右键，选择【删除断点】，如图 11-17 所示。

图11-17　删除断点

### 2. 单击鼠标左键

除了上述方式，读者还可以在代码左边的灰色区域通过单击鼠标左键插入断点，断点插入成功后，代码行左侧也会有红色圆点出现。同样，删除断点时，只需再次在代码行左侧已插入的红色圆点处单击鼠标左键，即可删除断点。相比于上一种断点插入方式，这种方式更简单便捷。

## 11.4.2　单步调试

当程序出现 Bug 时，为了找出错误原因，通常会一步一步跟踪程序的执行流程，这种调试方式称为单步调试。单步调试分为逐语句调试和逐过程调试。逐语句调试会进入函数内部调试，单步执行函数体的每条语句；逐过程调试不会进入函数体内部，而是把函数当作一步来执行。下面分别对这两种调试方法进行介绍。

### 1. 逐语句调试

以图 11-16 中的断点为例对项目进行逐语句调试，设置断点之后，单击工具栏中的运行按钮 ▶，程序运行之后，遇到断点就会停止执行，如图 11-18 所示。

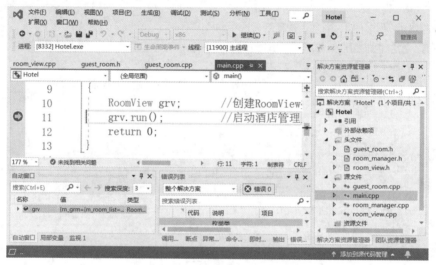

图11-18　程序遇到断点停止执行

在图 11-18 中，程序遇到断点会暂停运行，等待用户进行操作。程序暂停运行之后，Visual Studio 2019 工具栏按钮会发生变化，如图 11-19 所示。

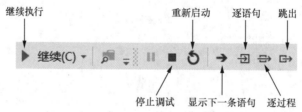

图11-19　Visual Studio 2019为调试按钮

图 11-19 中的调试按钮相关介绍具体如下。

- 继续执行：用于跳过调试语句，继续执行程序。
- 停止调试：用于停止调试程序，快捷键为【Shift+F5】。
- 重新启动：用于重新启动程序调试，快捷键为【Ctrl+Shift+F5】。
- 显示下一条语句：用于显示下一条执行的语句，快捷键为【Alt+数字键*】。
- 逐语句：可以让程序按照逐语句方式进行调试，快捷键为【F11】。

- 逐过程：可以让程序按照逐过程方式进行调试，快捷键为【F10】。
- 跳出：用于跳出正在执行的程序，快捷键为【Shift+F11】。

如果在调试时想逐语句调试，则使用快捷键【F11】或工具栏中的逐语句调试按钮，程序会进入 run()函数内部一条一条地执行语句。逐语句调试过程如图 11-20 所示。

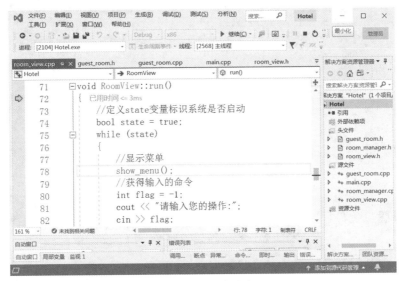

图11-20　逐语句调试

在图 11-20 中，使用快捷键【F11】或工具栏中的逐语句调试按钮，程序就会逐条语句往下执行，当执行第 78 行代码，就会接着进入 show_menu()函数执行。

### 2. 逐过程调试

逐过程调试在每次调试时执行一个函数，当调试开始时，使用快捷键【F10】或单击工具栏中的逐过程调试按钮，可以一次执行一个函数，程序会逐个函数地往下执行，直到程序执行完毕。

调试程序一般是为了查找错误，当查找到错误之后就会结束调试，并不会全程调试。结束调试后，可单击工具栏中的运行按钮继续往下执行程序，也可以单击工具栏中的停止调试按钮结束程序调试。

## 11.4.3　观察变量

在程序调试过程中，主要的就是观察当前变量的值以尽快找到程序出错的原因，Visual Studio 2019 工具支持多种方式查看变量，下面介绍几个常用的查看变量的方法。

### 1. 使用鼠标悬停法查看变量的值

Visual Studio 2019 可以通过鼠标悬停的方式查看变量的值，即鼠标指向变量，变量就会显示出其值。例如，run()函数中定义了变量 flag，下面以查看变量 flag 的值为例演示 Visual Studio 2019 查看变量的方法。在图 11-20 中，程序还未执行第 82 行代码，此时变量 flag 的值为-1，将鼠标悬停在变量 flag 上面，Visual Studio 2019 会显示出 flag 的值，如图 11-21 所示。

在图 11-21 中，通过鼠标悬停方式查看到变量 flag 的值为-1。继续逐语句往下执行，当执行完第 82 行代码时，通过键盘输入 flag 的值，此时再查看 flag 的值，flag 就变成了输入的数值，如图 11-22 所示。

在图 11-22 中，程序执行到了第 83 行，cin>>flag 语句已经执行完毕，此时将鼠标悬停在变量 flag 上，Visual Studio 2019 会显示 flag 的值为 2。

### 2. 使用局部变量窗口查看变量的值

除了鼠标悬停法，还可以通过 Visual Studio 2019 的"局部变量"窗口查看变量的值。在菜单栏中选择【调试】→【窗口】→【局部变量】，打开"局部变量"窗口查看变量的值，在"局部变量"窗口中可以看到当前运行代码之前所有变量的名称、当前值和类型，如图11-23所示。

图11-21　鼠标悬停查看变量flag的值（1）

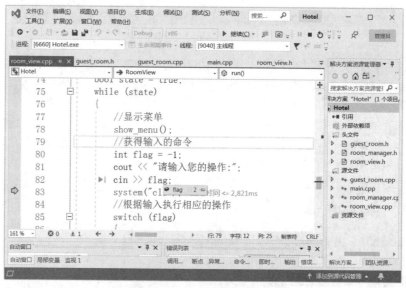

图11-22　鼠标悬停查看变量flag的值（2）

### 3. 使用"快速监视"窗口查看变量的值

程序调试过程中，在代码区单击鼠标右键选择【快速监视】，弹出"快速监视"窗口，在该窗口的"表达式"文本框中输入要监视的变量，单击【重新计算】按钮，就可以查看变量的名称、值与数据类型，如图11-24所示。

### 4. 使用"即时"窗口查看变量的值

图11-23　"局部变量"窗口

在代码调试的过程中，在菜单栏中选择【调试】→【窗口】→【即时】打开"即时"窗口，在"即时"窗口中直接输入程序中的变量名，按Enter键即可查看变量的值，也可以在变量名前加上"&"（取地址符）查看变量的地址，如图11-25所示。

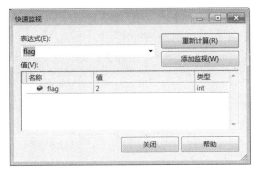

图11-24　"快速监视"窗口

图11-25　"即时窗口"

## 11.4.4　项目调试

在前面几节中讲解了程序调试的相关知识，为了让读者真实体验实际开发中进行程序调试的全过程，接下来以酒店管理系统为例演示程序调试过程。

在酒店管理系统的主菜单中，要求输入 1 ~ 5 之间的整数，如果输入不符合要求的数据，如输入一个字符，则系统会一直闪屏无响应。对此进行分析，主菜单的输入操作由界面模块的 run()函数实现，在例 11-6 所示的 room_view.cpp 文件中，第 81 ~ 105 行代码定义 int 类型变量 flag，利用对象 cin 从键盘输入 flag 的值，然后判断 flag 的值，根据 flag 的值调用不同的函数以实现不同的操作。

当输入字符时，系统闪屏无响应，表明第 81 ~ 105 行代码在输入 flag 值时或 switch…case 语句对 flag 的处理不够严谨，需要对此段代码进行调试。

在例 11-6 第 81 行代码设置断点，如图 11-26 所示。

在图 11-26 中，设置断点之后开始调试，通过逐语句调试跟踪每一步操作。当程序运行至第 83 行代码时，发现调用 cin 输入 flag 的值时，没有对 cin 作错误处理。利用 cin 为 int 类型变量输入数据时，如果输入的是 char 类型的数据，则 cin 的一个错误标记会被设置，cin 就不能再使用，再次调用 cin>>flag 会直接返回 false（即 0）。switch…case 语句无法匹配到 0，因此，while(state)无限循环，导致系统主菜单界面闪屏无响应。

图11-26　在room_view.cpp第81行代码设置断点

经过上面的调试和分析，已确定了程序中的问题所在。此时，可以首先通过调用 clear()函数清除 cin 的错误标志，恢复 cin 的默认状态；然后再调用 ignore() 函数将 cin 中不符合输入选项的数据忽略。

在图 11-26 中第 83 行代码后添加如下代码，解决输入错误导致程序运行出错的问题。

```
cin.clear();          //清除 cin 的错误标志
cin.ignore();         //忽略 cin 中残留数据
```

## 11.5　项目心得

在实际生活中，开发一个项目总会遇到各种各样的问题，每开发完一个项目都需要进行简单的总结，酒店管理系统也不例外，下面就总结一下酒店管理系统项目的开发心得。

### 1.　项目整体规划

每一个项目，在实现之前都要分析设计本项目要实现哪些功能。将这些功能划分成不同的模块，如果模块较大，还可以在内部划分成更小的功能模块。这样逐个实现每个模块，条理清晰。在分别实现各个模块后，再将这些模块整合，使各个功能协调、有序地进行。

### 2.　类的设计

在项目开发中，类的设计要简洁、独立。在本项目中，每个模块设计了一个类，每个类根据模块的功能封装成员变量与成员函数。GuestRoom 类负责保存客房数据，GuestRoomManager 类用于管理客房数据，GuestView 类用于显示系统界面，三个类相互独立又相互联系。

GuestRoom 类是底层数据，GuestRoomManager 类是中间管理层数据，GuestView 类是显示层数据，若需要增加新的功能只需要修改 GuestRoomManager 类，即增加新的操作，上层显示模块 GuestView 类只需要调用 GuestRoomManager 类中的成员函数即可。

在设计这三个类时，GuestRoom 类将客房数据保存到文件或者从文件中读取数据时，以 map 容器作为载体，实现客房数据的存储和读取；GuestRoomManager 类以 map 容器作为成员变量，实现对客房数据的管理；GuestView 类以 GuestRoomManager 类对象作为成员变量，以实现各个操作的界面管理。

### 3.　清屏

酒店管理系统是一个多操作场景项目，每一次切换操作都会把上一个操作的内容清屏，如果不清屏，多次操作后会造成屏幕内容显示过多。本项目中多处使用清屏语句 system("cls")，做到了良好的场景切换体验。

## 11.6　本章小结

本章综合运用前面所讲的知识，设计了一个综合项目——酒店管理系统，目的是帮助大家了解如何开发一个多模块、多文件的 C++程序。在开发这个程序时，首先将一个项目拆分成若干个小的模块，然后分别设计每个模块所需要的类。在实现时，将每个模块的声明和定义分开，放置在头文件和源文件中，最后在一个含有 main() 函数的源文件中，将它们的头文件包含进来，并利用 main() 函数将所有的模块联系起来。通过酒店管理系统项目的学习，读者会对 C++程序开发流程有个整体的认识，这对实际工作大有裨益。

# 附录 I

# 格式控制标志位和操作符

| 标志位/操作符 | 含义 |
|---|---|
| skipws | 输出时跳过空白 |
| left | 输出左对齐 |
| right | 输出右对齐 |
| internal | 在符号和值之间填充 |
| boolalpha | 用符号形式表示真假 |
| dec | 以十进制输出 |
| hex | 以十六进制输出 |
| oct | 以八进制输出 |
| scientific | 用科学计数法输出浮点数 |
| fixed | 用定点数方式输出实数 |
| showbase | 输出前缀，八进制加 0，十六进制加 0x |
| showpoint | 输出浮点数时总是带小数点 |
| showpos | 输出正整数时加"+" |
| uppercase | 输出十六进制时所有字母均用大写 |
| adjustfield | 与域调整有关的标志组 |
| basefield | 与整数基数有关的标志组 |
| floatfield | 与浮点数输出有关的标志组 |
| unitbuf | 每次输出操作之后刷新 |
| resetiosflag(long n) | 清除 n 指定的格式化标志 |
| setbase(int n) | 设置以 n 表示的整形基数（0-10 为十进制） |
| setfill(char c) | 设置以 c 表示的填充字符 |
| setiosflags(long n) | 设置 n 指定的格式化标志 |
| setprecision(int n) | 设置以 n 表示的数值精度 |
| setw(int n) | 设置以 n 表示的域宽 |
| precision() | 设置浮点数据精度 |
| width() | 设置输出数据的域宽 |
| setw() | 设置输出数据的域宽 |
| fill() | 设置填充字符 |
| setfill() | 设置填充字符 |

# 附录 II

# 标准异常类所属的头文件及其含义

| 标准异常类 | 含义 | 头文件 |
|---|---|---|
| exception | 根基类 | <exception> |
| bad_alloc | 内存分配失败引发异常 | <exception> |
| bad_cast | 动态转换失败时抛出异常 | <new> |
| bad_exception | 意外的处理程序引发的异常 | <typeinfo> |
| bad_function_call(C++11) | 函数错误调用引发异常 | <functional> |
| bad_typeid | 空指针的 typeid 引发异常 | <typeinfo> |
| bad_weak_ptr | 弱指针引用错误 | <memory> |
| ios_base::failure | 流异常 | <iostream> |
| logic_error | 逻辑错误异常 | <stdexcept> |
| runtime_error | 运行时错误异常 | <stdexcept> |
| domain_error | 域错误异常（程序执行的先决条件不满足） | <stdexcept> |
| future_error(C++11) | 线程库中函数异步执行失败时抛出的异常 | <future> |
| invalid_argument | 无效的参数异常 | <stdexcept> |
| length_error | 长度超过最大允许值的错误异常 | <stdexcept> |
| out_of_range | 参数值超出范围异常 | <stdexcept> |
| overflow_error | 数据上溢错误异常 | <stdexcept> |
| range_error | 内存计算时作用域错误异常 | <stdexcept> |
| system_error | 系统错误异常 | <system_error> |
| underflow_error | 数据下溢错误异常 | <stdexcept> |
| bad_array_new_length(C++11) | new 数组时，数组长度错误的异常 | <new> |
| ios_base::failure（C++11） | 流异常 | <iostream> |